Die quantitativen Untersuchungsmethoden

des

Molybdäns, Vanadiums und Wolframs

sowie deren Erze, Stähle, Legierungen und Verbindungen

• • •

Praktisches Handbuch

von

Dr. Hans Mennicke
Ing.-Chem.

Berlin W
Verlag M. Krayn
1913

Rosenthal & Co., Alt-Moabit 105.

Inhalts-Verzeichnis.

Vorwort.

Die Metalle Molybdän, Vanadium und Wolfram, ihre Erze, Legierungen, Stähle und Verbindungen spielen heute im Handel eine wichtige Rolle. Bekanntermaßen weisen aber die Untersuchungsergebnisse dieser Produkte häufig starke Differenzen auf. Der Grund liegt einmal in der Schwierigkeit einer exakten analytischen Bestimmung fraglicher Metalle selbst, zum andern aber und zwar wohl hauptsächlich in der Anwendung abweichender, oft nicht einwandsfreier Untersuchungsmethoden. Um einen Beitrag zur Abstellung dieser Übelstände zu liefern, hat sich Verfasser in diesem Buche zur Aufgabe gemacht nach Sichtung und größtenteils eigener Prüfung der wichtigeren, insbesondere neueren analytischen Methoden für die in Frage kommenden Untersuchungsobjekte nur die bekannteren und praktisch sich bewährt habenden analytischen Verfahren möglichst vollständig und ausführlich wiederzugeben. Da Verfasser unmöglich alle erwähnten Verfahren selbst nachprüfen konnte, muß die Verantwortung für aus der Literatur entnommene Methoden, die laut Angabe genaue Resultate liefern sollen und deshalb in diesem Buche mit Aufnahme fanden, den betreffenden Autoren überlassen werden.

Bei vielen Methoden wurden über die Genauigkeit der zu erzielenden Resultate nähere Angaben gemacht, jedoch nur in solchen Fällen, wo Verfasser den betreffenden Analysengang selbst nachzuprüfen Gelegenheit hatte. Eine kritische Sichtung der Methoden hat durchweg stattgefunden.

Für verschiedene Untersuchungsobjekte gibt es eine ganze Reihe gleich guter Methoden. Da jeder Aanlytiker nach eigenem Ermessen dieser oder jener den Vorzug geben dürfte, hielt Verfasser eine durchgehende Einteilung der Methoden, zumal wenn mehrere gleichwertig sind, nach Genauigkeit, Einfachheit und Sicherheit usw. von seinem Standpunkte aus nicht immer für angebracht. Dagegen wurden in solchen Fällen die als besonders brauchbar und sicher allgemein anerkannten Arbeitsmethoden immer zuerst erwähnt. Eine hinreichende Kenntnis des qualitativen Nachweises der einzelnen Metalle, Herstellung der Titerlösungen usw., wurde als bekannt vorausgesetzt. Hinsichtlich der quantitativen Bestimmungen des Molybdäus, Vanadiums und Wolframs auf kolorimetrischem und elektrolytischem Wege hat Verfasser absichtlich nur kurze und unvollständige Angaben gemacht, da diese Methoden zu wenig bekannt sind und wegen ihrer meist nicht genügenden Genauigkeit keine größere praktische Bedeutung erlangt haben.

Vielfach finden sich in der Literatur für denselben Gegenstand verschiedene brauchbare Untersuchungsmethoden angegeben. Der Verfasser hat diese dann fast wörtlich wiedergegeben, bzw. weitgehendst den Originaltext berücksichtigt.

Besondere Mühe und Sorgfalt wurden auf eine hinreichend vollständig gehaltene Wiedergabe der speziellen Untersuchungsmethoden der einzelnen Rohprodukte und Fertigfabrikate verwendet. Verfasser hofft, daß es ihm gelungen ist, fast jeden solchen Arbeitsgang als selbständiges Kapitel erscheinen und ihn, und zwar meistenteils ohne große Bezugnahme auf andere Abschnitte dieses Buches. auch dem auf dem Gebiete der Molybdän-, Vanadin- und Wolframanalyse weniger erfahrenem Chemiker in sicherer Weise ausführen lassen zu können. Die Originalquellen wurden möglichst vollständig angegeben.

Endlich sei bemerkt, daß sich, um zuviel Wiederholungen zu vermeiden, verschiedene Methoden zur quantitativen Bestimmung des Wolframs, Vanadiums und Wolframs, sowie solche zur Trennung derselben unter sich oder von anderen Metallen, erst später in den Abschnitten der selbständigen Analysengänge für die einzelnen Untersuchungsobjekte vorfinden. Wiederholungen überhaupt waren einer besseren Übersichtlichkeit wegen nicht zu umgehen.

Verfasser gibt der Hoffnung Ausdruck, daß dieses Spezialwerk als praktisches Handbuch recht oft seinen Zweck erfülle.

Danzig-Langfuhr, im Juli 1913.

Hans Mennicke.

A. Allgemeiner Teil.

Die Kohlenstoff- und Schwefelbestimmung im Molybdän-, Vanadin- und Wolframmetall, insbesondere in deren Ferrolegierungen und Spezialstählen.

I. Einleitung.

Bei den Untersuchungen der vorstehend genannten Produkte bildet die Bestimmung des Kohlenstoffs eine hervorragend wichtige Rolle, weshalb ihr ein besonderes Kapitel gewidmet sei, auch um später bei den einzelnen Analysenbeschreibungen Wiederholungen zu vermeiden.

Im „Journ. of the Engineers Soc. of Western Pennsylvania 1906; Journ. of the American Chemical Society 1906, Bd. II, S. 862; 1908, Bd. XXX, S. 773" veröffentlicht R. Amberg Versuchsergebnisse über die von C. M. Johnson ausgearbeitete Methode, die betr. Substanz von bestimmter Zerkleinerung (zwischen Sieben von 20 und 60 Maschen pro Zoll zurückgehalten) direkt im Sauerstoffstrom, im allgemeinen ohne weiteren Zusatz zu verbrennen. Diese Operation nimmt einschließlich der Wägungen 18 bis 25 Minuten in Anspruch. Nur bei wenigen Spezialstählen und Ferrolegierungen wird, um dieselben kurze Zeitdauer und verhältnismäßig niedrige Temperatur (950 bis 1000 Grad) einhalten zu können, die zu verbrennende Substanz mit einem Sauerstoffüberträger, wie Mennige oder Bleiglätte, gemischt. Die Erhitzung geschieht in einem Quarzrohr durch Gas mit Hülfe eines Spezialfletcherbrenners oder besser durch elektrischen Strom im Widerstandsofen. Im letzteren Falle wird eine Umwicklung des Rohres mit Nickelchromdraht vorgenommen, die Schiffchen bestehen aus Ton und werden selbst angefertigt, während bei Verwendung von unglasierten Porzellanschiffchen das Anbacken des gebildeten Eisenoxydes durch eine Schicht geglühten Sandes verhindert wird. Stähle mit 3.5 % Cr und 17 bis 18 % W müssen unbedingt bei 1000° verbrannt werden. Die Quarzröhren sowie die Heizdrahtwicklung halten bei kontinuierlicher Inanspruchnahme etwa 3, zuweilen über 6 Monate aus.

Dieses mit trockener Verbrennung arbeitende Verfahren ist entgegen der Ansicht Ambergs in Deutschland längst bekannt und fast in allen Laboratorien, die sich mit Kohlenstoffbestimmungen in größerer Zahl zu beschäftigen haben, eingeführt. Meist werden die von Heräus gebrauchsfertig beziehbaren elektrischen Öfen mit Platindrahtumwicklung benutzt. Das Verbrennungsrohr besteht sehr häufig aus nur außen glasiertem Porzellan. Auch in Deutschland werden die Stähle und Schwermetalllegierungen neuerdings vielfach ohne Beimischung von Sauerstoffüberträgern zur Substanz verbrannt. Mehrere der elektrischen Verbrennungsöfen können gleichzeitig durch Anschluß an eine gemeinsame Zuführungsleitung vom Sauerstoffgasometer (Bombe) gespeist werden; zur Regulierung muß vor jedem Ofen in das gläserne Gaszuführungsrohr ein Glashahn eingebaut sein. Eine einzelne Verbrennung von der Einwage und dem Beginn der Luftvertreibung aus dem Verbrennungsapparat ab gerechnet bis zur Auswage dauert 2 Stunden; je nach der Zahl der Öfen können daher im gleichen Zeitraum entsprechend viel C-Bestimmungen ausgeführt werden. Werden mehrere solche hintereinander ausgeführt, verkürzt sich die Zeit auf rund 1½ St. Die sonst noch in größtem Umfange für gewöhnliche Eisen- und Stahlsorten sowie für Spezialstähle mit nicht zu hohem Gehalt an Molybdän, Vanadin und Wolfram verwendete Chromschwefelsäureverbrennung in der von Hempel oder Corleis angegebenen Weise (Methode Jüptner und Gmelin) gibt wohl recht befriedigende Resultate — vergl. auch M. Dennstedt und Th. Klünder, Chem.-Ztg. XXXIV, S. 485 —, aber einfacher, sicherer, schneller ausführbar und insbesondere in allen Fällen, also in einwandsfreier Weise auch auf die hochprozentigen Ferrolegierungen anwendungsfähig ist, wie auch Amberg bestätigt, die trockene Verbrennung im Sauerstoffstrom. Selbst im Ferromangan, — chrom und -silizium läßt sich auf diese Weise der Kohlenstoffgehalt höchst genau ermitteln. Treadwell gibt hierfür allerdings noch das Wöhlersche Chlorverfahren an (IV. Aufl., II, S. 306), bezw. für Ferrochrom insbesondere die trockene Verbrennung einer Mischung der zu untersuchenden Substanz mit Wismutoxyd im Sauerstoffstrom.

Ein weiterer sehr wichtiger Vorteil der trocknen Verbrennungsmethode liegt in der Möglichkeit, gleichzeitig mit dem Kohlenstoff den Schwefelgehalt ermitteln zu können. Es wird aber von verschiedenen Seiten (vergl. B. Neumann, Stahl und Eisen 1908, XXVIII, S. 128

bis 131; M. Orthey, Chem.-Zeitung 1908, XXXII, S. 31 bis 33) vorgeschlagen, sowohl für bekanntere Ferrolegierungen, als insbesondere für Ferrochrom, -mangan und -silizium als Sauerstoffüberträger dienende Substanzen wie Bi_2O_3 zuzusetzen. Wüst (Metallurgie 1910, VII, S. 321) verwendet ein Antimonzinngemisch (3 Tl. Sn, 1 Tl. Sb); dieselbe Methode empfiehlt A. Stadeler (Metallurgie 1911, S. 268 bis 270). Alle wenden den elektrischen (z. B. Type Mars, Fabrikant Heräus) Röhrenofen an. Auch H. Augustin bestimmt auf diese Weise den Kohlenstoff (Ztschr. angew. Chem. 1911 Bd. XXIV, S. 1800), hält aber eine Überschichtung der Eisenprobe mit Oxydationsmitteln für überflüssig. Wie dem auch sein mag, die meisten Eisenhüttenchemiker halten es bei Ferrolegierungen, insbesondere bei Ferrochrom, -mangan und -silizium heute für erforderlich, Sauerstoffüberträger zuzugeben und, zumal wenn mehrere Bestimmungen schnell hintereinander ausgeführt werden sollen, die Verbrennungsgase noch über eine Schicht glühenden Kupferoxyds zu leiten. L. Morrison (Eng. and Min. Journ. 1912, Bd. 93, S. 1285) weicht insofern von der üblichen trocknen Verbrennung ab, als er hinter das Verbrennungsrohr ein 20 cm langes Glasrohr schaltet, welches zu ⅓ mit Zinkschwamm und zu ⅔ mit Chlorkalzium gefüllt ist, und die entstandene Kohlensäure in Kohlensäureabsorptionsapparate leitet, die direkt auf den Wagschalen einer nicht zu empfindlichen Wage stehen. Stahlproben verbrennt er bei 940 bis 1000 Grad C. Eine neue schnelle Gesamtkohlenstoffbestimmungsmethode für Stahl und Ferrolegierungen empfiehlt H. L. Queneau; das Verfahren stammt eigentlich von M. de Noully. Diese Methode beruht darauf, daß in einer Sauerstoffatmosphäre die Verbrennung durch Überschlagen eines Funkens eingeleitet wird. Die entstandene Kohlensäure wird durch Natronlauge absorbiert, der Überschuß der letzteren durch Schwefelsäure zurücktitriert. Der Apparat besteht aus einem Erlenmeyerkolben, durch dessen Kautschukstopfen zwei Kupferelektroden führen; außerdem geht noch ein kupferner Halter durch den Stopfen, der unten einen Ring zur Aufnahme eines Asbestschälchens trägt. Dieses ist vorher unbedingt auszuglühen; es dient zur Aufnahme der feingepulverten Stahlproben, die unvermengt verwendet werden, während man Ferrolegierungen mit Bleisuperoxyd vermischt. Die Zuleitungsdrähte werden bis in die Probe hineingesteckt. Man füllt dann die Flasche mit Sauerstoff, gießt 40 bis 50 ccm Natronlauge hinein und macht bei 12 bis 15 Amp. Kurzschluß (Metall. and Chem. Eng. 1911, Bd. IX, S. 441). Endlich sei das neue Verfahren von P. Mahler und E. Goutal (VIII. Intern. Congr., New-York 1912 und Rev. de Métall. 1912, Bd. IX, S. 799)[1]) erwähnt, die den Stahl bezw. die Ferrolegierung in einer Kalorimeterbombe unter Sauerstoff d r u c k verbrennen, und zwar muß letzterer hoch genug sein, die Oxydation des Metalls und des Kohlenstoffs zu sichern. Die Verbrennung ist von einer bedeutenden plötzlichen Temperatursteigerung begleitet. Das entstandene Gas wird abgeleitet und darin der Kohlendioxydgehalt bestimmt. Dies geschieht sehr einfach, indem die Verbrennungsgase in einem bestimmten Volumen einer Alkalilösung von bekanntem Gehalt absorbiert werden, worauf die Lösung titriert wird. Die verwendete Appratur ist sehr einfach. Ein weiterer Vorteil ist, daß das Verfahren nicht von der besonderen Geschicklichkeit des Untersuchers abhängig ist. Bei siliciumhaltigen Stählen ist zur vollständigen Verbrennung des Kohlenstoffs ein Zusatz eines die Verbrennung begünstigenden Körpers nötig. Es kommen in Betracht PbO, Bleisuperoxyd und Kupferoxyd. Mit PbO haben Vortr. am häufigsten gearbeitet. Gußeisen und gewöhnliche Eisenlegierungen bieten keine Schwierigkeiten bei der Verbrennung. Bei den schwerer schmelzbaren Eisenlegierungen wie F e r r o s i l i c i u m , F e r r o c h r o m , F e r r o w o l f r a m und F e r r o t i t a n erhält man gleichfalls gute Resultate, wenn außer dem PbO noch Eisen zugesetzt wird. Die Menge richtet sich nach dem Kohlenstoffgehalt der zu bestimmenden Legierung. Bei niedrigem Gehalt nimmt man zur Bestimmung mindestens 2 g der Legierung und die dreifache Menge (also 6 g) Eisen. Bei Legierungen mit hohem Kohlenstoffgehalt tut man gut, nur geringe Mengen, etwa 0.4 g, zu nehmen, aber so viel Fe zuzusetzen, daß die Gesamtmenge der zu verbrennenden Substanz nicht unter 3 g beträgt. Bezüglich des anzuwendenden Sauerstoffdruckes ist für Stähle für das erste g ein Druck von 3 at, für jedes weitere g ½ at mehr zu nehmen. Bei Eisenlegierungen nehme man für das erste g einen Druck von 5 at, für jedes weitere g der Metallcharge ½ at. Für die Absorption der CO_2 ist Natronlauge dem Barytwasser vorzuziehen, weil durch das notwendige Erhitzen und Wiederabkühlenlassen der Lösung bei Verwendung von $Ba(OH)_2$ die Bestimmung längere Zeit beansprucht. Man kann direkt mit Schwefelsäure zurücktitrieren. Dieses Verfahren soll sich auch bei der schwerstverbrennbaren Legierung bewähren.

Eine sehr ausführliche Arbeit über die gleichzeitige Kohlenstoff- und Schwefelbestimmung in hochprozentigen Molybdän-, Vanadin- und Wolframlegierungen ist die von Er. M ü l l e r und B. D i e t h e l m

[1]) Vergl. auch die Verfahren von W. E. v. J o h n (Chem.-Ztg. 1913, S. 426); A. G. L e v y (Analyst 1912 Bd. 37, S. 392); O. B i n d e r (Chem.-Ztg. 1912, S. 1155); H. d e N o l l y (Kongr. d. Intern. Verb. f. Materialprfg. d. Technik z. New York vom 2. bis 8. IX. 1912).

(Ztschr. angew. Chem. 1910, Bd. XXIII, S. 2114 bis 2123). Diese Veröffentlichung enthält ein bis 1910 ziemlich vollständiges Literaturnachweisregister über die verschiedenen Kohlenstoffbestimmungsmethoden. Als Sauerstoffüberträger sind empfohlen worden: $PbCrO_4$, PbO_2, Pb_3O_4, Bi_2O_3, Al_2O_3, Mn_3O_4, ZnO, SiO_2, SnO_2, CaO, MgO, CuO, Fe_2O_3 usw. Th. E. Hull (Chem.-Ztg. 1910, No. 57) behauptet allerdings, daß sich Bleichromat bei 800 bis 960 Grad in Chromsäure und basisches Bleichromat zersetze und erstere durch die gewöhnlichen Trockenmittel nicht zurückgehalten würde, vielmehr bis in die Kaliapparate ginge, und daß daher in diesem Falle zu hohe Kohlenstoffwerte erhalten würden.

Ein weiteres neues Schnellverfahren zur Kohlenstoffbestimmung speziell im Ferrochrom durch Schmelzen mit Na_2O_2 im Porzellantiegel empfehlen F. Gercke und N. Patzekoff (Stahl und Eisen 1912, Bd. XXXII, S. 439).

Wie auch Müller und Diethelm gefunden haben, gibt die Verbrennungsmethode molybdän-, vanadin- und wolframhaltiger Ferrolegierungen und Stähle im elektrischen Ofen völlig exakte Resultate, wenn die Temperatur so geregelt wird, daß die betreffende Substanz nach der Verbrennung geschmolzen ist. Da sich in dieser Hinsicht die einzelnen Metalle, Stähle und Legierungen verschieden gehalten, so sind Temperaturen zwischen 800 und 1100° C. nötig. Auch die Feinheit der zu untersuchenden Probe spielt dabei eine Rolle. Auf alle Fälle ist die Verbrennung der oben erwähnten Legierungen und Stähle im Sauerstoffstrom selbst bei Außerachtlassung der Bedingung einer Zerreibung der Probe bei 1100° C. eine vollständige und zwar ohne Zusatz von Sauerstoffüberträgern.

Nun ist die Möglichkeit, daß bei der Verbrennung CO mit entsteht und der Absorption als CO_2 entgeht, nicht von der Hand zu weisen. Das Kohlenoxyd muß daher zu CO_2 oxydiert werden. Dies geschieht, indem man die Verbrennungsgase über erhitztes CuO, $PbCrO_4$, glühendes Platin oder platinierten Quarz leitet. Auffällig ist, daß Mars (Stahl und Eisen 1099, II, S. 1155; Chem. Zentralbl. 1909, II. S. 654) ohne Anwendung dieser Maßregeln trotzdem richtige Resultate erhalten haben will. Endlich ist noch zu berücksichtigen, daß die zu analysierende Eisen-, Stahl- oder Legierungsprobe neben C auch noch S enthalten kann. Es müssen daher Vorrichtungen getroffen werden, um gebildete SO_2 oder SO_3 nicht in den Absorptionsapparat für die CO_2 gelangen zu lassen. Man schaltet daher zwischen Verbrennungsrohr und Kaliapparat ein mit Chromsäure (Jaboulay, Neumann) gefülltes Rohr ein. Dasselbe und gleichzeitig die Oxydation des CO zu CO_2 werden erreicht, wenn man statt Kupferoxyd nur Bleichromat (Foerster) verwendet. Ob bei der von Müller und Diethelm empfohlenen Methode, nach der zwecks Bestimmung des Schwefels Bleisuperoxyd verwendet wird, das CuO weggelassen werden kann, indem schon PbO_2 genügt, um CO zu CO_2 zu oxydieren, ist von diesen nicht untersucht worden. Es muß daher, wird der S nicht quantitativ bestimmt, Kupferoxyd und Chromsäure oder nur Bleichromat, im anderen Falle jedoch PbO_2 und CuO oder auch PbO_2 und Bleichromat den Absorptionsröhren vorgelegt werden.

Das Verfahren, SO_2 und SO_3 durch festes Bleisuperoxyd nach Dennstedt zu absorbieren, ist einfach und schnell; ferner auch genau, da die Methode der trockenen Verbrennung des Eisens und seiner Legierungen zwecks quantitativer Bestimmung des in ihnen enthaltenen Schwefels seitens verschiedener Forscher für brauchbar befunden wurde, und die Resultate mit denen nach anderen Methoden gefundenen übereinstimmen. Nur muß die Vorsichtsmaßregel beobachtet werden, das PbO_2 vor der Analyse ½ St. auf 250 bis 300 Grad zu erhitzen.

II. Experimenteller Teil.

a) Apparatur: Der Sauerstoff, den man direkt aus einer mit Reduzierventil versehenen Bombe entnehmen kann, wird durch eine mit konz. H_2SO_4 gefüllte Waschflasche, ein mit Chromsäure beschicktes U-Rohr, einen unten mit Natronkalk, oben mit Chlorkalzium gefüllten Turm und ein Chlorkalziumrohr zwecks Trocknung und Befreiung von CO_2 geleitet und tritt von hier in das eigentliche Verbrennungsrohr aus innen unglasiertem Porzellan.

Die Länge desselben beträgt 75 cm, der innere Durchmesser 2 cm. Das Rohr muß bequem in den elektrischen Röhrenofen passen, worauf zu achten ist. Oft haben die kleinen Heräusschen Öfen eine weit engere Rohröffnung. Wollte man dieser entsprechend ein engeres Porzellanrohr verwenden, so kann man die Porzellanschiffchen nicht einführen. Der elektrische Widerstandsröhrenofen besteht zweckmäßig erst aus einem 20 cm langen Teil zur Aufnahme des Schiffchens mit der Verbrennungssubstanz und einem weiteren 30 cm langen Teil zur Aufnahme der 3 Schiffchen mit PbO_2. In beiden Öfen muß unabhängig von einander die Temperatur regulierbar und speziell im ersteren durch Thermoelement und Galvanometer ablesbar sein. Der zweite elektrische Ofen kann ev. auch durch einen Trockenschrank mit Gasfeuerung ersetzt werden. Zwischen beiden beträgt der Abstand etwa 5 cm, so daß das Porzellanrohr an den Enden je 10 cm übersteht. An dieses ist durch ein kurzes Glasrohr ein zweites, etwa 15 mm im lichten weites Rohr aus schwer schmelzbarem Glas von ca. 50 cm Länge angeschlossen. Die vordere Hälfte ist mit gekörntem Bleichromat, die hintere der Vorsicht halber noch mit Kupferoxyd gefüllt. Das Rohr liegt in einem üblichen Gasverbrennungsofen von etwa 30 cm Länge, steht also an jedem Ende ca. 10 cm über. Nach Passieren dieses Rohres treten die Verbennungsgase erst in die mit Chromsäure beschickte Vorlage, dann in ein System von drei Trockenröhren ein, von denen die erste Glasperlen und konzentrierte Schwefelsäure, die beiden anderen nur Chlorkalzium enthalten. An diese schließen sich drei zur Absorption der CO_2 dienende U-Röhren an, von denen die erste sowie der vordere Schenkel des mittleren Rohres nur mit Natronkalk[1]), der hintere des mittleren Rohres dagegen mit Chlorkalzium und das letzte Rohr in umgekehrter Weise wie das mittlere beschickt ist. Man kann dann noch eine mit Palladiumchlorür beschickte Waschflasche anschließen, sowohl um ev. gebildetes Kohlenoxydgas erkennen als auch an dem Tempo der Gasblasen kontrollieren zu können, ob die Absorptionsgefäße dicht schließen.[2])

Die Lötstelle des zwischen Porzellan- und Ofenrohr eingeschobenen Thermoelementes soll sich an derjenigen Stelle befinden, wo das Schiffchen mit der Probe zu liegen kommt. Die Temperatur im PbO_2-Ofen kann auch durch ein Stickstoffthermometer, dessen Quecksilberkugel die Porzellanröhre berührt, gemessen werden.

b) Ausführung: Die zerkleinerte Probe — bei Ferrolegierungen des W, Mo und V 1.5 g, und zwar kann die Korngröße bis 2 mm gehen — wird im unglasierten Porzellanschiffchen von 7 bis 9 cm Länge und 12 bis 15 mm Breite abgewogen, in das Verbrennungsrohr eingeschoben, und zwar derart, daß das Schiffchen in die Mitte des Ofens zu liegen kommt, und der Apparat geschlossen. Dabei ist eine Umwicklung des Schiffchens mit Platindraht zweckmäßig, um es vor dem Anbacken an das Porzellanrohr zu bewahren. Soll gleichzeitig der S quantitativ bestimmt werden, verteilt man möglichst flach auf jedes der drei für den Trockenofen bestimmten, gleich großen Porzellanschiffchen etwa 3 g Bleisuperoxyd, das aber erst auf Reinheit zu untersuchen ist, und führt sie in die im Trockenschrank gelegene Rohrpartie ein. Nun wird 20 Min. Sauerstoffstrom durchgeleitet, um

---

1) Natronkalkröhren sind Kaliapparaten vorzuziehen, wie Ledebur (Verh. Ver. Beförd. d. Gewerbefleißes 1893, 280); Auchy (J. Am. Chem. Soc. XX, 528; Chem. Zentralblatt 1898, II, 503); Mabery (J. Am. Chem. Soc. XX, 510; Chem. Zentralbl. 1898, II, 503) u. a. bewiesen haben.

2) M. P. Brès verwendet nur ein einziges U-Rohr und einen Wäscher nach Clötz (Mon. Scient. 1912, Bd. 77, S. 501).

alle Luft zu verdrängen. Sodann entzündet man die Flammen des PbO_2- und die des Gasofens mit dem schwer schmelzbaren Glasrohr derart, daß bei beständigem Sauerstoffdurchleiten ½ Stunde lang das PbO_2 auf 250 bis 350 Grad, das CuO mit vollen und das Bleichromat endlich mit klein gestellten Flammen erhitzt wird. Soll S nicht bestimmt werden, fällt die Erhitzung der PbO_2-Ofens weg. Hierauf werden die 3 gewogenen Absorptions-U-Röhrchen angeschlossen; schließlich wird der elektrische Widerstandsofen derart angeheizt, daß seine Temperatur in ¾ Stunde auf 1100 Grad steigt. Die Oxydation feinst gepulverten Materials beginnt schon bei etwa 450 Grad, die eines solchen von 2 mm Korngröße bei etwa 900 bis 1000 Grad. Letzterenfalls kann man daher die Temperatur schneller höher treiben. Setzt die Verbrennung ein, was man an dem plötzlich verlangsamten Gang der Gasblasen durch die mit Schwefelsäure gefüllte Waschflasche erkennt, so ist es nötig, die Sauerstoffzufuhr zu vermehren. Nachdem man den Ofen 15 Min. auf 1100 Grad belassen hat, werden sämtliche Heizungen abgestellt, die Röhren unter beständigem Durchleiten von Sauerstoff während weiterer 20 bis 30 Min. erkalten gelassen und die Natronkalkröhrchen abgenommen.

c) Wägung der Natronkalkröhren: Man läßt sie 1 St. im Wägezimmer stehen, reibt sie mit einem Hirschledertuch ab und stellt sie 20 Min. in die Wage. Nun öffnet man rasch die Hähne, schließt sofort wieder und wägt. Die Gewichtszunahme ist direkt Kohlensäure. (Vergl. auch Reis, Stahl und Eisen 1894, II, S. 591.)

d) Die Bestimmung der vom Bleisuperoxyd gebundenen Schwefelsäure. Sie erfolgt nach den Vorschriften von Dennstedt:

Der Inhalt der Bleisuperoxydschiffchen wird in ein 150 ccm fassendes Becherglas aus Jenenser Glas geschüttet. Die Schiffchen selbst bringt man je in ein Reagenzglas und erhitzt sie dreimal 15 Min. lang im Wasserbade mit einer frischen 5-prozentigen Sodalösung, worauf man stets den Inhalt in das Becherglas gießt. Letzteres wird nun unter häufigem Rühren und Zerdrücken der Bleisuperoxydklümpchen mit einem Glasstab etwa 2 St. auf dem Wasserbade erhitzt, abkühlen gelassen und vollständig in einem auf 101 ccm geaichten Meßkolben gebracht, worauf man mit Wasser bis zur Marke auffüllt. Die 9 g PbO_2 nehmen etwa 1 ccm ein. Nun filtriert man durch ein trockenes Filter. 50 ccm Filtrat entsprechen 0,75 g urspr. angewandter Substanz; man verdünnt sie mit Wasser auf 350 ccm, gibt 2 Tropfen Methylorange zu, hierauf tropfenweise konz. HCl bis zur Rotfärbung und bei 350 ccm Lösung noch einen Überschuß von

1 ccm. Nunmehr wird zum Sieden erhitzt. Man fällt in einem Guß mit einer siedenden, auf das Fünffache verdünnten $\frac{n}{1}$-Chlorbariumlösung. Die Menge dieser Lösung berechnet sich nach Hintz und Weber (Treadwell, quant. Analyse 1907, S. 355) zu 10 ccm für jedes g $BaSO_4$; also bei 1.5 g Legierung, die zur Bestimmung abgewogen werden, auf jedes Prozent S etwa ³⁄₅ ccm. Man läßt den Niederschlag, der bei wenig Schwefel erst nach einer halben Stunde auftritt, absetzen, gießt die klare überstehende Flüssigkeit durch ein Filter und dekantiert mit heißem Wasser, bis das Filtrat keine saure Reaktion mehr zeigt. Nun bringt man den ganzen Niederschlag aufs Filter und wäscht heiß bis zum Verschwinden der Salzsäurereaktion. Der Filter wird dann verascht, mäßig geglüht und der Rückstand als $BaSO_4$ gewogen.

Enthält die Legierung Mo, so sublimiert bei der Verbrennung etwas MoO_2 in das PbO_2. In diesem Falle setzt man nach dem Neutralisieren des Auszugs 25 ccm konz. HCl auf 350 zu und läßt das gefüllte $BaSO_4$ vor dem Filtrieren wenigstens 15 St. stehen (Mai, Inaug.-Diss., München 1906). Durch die starke HCl erhöht sich zwar die Löslichkeit des $BaSO_4$, dieses wird aber auf diese Weise molybdänfrei.

e) Prüfung des zu verwendenden Bleisuperoxyds auf Reinheit: CO_2, H_2SO_4 und Halogene sollen fehlen.

α) CO_2: Einige g PbO_2 werden mit verdünnter HNO_3 übergossen; es darf dabei keine, auch nicht durch die Lupe sichtbare Gasentwickelung auftreten.

β) H_2SO_4: In 9 g PbO_2 wird eine S-Bestimung ausgeführt und die event. gefundene Menge in Abzug gebracht.

γ) Halogen: 25 g PbO_2 werden mit 50 ccm 10-prozentiger Natronlauge 1 St. auf dem Wasserbad digeriert, verdünnt und filtriert. Der Ablauf darf, mit HNO_3 angesäuert und mit $AgNO_3$ versetzt, höchstens eine sehr geringe Opaleszenz, niemals aber nach 24-stündigem Stehen einen Niederschlag geben.

f) Zusammenfassung: Von den bisherigen Vorschriften sind also die wichtigsten, daß die Verbrennung mindestens ¼ St. lang bei 1100 Grad vor sich gehen muß, daß bei dieser Temperatur das Beuteln der Substanz nicht nötig ist, vielmehr 2 mm große Stückchen verarbeitet werden können, und daß ferner die Verbrennung bei 1100 Grad im Sauerstoff auch ohne einen sauerstoffabgebenden Stoff vollständig verläuft, die Zugabe eines solchen also überflüssig ist. Dagegen ist das Dahinterschalten von CuO unbedingt nötig. Handelt es sich nur um die Ermittelung des C, kann man das PbO_2

fortlassen, muß dann aber die Gase durch ein mit Natronlauge und Brom beschicktes Absorptionsrohr senden. Wichtig ist, worauf auch Dennstedt hinweist, daß die Temperatur des PbO_2 330 Grad beträgt, sonst können die Resultate beträchtlich zu klein ausfallen. Die Schwefelbestimmung durch trockene Verbrennung hat den Vorzug der Einfachheit und Genauigkeit für manche Fälle vor anderen voraus, z. B. bei Ferromolybdän und -wolfram, für welche andere, z. B. nasse Methoden ziemliche Schwierigkeiten bereiten und wenn auch nicht viel, aber immerhin doch etwas zu kleine Werte geben; das noch beste nasse Verfahren ist im nächsten Abschnitt beschrieben.

g) Nasse Schwefelbestimmungsmethode, insbesondere für Ferromolybdän und -wolfram. Nach Mai (Inaug.-Diss., München 1906) ist mit Bromsalzsäure kaum ein quantitativer Aufschluß zu erzielen; die Resultate zeigen auch keine befriedigende Übereinstimmung. Dagegen wurde mit Königswasser ein vollständiger Aufschluß erreicht.

1. Ausführung: 0.5 g der Legierung wird in einem hohen Becherglas von 150 ccm Inhalt mit einem Gemisch von 3 ccm konz. HCl und 9 ccm konz. HNO_3 übergossen und mit einem Uhrglas überdeckt stehen gelassen, bis das Schäumen aufhört. Dann wird auf dem Wasserbade bis zur Lösung erwärmt und zur Trockne eingedampft. Das Eindampfen wiederholt man mit 5 ccm konz. HCl, löst den Rückstand in 1.5 ccm konz. HCl und verdünnt auf 100 ccm. Dabei scheidet sich etwas Molybdänsäure aus. Die mehr oder weniger klare Lösung wird auf 70 Grad erwärmt, mit NH_3 eben alkalisch gemacht und zuletzt mit 45 ccm einer etwa normalen NH_3-Lösung versetzt. Nach 15 Min. wird vom Eisenhydroxyd abfiltriert und dieses ausgewaschen. Das etwa 300 ccm betragende Filtrat neutralisiert man mit HCl, setzt mindestens 25, im Max. 50 ccm konz. HCl zu und fällt schließlich mit $BaCl_2$ in der früher beschriebenen Weise. Man läßt den Niederschlag nach Mai 48 Stunden stehen, filtriert dann ab, behandelt und wägt den Rückstand wieder wie oben als $BaSO_4$.

Bei dieser Arbeitsweise ist der Niederschlag, wenn man vor der Chlorbariumfüllung zu wenig HCl zusetzt, meist etwas molybdänhaltig. Prüfung: Man raucht mit etwas konz. H_2SO_4 ab; Blaufärbung zeigt Mo an; tritt diese Reaktion nicht ein, so wird der Rückstand mit wenig $KNaCO_3$ aufgeschlossen, die Schmelze in H_2O gelöst, abfiltriert und der Ablauf nach dem Ansäuern mit Ferrozyankalium auf Braunfärbung geprüft; Rhodankalium gibt rote, bei starker Verdünnung gelbe Färbung.

B. Molybdän.

I. Quantitative Bestimmungsmethoden.

a. Gewichtsanalytische Verfahren.

1. Bestimmung des Molybdäns als Molybdänsäure durch Abscheidung als Merkuromolybdat.

Es wird von einer Lösung des molybdänsauren Alkalis ausgegangen.

Man neutralisiert vorsichtig den größten Teil des Alkalis mit HNO_3, verkocht die CO_2, macht die Lösung mit Hilfe eines Indikators eben schwach alkalisch und versetzt sie in der Kälte mit einer ganz schwachsauren Merkuronitratlösung bis zur vollständigen Fällung (Hillebrand). Nun wird zum Sieden erhitzt. Der entstandene Niederschlag wird abfiltriert und mit verdünnter Merkuronitratlösung ausgewaschen. Das Filtrat muß eben schwach sauer reagieren. Man trocknet den Niederschlag, trennt ihn, soweit es geht, vom Filter, löst die auf diesem verbliebenen Reste in warmer, verdünnter HNO_3, läßt in einen größeren tarierten Porzellantiegel tropfen, verdampft zur Trockne, gibt den Hauptniederschlag dazu, erhitzt sorgfältig über kleinem Flämmchen bis zur völligen Verjagung des Quecksilbers, dann bis zur Dunkelrotglut und wägt das zurückbleibende Trioxyd MoO_3.

Man kann auch die Fällung in der neutralen Lösung derart vornehmen, daß man erst Merkuronitrat in geringem Überschuß, dann noch gelbes Quecksilberoxyd zusetzt, um die überschüssige HNO_3 aus der Merkuronitratlösung zu neutralisieren.

Anmerkung: Es ist wiederholt vorgeschlagen worden, die Bestimmung des Molybdäns durch Wägung als Metall vorzunehmen (v. d. Pfordten, Ztschr. analyt. Chem. XXIII, S. 413), indem Mo zunächst als Molybdänsäure oder Merkuromolybdat abgeschieden wird. Durch anhaltendes Glühen derselben im Rosetiegel über dem Gebläse bis zum konstanten Gewicht, währenddem beständig Wasser.

stoff durchgeleitet wird, erhält man metallisches Mo. Auch kann vom Ammoniummolybdat ausgegangen werden. Glüht man zu gelinde, so kann trotz Gewichtskonstanz der Tiegelinhalt noch MoO_2 enthalten. Im allgemeinen fallen auch bei richtig ausgeführter Glühreduktion die Werte weit zu niedrig aus.

2. Bestimmung des Molybdäns als Molybdänsäure durch Abscheidung als Trisulfid.

α. Molybdän befindet sich in schwefel- bzw. salzsaurer Lösung:

Man sättigt die kalte Flüsigkeit in einer Druckflasche mit Schwefelwasserstoff, verschließt sie, erhitzt im Wasserbade bis zum völligen Absetzen des Niederschlages, läßt erkalten, filtriert durch einen tarierten Goochtiegel, wäscht erst mit schwefelsäurehaltigem Wasser, dann mit Alkohol bis zum Verschwinden der Schwefelsäurereaktion aus, trocknet im Luftbad bei 100 bis 105 Grad, stellt den Tiegel in einen solchen aus Nickel, bedeckt ersteren mit einem Uhrglas, erhitzt zunächst mit sehr kleiner Flamme und nimmt das Uhrglas ganz weg, sobald der Geruch nach schwefliger Säure aufhört. Dann wird bei offenem Tiegel derart erhitzt, daß der Boden des Nickeltiegels schwach glüht, d. h. bei 350 bis 400 Grad Celsius, bis konstantes Gewicht erhalten wird. Obgleich die so resultierende Molybdänsäure meist Spuren von Schwefelsäure zurückhält und oft etwas bläulich aussieht, sind die Ergebnisse genau (Treadwell, Analyt. Chem. 1907, Bd. II, S. 212; L. Ott, Dissert., München 1911, S. 4.)

Anmerkung des Verf.: Anstatt das Molydäntrisulfid mit Schwefelwasserstoff abzuscheiden, kann man die saure Lösung auch mit Ammoniak und Schwefelammonium übersättigen oder in die alkalisch gemachte Flüssigkeit anhaltend Schwefelwasserstoff einleiten und dann in beiden Fällen überschüssige verdünnte H_2SO_4 zusetzen, worauf man das Gemenge von Schwefel und Molybdäntrisulfid abfiltriert und sorgfältig auswäscht. Es ist zu empfehlen, die Zersetzung in einer Druckflasche vorzunehmen, dann nochmals Schwefelwasserstoff einzuleiten und weiter wie oben angegeben zu verfahren. Hundeshagen (Ztschr. analyt. Chem. XXVIII, S. 142) schlägt vor, das Trisulfid im Platintiegel mehrmals mit Schwefel- und Salpetersäure abzurauchen und erst dann den Rückstand durch Glühen in MoO_3 überzuführen.

β. Molybdän befindet sich in alkalischer Lösung: Man setzt überschüssiges Schwefelammonium zu bzw. übersättigt mit Schwefelwasserstoff, worauf man die Lösung in eine Druckflasche überspült, mit verdünnter H_2SO_4 ansäuert, nochmals Schwefelwasserstoff einleitet und dann weiter wie oben angegeben verfährt.

3. Bestimmung des Molybdäns als Bleimolybdat nach Chatard.

Man geht von einer schwach salzsauren Molybdän- oder Alkalimolybdatlösung aus. Erstere wird mit Natronlauge derart abgestumpft und letztere mit soviel HCl versetzt, daß die Flüssigkeiten eben schwach sauer reagieren. Nun wird ein Überschuß essigsauren Bleis zugesetzt sowie noch etwas Ammoniumazetat, um die freie HCl zu zerstören. Man erhitzt zum Sieden, läßt absetzen, filtriert, wäscht den Rückstand mit heißem Wasser aus, trocknet, verascht, glüht und wägt ihn als $PbMoO_4$.

4. Bestimmung des Molybdäns als Bariummolybdat:

Die Alkalimolybdatlösung, erhalten durch oxydierendes Akalischmelzen der Ausgangsprodukte, Lösen in H_2O und Filtration, wird genau mit HNO_3 neutralisiert. Man erhitzt zum Kochen, setzt einige Tropfen H_2O_2 zu, zerstört den Überschuß davon durch Erhitzen der Lösung, setzt $BaCl_2$ zu, kocht nochmals auf, läßt absetzen, filtriert, wäscht aus, trocknet, glüht und wägt.

Anmerkung: Diese wie die unter 3. erwähnte Methode, obgleich letztere von Truchot (Les petits Métaux, S. 149) empfohlen wird, wendet man nur noch selten an.

5. Bestimmung des Molybdäns als Disulfid durch Abscheidung als Trisulfid:

Man verfährt zunächst wie unter 2. α. oder β. angegeben, trocknet dann den im tarierten Goochtiegel gesammelten und ausgewaschenen Niederschlag und glüht ihn hierauf im Wasserstoffstrom bis zum konstanten Gewicht. Der Tiegelinhalt ist MoS_2.

b. Maßanalytische Methoden.

1. Titration mit Permanganat nach Reduktion der Molybdänsäure durch Jodwasserstoffsäure nach F. A. Gooch und O. S. Pulmann (Ztschr. anorg. Chem. 1912, XXIX, S. 353 und Ztschr. angew. Chem. 1902, Heft 10).

α. Wesen dieser Methode: Kocht man eine salzsaure Lösung von Molybdänsäure mit Jodkalium, so tritt unter Abscheidung von Jod Reduction zu Molybdänpentoxyd Mo_2O_5 ein. Die direkte Verwendung dieser Reaktion zur quantitativen Bestimmung der Molybdänsäure gelingt aber nur unter besonderen Vorsichtsmaßregeln, weil ja bekanntlich die aus dem Jodkalium entstehende Jodwasserstoffsäure zur freiwilligen Jodabscheidung geneigt ist. Man verfährt deshalb am besten in der Weise, daß man die mit Jodkalium versetzte salzsaure Lösung der Molybdänsäure auf ein geringes Volumen einkocht, wobei nicht nur das durch die Reduktion der Molybdänsäure, sondern auch das durch spontane Zersetzung der Jodwasserstoffsäure entstandene Jod entfernt wird, und oxydiert dann das nun in der Lösung befindliche Molybdänpentoxyd mit einer titrierten Permanganatlösung.

Die Anwendung des Permanganats bedingt aber neue Komplikationen, da dasselbe aus der noch vorhandenen Jodwasserstoffsäure Jod und Jodsäure, aus der Salzsäure Chlor bilden kann, und auch höhere Manganoxyde auftreten können. Diesen Fehlerquellen tritt man entgegen einmal dadurch, daß man die Lösung vor der Zugabe des Permanganats nach Kessler und Zimmermann mit Mangansulfat versetzt, wodurch die Entstehung von Chlor verhindert wird, und weiterhin dadurch, daß man die mit Permanganat bis zur bleibenden Rotfärbung versetzte Lösung mit einem abgemessenen Überschuß einer titrierten Lösung von arseniger Säure versetzt. Letztere reduziert das entstandene Jod, die Jodsäure und die höheren Oxydationsstufen des Mangans. Um die zu diesem Zweck verbrauchte Arsenitmenge zu bestimmen, wird die Lösung nach vollendeter Reduktion mit Bicarbonat alkalisiert und die überschüssige arsenige Säure mit Jod zurückgemessen. Die gesuchte Molybdänsäure findet man dann, wenn man die zur Reduktion verbrauchte Arsenitmenge auf die Permanganatlösung umrechnet und dieses Volumen von der ursprünglich zugesetzten Permanganatlösung in Abzug bringt.

β. Ausführung: Es werden 0.3 bis 0.5 g Molybdat zusammen mit wenigstens 20 ccm Salzsäure vom spec. Gewichte 1.20 und mit 0.2 bis 0.6 g Jodkalium — je nach der Menge des angewandten Molybdates — in einen Kolben von 150 ccm Inhalt gebracht, den man durch ein in den Hals hineingehängtes Kugelrohr lose verschließt. Die Lösung wird so lange gekocht, bis das ursprüngliche Volumen von 40 bis 60 ccm genau auf 25 ccm reduziert ist, was an einer Marke abgelesen werden kann. Der Rückstand wird darauf sofort auf 125 ccm verdünnt, abgekühlt und in eine Drechselsche Waschflasche gebracht, die mit großen Glasstopfen und dem üblichen Einlaß und Auslaß versehen ist. Das Einlaßrohr hat einen Hahntrichter, der zur langsamen Einführung der Reagentien dient; das Auslaßrohr ist mit einer Will-Varrentrappschen Kugelröhre versehen, die man mit Jodkaliumlösung füllt, um bei der folgenden Neutralisation etwa mechanisch mitgerissenes Jod aufzunehmen. Es werden durch den Scheidetrichter ungefähr 0.5 g Manganosulfat eingeführt; sodann gibt man aus einer Bürette so lange von einer annähernd $\frac{n}{10}$-Kaliumpermanganatlösung zu, bis die Flüssigkeit die charakteristische Farbe desselben annimmt und liest die Menge des Permanganates ab.

Hierauf läßt man aus einer Bürette in die Lösung eine dem verwendeten Permanganat etwa äquivalente Menge titrierter Arsenitlösung einfließen. Diese Quantität Arsenit reicht hin, um in der sauren Lösung vollständig die Jodsäure, das Permanganat, die höheren Oxyde des Mangans und fast alles freie Jod zu reduzieren; der Rest des letzteren wird sogleich nach der folgenden Neutralisation fortgenommen. Auch das Volumen der zugesetzten Arsenitlösung wird notiert. Hierauf läßt man in die Flasche eine Lösung von 3 g Weinsäure hineinfließen und neutralisiert die freie Säure mit Kaliumbicarbonat. Zum Schlusse wird die am Stopfen und an den Glasrohren anhaftende Flüssigkeit in die Flasche gespült, der Inhalt des Kugelrohres gleichfalls hineingegossen, und nun erfolgt die Titration des überschüssigen Arsenites mit einer Jodlösung unter Zusatz von Stärke als Indikator.

2. Titration mit Permanganat nach Reduktion der Molybdänsäure durch Zink:

α. Man versetzt die konzentrierte wässrige Lösung des molybdänsauren Salzes mit überschüssiger konzentrierter HCl, fügt reines Zink zu, erwärmt, spült nach erfolgter Reduktion die Flüssigkeit in eine Porzellanschale, setzt Wasser, verdünnte H_2SO_4 und 20 ccm Manganosulfatlösung (20 %) hinzu und titriert dann mit $KMnO_4$ bis zur schwachen Rosafärbung .

β. Das Verfahren kann auch wie folgt ausgeführt werden: Die konzentrierte wässrige Alkalimolybdatlösung wird mit H_2SO_4 und Zn erwärmt, wobei die Reihenfolge nach blaue, grüne, gelbe, rotbraune und olivengrüne Färbung auftritt, letztere infolge Bildung von Mo_2O_3. Ist dies erreicht, verdünnt man die Lösung mit luftfreiem Wasser auf 100 ccm, nimmt davon ein bestimmtes Volumen und titriert rasch mit $KMnO_4$-Lösung, bis die Flüssigkeit immer heller und schließlich durch einen überschüssigen Tropfen sicher rot gefärbt wird. Die Zeitdauer der Reduktion hängt von verschiedenen Faktoren ab und schwankt zwischen 1 und 2 Stunden.

Diese von Pisani (Compt. rend. Bd. 59, S. 30), v. d. Pfordten (Ber. d. Deutsch. Chem. Ges. XV, S. 1928 und Ann. Chem., Bd. 222, S. 162) usw. empfohlenen Methoden ergeben jedoch keine einwandfreien Werte. Die Verfahren werden daher für genaue Untersuchungen nicht angewandt. Die Reduktion kann nämlich nicht ganz bis zu Sequioxyd durchgeführt werden, weshalb die Resultate etwa 5 % zu niedrig ausfallen. Weitere Literaturquellen sind: Zimmermann, Ber. d. D. Chem. Ges. XIV, S. 779; Krutwig, do., XVI, S. 1534; Kessler, Ztschr. analyt. Chem. XXI, S. 381; Mauro und Danesi, do., XIV, S. 1; XX, S. 507; Schindler, do., XXIII, S. 1417.

γ. Methode E. Knecht und F. W. Atack (Analyst 1911, Bd. 36, S. 98; Chem.-Ztg. 1910, S. 1377). Sie reduzieren die Molybdänsäure in stark salzsaurer Lösung — 50 bis 75 ccm konz. HCl — durch Zink zu Molybdäntrichlorid und titrieren dann in einer Kohlensäureatmosphäre mit einer Methylenblaulösung von bekanntem Gehalte, bis eine eben eintretende dauernde Blaufärbung der Flüssigkeit anzeigt, daß alles Molybdän in Molybdänpentachlorid übergegangen ist. Die Anwendbarkeit dieses Bestimmungsverfahrens bleibt nur auf solches Untersuchungsmaterial beschränkt, welches kein Titan, Wolfram, Vanadium und Chrom enthält, da die Oxydulsalze dieser Metalle Methylenblau ebenfalls zu reduzieren vermögen.

3. Sonstige volumetrische Methoden:

Außer den in späteren Kapiteln angegebenen maßanalytischen Molybdänbestimmungen sei noch das von C. Friedheim und M. K. Hoffmann (Ber. d. D. Chem. Ges. 1902, XXXV, No. 3) angegebene Verfahren erwähnt, statt des schlecht zu titrierenden Molybdändioxyds eine äquivalente Menge bequem und genau zu titrierenden Ferrosalzes mit Permanganat zu bestimmen.

Die Methoden von Mauro und Danesi — Behandeln der Molybdänsäure mit Jodwasserstoff und Titrieren des abgeschiedenen Jods — sowie von Hundeshagen (Ztschr. analyt. Chem. XXVIII, S. 105) — Titrieren der Molybdänsäure mit Phosphorsäurelösung — und Schindler usw. haben keinen praktischen Wert.[1])

Anmerkung des Verf.: Es ist ratsam, sofern es sich nur um die Bestimmung von Molybdän in einer dieses allein enthaltenden Lösung handelt, eine der unter a., 1. und 2. erwähnten gravimetrischen Methoden anzuwenden, wenn unbedingt zuverlässige Resultate erhalten werden sollen.

c. Elektrolytische Methoden.

Die elektrolytische Bestimmung des Molybdäns hat noch keine analytische Bedeutung erlangt. Es seien daher nur folgende Angaben gemacht:

1. Methode von Kollock und Smith (Journ. Amer. Chem. Soc. 1901, XXIII, S. 669):

---

[1]) Vergl. die auch für Mo geltende Methode von Knecht u. Hibbert auf S. 122.

Die in 250 ccm ungefähr 0.25 Gramm MoO_3 als $Na_2MoO_4 . 2H_2O$ gelöst enthaltende Flüssigkeit wird nach mehreren Stunden einem Strom von 0.1 A. und 4 V. ausgesetzt. Die Temperatur beträgt 75 Grad C. Man fügt noch 2 Tropfen konzentrierte Schwefelsäure zu. Die jetzt anfänglich auftretende dunkelblaue Färbung verschwindet bei weiterer Stromeinwirkung wieder und es entsteht ein Niederschlag mit wasserhaltigem Sesquioxyd. Dieser ist glänzend schwarz und so fest anhängend, daß er abgewaschen werden kann, ohne daß Teilchen abreißen. Die farblose Flüssigkeit wird abgehebert und dafür kaltes Wasser eingegossen, ohne den Strom dabei zu unterbrechen. Der Niederschlag wird noch feucht aus der Schale mit verdünnter HNO_3 abgelöst, die Flüssigkeit sorgfältig zur Trockne verdampft, der Rückstand auf einer Eisenplatte zur Entfernung der letzten Spuren der Säure erhitzt und die zurückbleibende weiße MoO_3 gewogen.

2. Methode von A. Fischer und J. Weise (Ztschr. analyt. Chem. 1912, Bd. 51, S. 537 bis 550):

Aus einer Lösung, die in 120 ccm bis 0.2 g Molybdäntrioxyd und etwa 0.2 bis 0.25 g konzentrierte Salzsäure enthält, wird das Molybdän mit einem Strom von 2.5 bis 3.5 Amp. bei 18 bis 30 V. Spannung in 25 bis 35 Min. gefällt. Der Chlorwasserstoff verflüchtigt sich allmählich infolge der Temperaturzunahme. Das gefällte Molybdänsesquioxyd wird durch Glühen im elektrischen Widerstandsofen bei 400 Grad C. in Trioxyd übergeführt und als solches gewogen.

d. Kolorimetrische Methoden

kommen nicht in Frage.

II. Quantitative Trennung des Molybdäns von Vanadium und Wolfram.

a. Molybdän von Vanadium.

b. Molybdän von Wolfram.

c. Molybdän von Vanadium und Wolfram.

Zur Vermeidung von Wiederholungen finden sich die diesbezüglichen Angaben nur unter Kapitel C., II. und D., II. ab S. 64 und 124.

III. Quantitative Trennung des Molybdäns von anderen Metallen.

Eine Reihe hier nicht aufgezählter Methoden findet sich in den späteren Abschnitten der „Abgeschlossenen Untersuchungsgänge" insbesondere von Produkten, wie Erze und Stähle (Kap. B., IV.), auf die mit hingewiesen werden muß.

a. Molybdän von Arsen oder von Arsen und Vanadium.

nebeneinander nach C. Friedheim, O. Decker und E. Diem (Ztschr. analyt. Chem. 1905, XXXXIV, S. 665):

Man scheidet aus der schwefelsauren Lösung der Substanz zunächst Molybdän und Arsen mit Schwefelwasserstoff unter Druck ab, wobei die Fällung zweckmäßig in einer mit Patentverschluß versehenen Flasche vorgenommen wird. Die mit schwefelsäurehaltigem Wasser ausgewaschenen Sulfide spritzt man mit Wasser möglichst vollständig in eine Porzellanschale und dampft die Flüssigkeit auf dem Wasserbade ein. Der am Filter hängende Rest der Sulfide wird in einigen Tropfen Bromwasser gelöst. Ist der Bromüberschuß durch Eindampfen verjagt, so wird der Schaleninhalt mit Salpetersäure oxydiert, hierauf so weit als möglich eingeengt und schließlich das Arsen mit Magnesiamixtur gefällt. Eine doppelte Fällung des Arsens als Magnesiumammoniumarseniat ist nicht erforderlich, so lange auf 1 Mol. As_2O_5 höchstens 9 Mol. MoO_3 kommen. Sobald jedoch der Molybdängehalt diese Grenze überschreitet, fallen die Resultate zu hoch aus, da durch Zusatz von Magnesiamixtur basisches Magnesiumsulfat mit niedergerissen wird. In diesem Falle muß das Arsen doppelt gefällt werden. Das Filtrat der ersten Arsenfällung dient zur Bestimmung des Molybdäns, indem man die Lösung nach dem Verjagen des Alkohols mit Ammoniumpolysulfid erwärmt, alsdann mit Salzsäure schwach ansäuert und das gebildete Molybdänsulfid in einem Goochtiegel abfiltriert und als Molybdäntrioxyd wägt. Das Vanadin wird in dem Filtrate der Schwefelwasserstofffällung durch Titration mit Kaliumpermanganat bestimmt. Da Vanadin bei der Behandlung mit Schwefelwasserstoff unter Druck bisweilen weiter als bis zum Tetroxyd reduziert wird, so muß man das Filtrat, welches das Vanadin enthält, nach entsprechendem Eindampfen in einen etwa 1 Liter enthaltenden Kolben spülen, bei mäßiger Wärme mit n/20-$KMnO_4$ oxydieren, erst jetzt in bekannter Weise mit schwefliger Säure reduzieren und hierauf mit Permanganat titrieren.

Eine glatte Trennung des A r s e n s v o m M o l y b d ä n und V a n a d i n gelingt auch durch Destillation mit Jodkalium und Salzsäure unter Verwendung des B u n s e n - F i n k e n e r s c h e n Apparates, wobei die Kugel des Destillationskolbens 100 ccm fassen soll. Bei der Ausführung verwendet man auf 1 g Substanz 1 bis 1½ g Jodkalium und 70 ccm Salzsäure von 1.19 spez. Gew. Im Anfang der Destillation, d. h. bis zur vollständigen Austreibung des Jodes aus dem Destillationsrohre wird die Heizflamme zweckmäßig verkleinert, um eine Verstopfung des Ableitungsrohres durch Jod zu vermeiden. Schon nach 20 Min. ist das gesamte A r s e n überdestilliert. Das Destillat wird durch Filtration über Glaswolle von dem abgeschiedenen Jod befreit und hierauf unter beständigem Zusatz von Chlorwasser bis zur Sirupdicke eingedampft. Den Eindampfrückstand nimmt man mit Wasser auf, spült die Lösung in einen Platintiegel, dampft abermals ein und erhitzt den Tiegel ½ St. auf dem Finkenerturm auf 435 bis 450 Grad C. Hat man zur Aufnahme des das Arsenpentoxyd enthaltenden Tiegels keinen mit Phosphorpentoxyd beschickten Exsikkator zur Verfügung, so empfiehlt es sich, den Tiegel in ein sehr gut schließendes Wägeglas zu bringen und in diesem zu wägen.

b. Molybdän von Zinn:

Vergl. die späteren Angaben sowie T a l b o t t (Ber. d. Deutsch. Chem. Ges. IV, S. 279).

c. Phospho- von Silicomolybdaten

nach P. M é l i k o f f (Académie des Sciences, Paris; 26. XII. 1911):

Das Verfahren beruht auf der verschiedenen Löslichkeit der beiden Verbindungen in verdünntem Wasserstoffsuperoxyd. Zu ihrer Trennung mischt man gleiche Mengen von 30-prozentigem Wasserstoffsuperoxyd und eine 8-prozentige Ammoniummolybdatlösung in Salpetersäure, was einem Gehalt von etwa 4 % Permolybdat entspricht; in dieser Mischung löst sich keine Spur Silicomolybdat, wohl aber Phosphormolybdat leicht und völlig. Auf mikrochemischen Wege kann man die Reaktion gut verfolgen. Bringt man etwas Ammoniumsilicomolybdat und Ammoniumphosphormolybdat auf einen Objektträger, setzt einige Tropfen Wasser hinzu und läßt 24 Stunden stehen, so kann man beobachten, daß das letztere Salz völlig in Lösung gegangen ist, während das erstere ungelöst geblieben ist.

d. Molybdän von Quecksilber

nach Jannasch und Bettges:

Die Trennung erfolgt derart, daß letzteres in heißer ammoniakalischer Lösung durch Hydrazinsulfat als Metall gefällt wird, nachdem eine Ausfällung des Molybdäns durch Zusatz von Weinsäure oder Zitronensäure verhindert ist; die Fällung des Molybdäns geschieht nach Jannasch (mittels Schwefelammoniums) als Molybdäntrisulfid, auf welches das in der Flüssigkeit vorhandene Hydrazin nicht störend wirkt.

e. Molybdän von Phosphorsäure:

1. Die Lösung wird ammoniakalisch gemacht und mit Magnesiamixtur versetzt. Das Filtrat, welches alles Molybdän enthält, wird mit verdünnter Schwefelsäure angesäuert und mit Schwefelwasserstoff usw. in früher beschriebener Weise behandelt.

2. Die salpetersaure Lösung des Mo wird mit Soda neutralisiert und eingedampft, der Rückstand im Platintiegel kalziniert, eine Mischung (½ Salpeter und ½ Soda) zugegeben, geschmolzen, die wässrige Auflösung abfiltriert, der Ablauf mit Schwefelammonium versetzt, ev. nochmals filtriert, das Filtrat mit HCl angesäuert, der Niederschlag abfiltriert, der Ablauf unter H_2S-Einleiten gekocht, das Filtrat mit NH_3 neutralisiert und die P_2O_5 endlich mit Magnesiachlorid als $Mg_2P_2O_7$ gefällt.

Anmerkung: Vergl. auch die Methode unter Abschnitt „Ammoniumphosphormolybdat".

f. Molybdän von Mangan, Zink, Nickel, Kobalt:

Die salz-, besser schwefelsaure Lösung wird mit überschüssigem Ammoniak und Schwefelammonium versetzt. Man filtriert, wäscht aus und fällt im Filtrat das Molybdän nach B. I. a. 2.

g. Molybdän von Blei, Wismut, Kupfer, Kadmium:

1. Die Substanz bzw. der Niederschlag wird mit Schwefelsoda geschmolzen und die Schmelze in Wasser gelöst; vor dem Filtrieren setzt man einige Tropfen Chlorammonium zu und bestimmt in der sulfoalkalischen Lösung das Molybdän durch Abscheidung als Trisulfid wiederum nach B. I. a. 2.

Anmerkung: Bei Gegenwart von Kupfer sind stets geringe Mengen desselben im Sulfidniederschlag; eine nochmalige Trennung ist erforderlich.

2. Man schließt durch Schmelzen mit Soda auf, wenn, wie bei 3., die betreffende Substanz in Säuren nicht vollständig löslich ist. Das wässrige Filtrat der Auflösung der Schmelze enthält nur Molybdän. Bestimmung nach B. I. a. 1.

3. Die Metalle befinden sich in mineralsaurer Lösung. Nach Überspülen in eine Druckflache versetzt man erst mit überschüssiger Natronlauge, dann mit Natriumsulfid, digeriert einige Zeit auf dem Wasserbad, wobei das Molybdän völlig in Lösung geht, filtriert und bestimmt im Ablauf samt Waschwasser das Molybdän wiederum nach B. I. a. 2. β. Selbstredend kann statt des Schwefelnatriums auch Schwefelammonium verwendet bzw. in die alkalische Lösung anhaltend Schwefelwasserstoff eingeleitet werden. Bei Gegenwart von Kupfer ist die obige Anmerkung unter g. 1. zu berücksichtigen.

h. Molybdän von Eisen, Chrom, Aluminium, Kalzium und Magnesium:

Saure Lösungen werden direkt nach B. I. a. 2. α. behandelt. Unlösliche Substanzen schmilzt man mit Soda, löst in Wasser und behandelt das Filtrat samt Waschwasser nach B. I. a. 2. β. Verfährt man nach B. I. a. 1., so muß, da der Niederschlag stets chromhaltig ausfällt, nochmals eine Trennung Mo—Cr vorgenommen werden.

i. Molybdän von 1. **Eisen, Chrom, Mangan und Nickel** sowie von 2. **Kupfer, Kobalt, Zink, Uran, Arsen, Kadmium, Aluminium** nach Brearley und Ibbotson:

1. Man bringt die betr. Substanz (2 g) durch Behandeln mit Salzsäure in Lösung und oxydiert mit HNO_3 bzw. $KClO_3$. Dann stumpft man die freie Säure fast mit Na_2CO_3 oder NaOH ab; es darf kein basisches Molybdat ausfallen. Der Niederschlag wird abfiltriert und in einen Kolben mit ca. 70 ccm normaler Natronlauge gebracht. Unter Umschütteln erhitzt man zum Kochen. Das Mo löst sich, man verdünnt auf 500 ccm, filtriert 250 ccm = 1 g vom Eisen usw. ab, macht die Flüssigkeit mit Salzsäure schwach sauer, setzt überschüssiges essigsaures Blei und genügend Ammonazetat zu, erhitzt zum Kochen, filtriert, wäscht aus, trocknet, verascht, glüht und wägt das Mo als Bleimolybdat. Der zuerst erhaltene Niederschlag von Eisen, Chrom, Nickel und Mangan wird in üblicher Weise getrennt.

2. Die hinreichend salzsaure Lösung wird mit essigsaurem Blei versetzt, zum Sieden erhitzt, eine größere Menge Ammoniumazetat zugesetzt, um alle freie HCl zu binden und der Niederschlag abfiltriert. Man wäscht aus und bestimmt im Filtrat die anderen Metalle wie Cu, Co, Zn, Ba, Sr, Ca, U, As, Cd, Al usw.

k. Molybdän von Kupfer.

Elektroanalytische Methode von W. D. Treadwell (vergl. unter Trennung „W von Cu“ auf Seite 140).

IV. Abgeschlossene spezielle Untersuchungsmethoden.

a. Molybdänerze.

1. **Molybdänglanz** (Wasserblei).

A) GENAUE VERFAHREN FÜR REINE UND UNREINE ERZE.

α. Methode A. Gilbert (Ztschr. öffentl. Chem. 1906, Bd. 12, Seite 263; vergleiche auch Lunge, technische Untersuchungsmethoden 1910, Bd. II). Das Prinzip ist folgendes: Nach dem Abrösten des Erzes an der Luft wird mit Ammoniak aufgenommen und filtriert; die im Rückstand befindlichen, äußerst geringen Mengen von Molybdän, welche nicht als Schwefelmolybdän, sondern wahrscheinlich als Molybdat in dem Erz enthalten sind, werden nach vorhergegangenem Aufschluß durch Soda und Reduktion mittels Zinks und Salzsäure auf titrimetrischem Wege durch Permanganat bestimmt. Die Methode hat sich als einfach und durchaus zuverlässig bewährt. Enthält das Erz jedoch Kupfer, Magnesium, Wismut und Zink als Verunreinigungen, was in Mengen von 1 bis 5 % CuO, 5 bis 14 % MgO, 0.5 bis 7 % Bi und 0.3 bis 4 % Zn tatsächlich möglich ist, so enthält die zur Wägung kommende Molybdänsäure fast alles Zink, Kupfer und Magnesium. Es kann die Gilbertsche Methode daher nur bei Erzen, die von den fraglichen Metallen frei sind, angewandt werden, was dann allerdings nicht sehr häufig ist. Aus diesem Grunde wählt

β. W. Trautmann folgenden Untersuchungsgang (Ztschr. angew. Chem. 1909, S. 2239 und Cem.-Ztg. 1909, XXXIII, S. 1106/7): 0.3 g Molybdänglanz — die Analysensubstanz braucht nicht sehr fein gepulvert zu sein, was bei der Schwierigkeit des Zerkleinerns obiger Erze sehr in Betracht kommt — wird mit einem Gemisch von halb Natriumsuperoxyd und halb Soda im Nickeltiegel vermengt; dann wird zuerst bei sehr kleiner Flamme der bedeckte Tiegel erwärmt, bis die Mischung zusammensintert, also die Hauptreaktion vorüber ist. Hierauf wird 5 Minuten bis zur Rotglut weiter erhitzt; die Schmelze ist beendet, wenn die Masse ruhig fließt und hellrot ist. Ein zu langes Erhitzen bringt zuviel Nickel in die Analyse hinein. Die erkaltete Schmelze wird in heißem H_2O gelöst und der Niederschlag durch mehrmaliges Dekantieren und zuletzt aut dem Filter durch Auswaschen von der Lösung getrennt. Nun versetzt man das Filtrat mit genügend dunkler Schwefelammonlösung, erhitzt auf dem Wasserbad und fällt heiß mit verdünnter Schwefelsäure alles Mo als Sulfid (vorsichtiges Eintragen der H_2SO_4 ist nötig, da die Flüssigkeit stark schäumt). Durch Hindurchleiten von Luft vertreibt man den H_2S und filtriert nach dreimaligem Dekantieren. Nach dem Trocknen wird das Filter vom Niederschlag möglichst befreit, für sich vorsichtig im Porzellantiegel verascht, das Sulfid dazu gegeben, über sehr kleiner Flamme geröstet und der Tiegelinhalt als MoO_3 gewogen. Nach besonderer Behandlung kann der Niederschlag auch als MoS_2 bestimmt werden. Erstere Methode ist die raschere und bei einiger Übung ebenso genau wie die andere, denn eine entsprechend kleine Flamme läßt kein MoO_3 sublimieren. Durch die Superoxydmethode umgeht man die sonst unvermeidliche Molybdän-Kupfer-Trennung, die nur mittels weniger Tropfen Schwefelammon gelingt. Ferner enthält bei Anwesenheit von Aluminium und Wismut der durch Ammoniak gefällte Niederschlag bis zu 2.4 % MoO_3. Immerhin muß der nach der Säureaufschlußmethode erhaltene Eisen-, Aluminium- und Wismutniederschlag in Schwefelsäure gelöst und das darin enthaltene Molybdän nach Neutralisation der Lösung, darauf folgender Behandlung mit Schwefelammon und nach Abfiltrieren des FeS, Bi_2S_3 und $Al_2(OH)_6$ durch H_2SO_4 abgeschieden werden. Auf diese Weise vermeidet man die durch Anwesenheit von Cu, Bi, Mg bei der Methode α. entstehenden Fehler. Ist nun aber auch noch Zinkblende im Molybdänglanz vorhanden, so modifiziert T r a u t m a n n seine Methode derart, daß er die in Ammoniumpolysulfat erhaltene Molybdänlösung einmal aufkocht, um das Zinksulfid filtrierbar zu machen und dann dieses abfiltriert, ehe man durch Säurezusatz das MoS_3 ausfällt. Analog der Wolframbestimmung muß das zur Wägung gelangende MoO_3 gereinigt werden. Man schmilzt zu diesem Zwecke mit $KHSO_4$, löst in Wasser unter Zusatz von Ammoniumkarbonat auf, erwärmt, filtriert $Al_2(OH)_6$ und SiO_2 ab, wäscht mit ammoniakalischem, ammoniumnitrathaltigem Wasser aus, trocknet, verascht, glüht die Oxyde und zieht deren Gewicht vom Gewicht der unreinen MoO_3 ab.

Hier anschließend sei bemerkt, daß B. H e r s t e i n (Transactions Am. Chem. Society, Detroit, 29. 6. bis 2. 7. 1909; Science XXX, S. 288 und Chem.-Ztg., 1909, S. 990) Molybdän aus einer stark sauren Lösung mittels Thioessigsäure niederschlägt und den gereinigten Niederschlag durch Verbrennung in einem Goochtiegel in MoO_3 umwandelt. Nach H e r s t e i n s Angaben ergibt die Verwendung anderer schwefelhaltiger Agentien für die Fällung des Molybdäns keine genauen Resultate.

γ. V o l l s t ä n d i g e r A n a l y s e n g a n g e i n e s V-, W-, Sb- und Sn - f r e i e n E r z e s (vergl. auch C l a s s e n, quant. Analyse, 4. Aufl., S. 207):

B e s t i m m u n g v o n M o l y b d ä n : 1 g des fein gepulverten Erzes wird mit 6 g eines Gemisches gleicher Teile Soda und Schwefel geschmolzen; die Masse laugt man mit Wasser aus, scheidet im Filtrat das Molybdän in bekannter Weise als MoS_3 ab und bringt es als MoO_3 oder MoS_2 zur Wägung. Der Niederschlag ist auf Arsen und Kupfer zu prüfen. Sind Vanadin, Wolfram, Antimon und Zinn zugegen, ist die für diesen Fall weiter unten folgende Methode anzuwenden. O. B r u n k verwendet das gleiche Aufschlußmittel.

B e s t i m m u n g d e r F r e m d m e t a l l e u n d K i e s e l s ä u r e : Der vorstehend erhaltene, mit kaltem Wasser, dem einige Tropfen Chlorammon zugegeben wurden, gut ausgewaschene Rückstand wird in verdünnter HNO_3 gelöst, die Flüssigkeit aufgekocht und filtriert, die zurückbleibende Kieselsäure (Gangart) gut ausgewaschen — veraschen, glühen und wägen —, das Filtrat mit Ammoniak fast neutralisiert und mit Schwefelwasserstoff gesättigt: Blei, Wismut und Kupfer fallen als Sulfide aus; Eisen, Mangan, Kalzium und Magnesium bleiben gelöst. Man trennt die beiden Gruppen durch Filtration der Lösung und verfährt dann in üblicher Weise weiter.

B e s t i m m u n g v o n A r s e n , S c h w e f e l u n d P h o s p h o r : 2 g des feinst gepulverten Erzes werden im Porzellantiegel mit einer Mischung von 12 g Soda und 2 g Kaliumchlorat vorsichtig bis zum Aufhören des Blasenwerfens geschmolzen, worauf die erkaltete Masse mit Wasser ausgelaugt, die Lösung filtriert und der Ablauf auf 500 ccm verdünnt wird. 125 ccm davon entspr. 0.5 g Erz säuert man deutlich mit Salzsäure an, erhitzt bis zur völligen Vertreibung der Kohlensäure und fällt dann in bekannter Weise mit $BaCl_2$. Das $BaSO_4$ wird abfiltriert, zur Wägung gebracht und auf S umgerechnet. Oder man schmilzt im Platintiegel 1 g Erz mit 6 g eines Gemisches von 4 Tl. Soda und 1 Tl. Salpeter und verfährt weiter nach „L e d e b u r“, IX. Aufl., S. 49 bis 51.

Weitere 250 ccm des Filtrates entspr. 1 g Substanz werden mit Ammoniak, Chlorammonium und Magnesiumsulfat versetzt und der Niederschlag nach totaler Ausfällung im Gooch-Tiegel gesammelt. Das ausgewaschene Ammonmagnesiumarseniat bzw. -phosphat wird getrocknet und geglüht: $Mg_2 As_2 O_7 + Mg_2P_2O_7$. Nach der Wägung löst man den Niederschlag in verdünnter HNO_3 und fällt in bekannter Weise mit Schwefelwasserstoff das As aus. Das As_2S_5 wird abfiltriert, ausgewaschen, in HNO_3 gelöst, mit NH_3 und Magnesiamischung gefällt und als $Mg_2 As_2 O_7$ gewogen. Aus der Differenz beider Werte ergibt sich der Gehalt an $Mg_2P_2O_7$ bzw. P.

Der Schwefel kann auch bestimmt werden, indem man 1 g feinst gepulvertes Erz mit konzentrierter Kalilauge bei Siedehitze unter Einleiten von Chlorgas behandelt. Man filtriert nach genügender Verdünnung ab, wäscht aus, setzt zum Filtrat etwas HCl und kocht bis zum völligen Verschwinden des Chlorgeruchs. Hierauf wird in Siedehitze mit $BaCl_2$ gefällt; man filtriert, wäscht kalt aus, trocknet, verascht und glüht den $BaSO_4$-Niederschlag. Nach dem Erkalten wird gewogen und auf S umgerechnet (Meth. Carnot).[1]

δ. Methode E. Colett und M. Eckhardt (Chem.-Ztg. 1909, XXXIII, S. 968).

0,3 g feinst gepulvertes Erz wird im weithalsigen Erlenmeyerkolben durch zwei- bis dreistündiges Digerieren mit 25 ccm rauchender Salpetersäure aufgeschlossen. Nach Abdampfen wird der Rückstand nochmals mit 1 bis 2 ccm konzentrierter Schwefelsäure abgeraucht, der noch schwefelsäurehaltige Rest mit 50 ccm Wasser aufgenommen, warm filtriert und erst mit wenig Wasser, dann mit verdünntem Ammoniak und zuletzt wieder nur mit Wasser ausgewaschen. In den vereinten Filtraten und Waschwässern werden Eisen und Aluminium mit Ammoniak ausgefällt; das Filtrat dampft man auf 150 bis 200 ccm ein, setzt überschüssiges Schwefelwasserstoffwasser zu, verkocht nach Zusatz von verdünnter Salzsäure den überschüssigen Schwefelwasserstoff, filtriert das Molybdänsulfid ab, dampft das Filtrat völlig ein, verjagt die Ammoniumsalze und fällt aus dem mit Wasser aufgenommenen Rückstand nach Zusatz von Ammoniak und Schwefelammonium mit Salzsäure noch vorhandenes Molybdän als Sulfid aus. Die beiden Molybdänniederschläge werden vereint, getrocknet, verascht, im Rosetiegel mit Schwefel im Wasserstoffstrom mäßig bis zu konstantem Gewicht geglüht und als MoS_2 gewogen.

Anmerkung des Verf.: Vorstehende Arbeitsweise soll nach den Angaben von Colett und Eckhardt die besten Resultate liefern. Die Autoren halten ihre Methode auch für den weniger erfahrenen Analytiker geeignet und machen noch folgende Bemerkungen: Die Erzprobe ist nur innerhalb 2 bis 3 St. genügend fein zu pulverisieren. Der Aufschluß des Minerals auf trockenem Wege gelingt nur unvollständig. Auch für den Salpetersäureaufschluß ist äußerst feinste Zerreibung Bedingung. Ein direktes Verdampfen der ammoniakalischen Molybdänlösung wird nicht empfohlen, da sowohl dann Kupfer mitgewogen wird, welches häufig im Molybdänerz enthalten ist, als auch die Möglichkeit von Molybdänverlusten eintritt. Nur die doppelte Fällung des Mo als Sulfid, wie im obigen Analysengang angegeben, sichert quantitative Niederschläge. Beim Überführen des MoS_2 in MoO_3 ist eine derartig lange Glühdauer nötig, daß die Sublimation der MoO_3 schon beginnt, ehe noch konstantes Gewicht erreicht und die blaue Farbe von Suboxyden völlig verschwunden ist. Im Gegensatz zu anderen Chemikern wird daher die Bestimmung des Molybdäns als Sulfid MoS_2 im Rose-Tiegel empfohlen.

---

[1]) Vergl. auch Nasini u. Baschieri (Gazz. chim. ital. 1913, Bd. 43, S. 283).

ε. Vollständiger Untersuchungsgang eines stark unreinen Erzes:

Es werden zwei getrennte Schmelzaufschlüsse vorgenommen:

I. 3 g feinst gepulvertes Erz mit 20 g eines Gemisches von 8 Teilen Soda und 2 Teilen Kalisalpeter oder 3 g mit einer Mischung aus 18 g Soda und 3 g chlorsaurem Kali. Schmelzdauer 1 bis 1½ St.; bei Anwendung des Chloratgemisches schmilzt man noch ¼ St. über dem Aufhören des Blasenwerfens hinaus.

II. 1 g Erz mit 6 bis 10 g einer Mischung gleicher Teile kalzinierter Soda und Schwefel. Schmelzdauer höchstens 20 Min. über mittlerer Bunsenflamme. Der Tiegel wird bedeckt gehalten, und darf eine Oxydation des Inhalts nicht eingetreten sein.

I. dient zur Bestimmung von W, As, S, P_2O_5, CaO, MgO; II. zu der von Mo, Al, Fe, Cu, Bi, Pb, Mn, Sb, Sn, SiO_2 (Gangart). Bei I. schmilzt man im Platin-, bei II. im Porzellantiegel.

a_1. Behandlung der Schmelzen I:

Die wässrige Auflösung wird mit einigen Tropfen Wasserstoffsuperoxyd versetzt, aufgekocht, erkalten gelassen, filtriert und der Rückstand ausgewaschen. Letzteren löst man in verdünnter warmer Salzsäure, setzt überschüssigen Ammoniak, hierauf Schwefelammonium zu, erwärmt, konzentriert die Lösung, läßt erkalten, filtriert den Niederschlag ab, wäscht ihn aus und bestimmt im Filtrat nach Zerstörung des Schwefelammoniums in bekannter Weise erst CaO, dann MgO.

Das wässrige, alkalische Hauptfiltrat wird samt Waschwasser auf 500 ccm aufgefüllt. In 100 ccm entspr. 0.6 g Erz bestimmt man, wie bereits Seite 30 angegeben, den S. In weiteren 150 ccm entspr. 0.9 g Erz wird ebenfalls nach der auf Seite 30 angegebenen Methode der Gehalt an P und As ermittelt. Von der Restflüssigkeit werden 200 ccm entspr. 1.2 g Erz zur Bestimmung von W verwendet.

Diese Lösung kann nicht direkt mit Bleiazetat gefällt werden, da sie H_2SO_4, die von oxydiertem Schwefel des Erzes stammt, enthält. Man scheidet daher nach B. I. a. und D. I. a. MoO_3 und WO_3 zusammen als Merkurosalze ab, nachdem vorher bereits As, P_2O_5, SiO_2 und SnO_2 mit Ammoniak-Magnesiamixtur bzw. Ammonnitrat entfernt worden waren. Der Quecksilberniederschlag wird gut ausgewaschen, geglüht, mit H_2SO_4 und HF abgeraucht — wenn hierbei etwas Mo verlustig gehen sollte, so schadet das nichts; denn WO_3, das hier allein bestimmt werden soll, bleibt quantitativ zurück — und der kieselsäurefreie Rückstand durch Schmelzen mit Ätznatron bzw. Soda und Natriumsuperoxyd nach S. 28 nochmals aufgeschlossen.

Im wässrigen kieselsäurefreien, später mit HCl angesäuerten Filtrat werden genau nach den auf S. 19 und 121 gemachten Angaben WO_3 und MoO_3 als Bleisalze abgeschieden, gewogen und wieder getrennt. Und zwar wird in der salzsauren Auflösung der Bleisalze nicht, wie a. a. O. angegeben, die WO_3 durch Eindampfen abgeschieden und gewogen, man fällt vielmehr Mo als MoS_3 im salzsauren Filtrat von der abgeschiedenen WO_3, ohne letztere zu wägen; selbst wenn sich noch etwas W in dieser Lösung befände, fällt reines MoS_3 aus. Man rechnet auf $PbMoO_4$ nun und erhält aus der Differenz gegen die obige Summe der Bleisalze den Wert für $PbWO_4$, bzw. W. allein. Es darf nicht übersehen werden, daß der so gefundene Mo-Wert nicht das gesamte, ursprünglich im Erz vorhandene Mo angibt.

Ist vorstehende Methode auch umständlich, so ergibt sie doch genaue Werte, was von der Arbeitsweise, WO_3 durch Eindampfen mit HCl zu bestimmen, zumal wo es sich hier nur um kleine Mengen W handelt, nicht gesagt werden kann.

a_2. Behandlung der Schmelze II:

Man löst sie in warmem Wasser, setzt einige Tropfen Chlorammonium zu, läßt die Lösung erkalten, filtriert und wäscht den Rückstand mit kaltem Wasser aus, dem einige Tropfen Ammonsulfid- und Chlorammonlösung zugesetzt waren.

Der sulfidische Rückstand wird mit verdünnter HNO_3 behandelt, abfiltriert und ausgewaschen: der Rückstand ist bei quantitativem Aufschluß nur SiO_2 (Quarz, Gangart); im Filtrat fällt man mit H_2S erst Cu, Bi, Pb, im Filtrat und Waschwasser hiervon nach Verjagung des Schwefelwasserstoffs und Oxydation der Lösung erst Fe und Al nach der Azetatmethode und im Filtrat hiervon endlich das Mn. Diese Fällungen und weiteren Trennungen werden in bekannter Weise vorgenommen.

Das sulfoalkalische Hauptfiltrat, das neben Spuren Kupfer noch W, Mo, As, Sn, Sb enthält, behandelt man wie folgt: Es wird H_2SO_4 bis zur eben sauren Reaktion zugesetzt, noch H_2S längere Zeit eingeleitet, der entstandene Niederschlag abfiltriert, in warmer, mäßig konzentrierter HCl gelöst, das Filtrat nebst Waschwasser vom ausgeschiedenen Schwefel und zurückgebliebenen Arsensulfid mit etwas Wein- und viel Oxalsäure versetzt und anhaltend bei mäßiger Wärme Schwefelwasserstoff eingeleitet, bis alles Sb und Mo ausgefällt ist. Im Filtrat bestimmt man nach Zerstörung der organischen Säuren durch Fällen mit Ammoniumnitrat bei Siedehitze das Sn, während die rückständigen ausgewaschenen Sulfide durch Reduktion und Glühen im Wasserstoffstrom bei mäßiger Rotglut bis zum konstanten Gewicht in Sb_2S_3 + MoS_2 übergeführt und als solche gewogen werden. Diesen Rückstand oxydiert man mit konz. HNO_3, dampft völlig trocken ein, löst den Rückstand in der Wärme mit Schwefelnatrium und scheidet aus dieser Lösung das Antimon elektrolytisch in bekannter Weise als met. Sb ab. Dieser Befund wird auf Sb_2S_3 umgerechnet; die Differenz gegen obige Summe ergibt MoS_2 bzw. Mo.

Anmerkung: Zum Aufschließen nach I kann auch eine Mischung gleicher Teile Natriumsuperoxyd und Soda — Schmelzen im Nickeltiegel — verwendet werden.

Manche Molybdänerze enthalten Zinn in oxydischer Form. In diesem Fall kann man die feinst zerriebene Probe mit Königswasser behandeln, die Lösung mit Wasser verdünnen, filtrieren und im ausgewaschenen Rückstand Zinnoxyd von Kieselsäure (Gangart) z. B. durch Auslaugen mit Salzsäure nach erfolgter Reduktion im Wasserstoffstrom bei Glühhitze trennen.

B) SCHNELLMETHODEN.

α. Verfahren J. Darroch und C. A. Meiklejohn (Eng. and Min. Journ. 1906, Bd. 82, S. 818):

0.5 bis 1 g Erz (auf 100 Maschen zerkleinert) wird mit 4 g Natriumsuperoxyd in einem Nickeltiegel zum Schmelzen gebracht (nicht über Dunkelrotglut), 3 bis 5 Min. im Schmelzen erhalten und bis zum Erstarren umgeschwenkt. Eisen geht in Ferrioxyd, Schwefel in Natriumsulfat, Kieselsäure in Natriumsilikat, Molybdän in Natriummolybdat über, Blei wird oxydiert. Den erkalteten Tiegelinhalt löst man mit heißem Wasser, bringt auf 150 ccm, filtriert vom Eisen, Blei, Nickel ab, wäscht gut aus, säuert mit Essigsäure an und titriert die farblose Lösung mit eingestellter Bleiazetatlösung, wobei Tanninlösung als Indikator benutzt wird, bis keine Braunfärbung sich mehr zeigt. Die Umsetzung ist folgende: $Pb(C_2H_3O_2)_2 + Na_2MoO_4 = Na_2(C_2H_3O_2)_2 + PbMoO_4$. Ist das Erz stark eisen- oder kieselsäurehaltig, so erscheint die Flüssigkeit grünlich; durch längeres Kochen kann Eisen als Hydroxyd gefällt werden. Man schmilzt in solchen Fällen 1 g Erz mit 10 g Ätznatron und trägt in die Schmelze mehrmals Natriumsuperoxyd ein. An Lösungen sind nötig: Bleiazetatlösung: 25 g Salz und wenig Essigsäure in 1 l (1 ccm = etwa 0,01365 g Pb oder 0,00633 g Mo), Ammonmolybdatlösung: 10 g Salz mit wenig Ammoniak in 1 l (1 ccm = etwa 0,01056 g Pb), Tanninlösung: 0,1 g in 30 ccm Wasser frisch bereitet. Zum Einstellen wird eine Bleisulfatlösung benutzt; man löst 0,2 g Blei in Salpetersäure, verdampft fast zur Trockne, setzt 20 ccm Schwefelsäure zu, raucht ab, kühlt ab, verdünnt, filtriert und löst das Bleisulfat in siedendem Ammonazetat. Die Lösung wird kochend mit Ammoniummolybdatlösung bis zur schwachen Braunfärbung des Indikators titriert (Tüpfelprobe). Auf die Molybdatlösung stellt man dann die Bleiazetatlösung ein.

β. Methode Jannasch und Wasowicz (Journ. f. pract. Chem. [2], Bd. 45, S. 95).

Bestimmung von Mo, S, Fe und Quarz: Die abgewogene Probe wird in einem Platinschiffchen im Sauerstoffstrom verbrannt, die Temperatur darf jedoch nicht zu hoch sein, da sonst Verluste durch verflüchtigte MoO_3 entstehen würden. Als Vorlage dient eine 3-proz. schwefelsäurefreie Lösung von Wasserstoffsuperoxyd. Nach beendetem Glühprozeß dampft man diese Lösung ein, säuert mit HCl an und fällt die H_2SO_4 mit Chlorbaryum als $BaSO_4$; umrechnen auf S.

Den Verbrennungsrückstand im Schiffchen laugt man mit Ammoniak aus, filtriert, verdampft den überschüssigen Ammoniak, fällt das Mo mit Merkuronitrat als molybdänsaures Quecksilberoxydul, filtriert, wäscht aus, trocknet den Niederschlag bei 110 Grad und reduziert ihn im Rose-Tiegel mittels Wasserstoff zu metallischem Mo.

Der in NH_3 unlösliche Rückstand wird zur Bestimung von Fe, SiO_2 etc. verwendet.

C) SILBERBESTIMMUNG IN MOLYBDÄNGLANZ AUF TROCKENEM WEGE:

Das zerkleinerte Erz wird mit 1.5 Teilen Soda, 1.5 Teilen Boraxglas und 0.5 Teilen Blei unter Kohlezusatz reduzierend geschmolzen. Es entstehen Schwefelnatrium und freies Molybdän; letzteres verflüchtigt sich. Das Bleikorn wird abgetrieben und zwar bei oxydierender Flamme bis zur Austreibung der letzten Spuren Molybdäns.

D) SONSTIGE METHODEN:

Hierher gehören insbesondere diejenigen Verfahren, nach denen der Molybdänglanz durch Mineralsäuren aufgeschlossen wird. Der allgemeine Gang ist der, daß das feinst gepulverte Erz (1 g) in Säure gelöst, dann Schwefel, Kieselsäure usw. abfiltriert, der Rückstand ausgewaschen und das Filtrat in der Druckflasche anhaltend mit Schwefelwasserstoff behandelt wird, bis die Lösung farblos erscheint. Der Niederschlag wird im Goochtiegel gesammelt, ausgewaschen, getrocknet, vorsichtig geglüht und als MoO_3 gewogen. Voraussetzung ist hierbei, daß Fremdmetalle, wie Ca, Bi, Pb, Sb, As, Sn, V usw.

fehlen. Die fragliche Methode wird daher nur in seltenen Fällen Anwendung finden können.

Schon empfehlenswerter ist, wie u. a. auch Escard vorschlägt, die mineralsaure Lösung — meist wird Königswasser angewandt — nach entsprechender Verdünnung zu filtrieren, Ablauf und Waschwasser mit überschüssigem Ammoniak und Schwefelammonium zu versetzen, wieder zu filtrieren, Filtrat und Waschwasser in einer Druckflasche aufzufangen, mit verdünnter HCl anzusäuern, zu erwärmen, nochmals mit Schwefelwasserstoff zu behandeln, nunmehr erst abzufiltrieren und das Molybdäntrisulfid in bereits beschriebener Weise als MoS_2 oder MoO_3 zur Wägung zu bringen. Aber auch dieser Arbeitsgang setzt eine gewisse Reinheit des Erzes voraus, und selbst, wenn dies der Fall ist, muß doch berücksichtigt werden, daß manche Molybdänglanzsorten sich durch Königswasser überhaupt nicht quantitativ oder nur sehr schwierig aufschließen lassen. Mit der Anwendung der Säuremethoden ist daher stets eine gewisse Unsicherheit verbunden. Eine Trennung des Mo im gewogenen unreinen MoO_3- oder MoS_2-Niederschlag von Cu, Bi, Pb, As, Sb, Sn usw. ist sowohl schwierig wie ungenau.

Endlich sei noch das folgende modifizierte Säureaufschlußverfahren erwähnt:

2 g des feinst gepulverten Erzes werden im Becherglas bei kleiner Flamme mit 60 ccm einer Mischung gleicher Volumteile konzentrierter Salz- und Salpetersäure behandelt; dann kocht man lebhaft. Die Lösung wird trocken eingedampft, der Rückstand mit 10 ccm HCl aufgenommen, dann mit 20 ccm H_2SO_4 versetzt, bis Schwefelsäuredämpfe zu entweichen beginnen, erhitzt und erkalten gelassen. Man gibt nun 400 ccm Wasser zu, kocht bis zur völligen Lösung, setzt 100 ccm Ammoniak 0.90 zu, rührt um, spült in einen 500 ccm-Kolben, läßt erkalten und füllt bis zur Marke auf. Nach Durchschütteln wird durch ein trocknes Filter filtriert. Je 125 ccm entspr. 0,5 Erz behandelt man weiter wie folgt:

1. Es wird überschüssiges Schwefelammonium zugegeben, gelinde erwärmt, dann erkalten gelassen und filtriert. Ablauf und Waschwasser säuert man eben an, wodurch MoS_3 ausfällt, im übrigen wird dieser Niederschlag weiter behandelt wie bereits wiederholt angegeben. Soll die Auswage als reines MoS_2 bzw. MoO_3 angesprochen werden, so ist es erforderlich, daß das verarbeitete Erz frei von W, Sb, Sn, V, As und Cu ist. Es empfiehlt sich, das ausgefällte frische MoS_3 nochmals in ganz wenig Schwefelammonium zu lösen und die Fällung zu wiederholen.

2. Man säuert die Lösung mit verdünnter Schwefelsäure an und behandelt warm in einer Druckflasche solange mit Schwefelwasserstoff, bis das Filtrat farblos erscheint und tatsächlich kein MoS_3 mehr ausfallen kann. Der Niederschlag wird abfiltriert, ausgewaschen, in Schwefelammonium gelöst und die Flüssigkeit genau wie oben unter 1. angegeben weiter behandelt.

2. Reines Kalziummolybdat.

Methode W. Trautmann (Ztschr. angew. Chemie 1910. Bd. XXIII, S. 1981):

0.5 g der fein gepulverten Substanz wird mit 20 ccm HCl (1.19) und 1 bis 2 ccm HNO_3 (1.4) kurze Zeit gekocht, wodurch alles Molybdän und Kalzium in Lösung geht, während SiO_2 zurückbleibt. Man verdünnt auf 150 ccm und gießt die Lösung, ohne vorher zu filtrieren, in eine Mischung von konz. Ammoniak und einigen Kubikzentimetern dunklen Schwefelammoniums.

Nun erwärmt man noch einige Minuten auf dem Wasserbade und filtriert die das gesamte Molybdän als Sulfosalz enthaltende alkalische Lösung von ausgeschiedenen FeS und SiO_2 ab. Nach dem Auswaschen mit einer sehr verdünnten ammoniakalischen Lösung, der einige Tropfen Schwefelammonium zugefügt wurden, zersetzt man das heiße Filtrat mit verdünnter Salzsäure, wodurch alles Molybdän als Trisulfid abgeschieden wird, das man dann in bekannter Weise entweder in MoO_3 oder MoS_2 überführt und zur Wägung bringt.

Man umgeht durch diese Methode das zeitraubende Schmelzen des Kalziummolybdats mit Sodasalpeter oder die Anwendung einer Methode, nach der man das Molybdän in sauerer Lösung durch H_2S unter Druck fällt, was auch ziemlich zeitraubend ist.

3. Gelbbleierz (Wulfenit).

α. Methode S. Davis. (Metall. and Chem. Eng. 1911, Bd. IX, S. 458.)

Bestimmung von Molybdän, Blei und Vanadium: Man behandelt 1 g feinst geriebenes Erz mit 10 ccm HCl und 5 ccm HNO_3, erwärmt, setzt dann 10 ccm H_2SO_4 zu und raucht ab. Nach der Abkühlung verdünnt man und erhitzt, bis alles gelöst ist (außer $PbSO_4$), dann filtriert man in eine Druckflasche und wäscht mit schwach schwefelsäurehaltigem Wasser aus. Den Niederschlag löst man in heißem Ammoniumazetat und Essigsäure, filtriert und titriert im Filtrat das Blei mit Molybdänsäure, die Kieselsäure bleibt auf dem Filter. In das Filtrat in der Druckflasche leitet man 15 Min. lang Schwefelwasserstoff, verschließt die Flasche, stellt sie in warmes Wasser und kocht 20 Min. Bei geringem MoS_2-Gehalt und Abwesenheit von Kupfer filtriert man durch einen Goochtiegel, trocknet, glüht und wägt die MoO_3. Ist viel Molybdän vorhanden, so löst man das Schwefelmolybdän in Salpetersäure, verdampft zur Trockne, setzt 5 ccm Ammoniak zu, erwärmt, bis alle MoO_3 in Lösung gegangen ist (bei Gegenwart von Kupfer nimmt man statt Ammoniak Kalilauge), filtriert, säuert mit Essigsäure an, kocht, und gibt einen Überschuß von Beiazetat hinzu. Nun filtriert man, wäscht mit heißem Ammoniumazetat, dann mit Wasser aus und wägt das $PbMoO_4$. Das Filtrat vom Schwefelmolybdänniederschlage ist blau oder grün, wenn Vanadium zugegen ist; man kocht, setzt erst Permanganat bis zur Rotfärbung zu, was ungefähr der Summe von Fe und V entspricht, dann im Überschuß, kocht 5 Min., fügt Ferroammoniumsulfat zu, bis die Lösung klar geworden ist, kocht, kühlt auf 70 Grad C. ab, titriert mit Permanganat bis zur Rotfärbung und setzt soviel Ferroammoniumsulfat zu, bis ein Tropfen mit Ferrizyankalium sofort eine Blaufärbung gibt. Jetzt titriert man mit Permanganat zurück, bis in einer ½ Min. keine Blaufärbung mehr auftritt, liest die Bürette ab, und titriert bis zur Rotfärbung, die 1 Min. bestehen bleibt. Der Eisentiter mal 0,944 gibt den Vanadiumwert.

Bestimmung von Wolfram- und Kieselsäure: Sie werden in einer besonderen Probe ermittelt. Man verdampft 1 g der feinst geriebenen Substanz mit 20 ccm HCl zur Trockne, gibt 10 ccm HCl und 100 ccm Wasser zu, kocht, filtriert und wäscht, bis alles Bleichlorid in Lösung gegangen ist. Dann löst man die Wolframsäure mit 10 ccm verd. Ammoniak und etwas Chlorammonium, verdampft im Platintiegel, glüht bei schwacher Rotglut und wägt die Wolframsäure $+ SiO_2$. Hierin bestimmt man die Kieselsäure durch Abrauchen mit HF und H_2SO_4 in bekannter Weise.

β. Methode P. Truchot: 1 g reines Erz wird in warmer konzentrierter Salpetersäure gelöst, die Flüssigkeit ammoniakalisch gemacht, dann Schwefelammonium zugegeben, erwärmt, filtriert, der Rückstand ausgewaschen und die das Molybdän als Sulfosalz enthaltende Lösung weiter, wie früher angegeben, behandelt.

Die ungelösten Sulfide usw. werden in verdünnter HNO_3 gelöst; man filtriert und wäscht aus; es bleibt Kieselsäure (Gangart) zurück. Filtrat und Waschwasser stumpft man mit Ammoniak ab, leitet Schwefelwasserstoff ein und führt das abfiltrierte und ausgewaschene Bleisulfid durch Lösen in verdünnter HNO_3 und Eindampfen mit konzentrierter Schwefelsäure in bekannter Weise in Bleisulfat über.

γ. Methode Péchard:

Das feinst gepulverte Erz wird in einer auf Rotglut erhitzten Röhre mit Salzsäuregas behandelt. Es geht nur Mo in die Vorlage.

b. Molybdänmetall.

1. **Geschmolzenes Metall:** Es kommen die unter 2. erwähnten Verfahren in Frage. Zu bestimmen sind insbesondere niedere Oxyde, Phosphor, Schwefel, Silizium, Kohlenstoff, Eisen, Zinn, Kupfer und Wolfram.

2. **Molybdänmetallpulver.**

α. Gesamtanalyse.

Gesamt-Kohlenstoff und Schwefel: Es kommen die unter Abschnitt „Wolframmetall" erwähnten Untersuchungsmethoden in Frage, oder man wendet das auf S. 7 ausführlich beschriebene Verfahren an unter besonderer Berücksichtigung der für die Analyse molybdänhaltiger Substanzen geltenden Bestimmungen. Vergl. auch Brearley, Chem. N. Bd. 81, S. 91.

Feuchtigkeit: Geschieht in üblicher Weise durch Trocknen bei 110°, jedoch in reduzierender Atmosphäre wie Leuchtgas und Wasserstoff.

Arsen: In Frage kommen die unter Abschnitt „Wolfram" und „Ferrowolfram" erwähnten Methoden.

Phosphor: Es kann eines der zur Untersuchung von Molybdänstahl bestimmten Verfahren angewandt werden, d. h. oxydierender Aufschluß durch Schmelzen mit Salpetersoda oder dergl., Auslaugung mit Wasser und Trennung der MoO_3 von der P_2O_5 in der so erhaltenen alkalischen Lösung.

Silicium: Vergleiche die diesbezüglichen Angaben unter „Molybdänstahl" sowie die zu diesem Arbeitsgang gehörige Anmerkung; vergl. auch S. 40, Anm.

Molybdän: Ist das Metall arsen- und wolframhaltig, so schmilzt man die Probe mit Soda und Salpeter bzw. Natriumsuperoxyd, löst in Wasser auf und fällt entweder nach vorheriger Entfernung des Arsens mit Magnesiamischung — vergl. Abschnitt „Ferrowolfram" bei Arsen — Wolfram und Molybdän zusammen mit Merkuronitrat und trennt den gewogenen Niederschlag beider Metallsäuren nach einer der a.a.O. angegebenen Methoden. Fehlt Arsen, so kann das Metall ohne weiteres mit Salpetersäure behandelt, die Lösung verdünnt, filtriert, mit etwas Weinsäure versetzt und aus ihr mit Schwefelwasserstoff in bekannter Weise das Molybdän gefällt werden. Wolfram ist im Filtrat. Es empfiehlt sich, die Schwefelwasserstoffällung in schwach salzsaurer Lösung vorzunehmen.

Ist die zu untersuchende Probe sehr rein, so empfiehlt es sich, sämtliche Unreinheiten direkt und Mo aus der Differenz zu bestimmen.

Die aus alkalischen Lösungen, welche von oxydierenden Schmelzaufschlüssen herrühren, gefällten und gewogenen MoO_3-Niederschläge müssen analog unreiner WO_3 durch Schmelzen mit Bisulfat nochmals gereinigt und die gewogenen Fremdkörper wie SiO_2, Al_2O_3 usw. in Abzug gebracht werden.

Eisen, Mangan, Kupfer, Wismut: Hierzu kann der aus 1 g Metall bei der Molybdänbestimmung erhaltene wasserunlösliche und gut ausgewaschene Schmelzaufschlußrückstand verwendet werden. Er wird in HCl gelöst und die weitere Verarbeitung in bekannter Weise vorgenommen.

Beim Schmelzen ist die Mischung im Tiegel noch durch eine Sodaschicht abzudecken und nur die untere Partie des Inhalts bei entsprechender Rotglut leichtflüssig zu halten.

Anmerkung zur Siliziumbestimmung.

Man kann u. a. wie folgt verfahren: Die Metallprobe wird in Königswasser gelöst, mit HCl zur Trockne eingedampft, der Rückstand auf dem Sandbad erhitzt und noch einige Zeit mit konzentrierter HCl und wenig HNO_3 auf dem Wasserbad erwärmt. Man verdünnt dann etwas, filtriert, wäscht die rückständige SiO_2 erst mit verdünnter HCl, dann mit heißem Wasser aus, trocknet, wäscht, glüht und wägt sie.

Werden an die Reinheit der so abgeschiedenen Kieselsäure nicht sehr hohe Anforderungen gestellt, so ist in diesem Falle nach W. Trautmann (Ztschr. angew. Chem. 1911, Bd. 24, S. 635, und Chem.-Ztg. Rep. 1911, S. 268) eine Reinigung nicht erforderlich. Vorstehende Methode eignet sich auch zur Siliziumbestimmung in Ferromolybdän.

β. Methode Fr. v. Dyke Cruser und Edm. H. Miller (Journ. Amer. Chem. Soc. 1904, XXVI, S. 675 bis 695 und Chem.-Ztg. Rep. 1904, Nr. 19, S. 225): 2 bis 3 g werden in 100 ccm eines Gemischs aus 500 ccm konz. HNO_3, 150 ccm konz. H_2SO_4 und 1500 ccm H_2O gelöst. Man gibt noch konz. HCl zu und erhitzt einige Zeit. Man verdünnt mit Wasser und filtriert in eine Literflasche. Das Filter wird in einem Platintiegel verbrannt, der Rückstand mit Salpetersäure angefeuchtet, dann schwach erhitzt und mit Kaliumpyrosulfat geschmolzen. Die erhaltene Masse löst man in heißem Wasser und vereint die Flüssigkeit mit der in der Flasche. Man läßt erkalten und füllt bis zur Marke auf. Je 50 ccm werden analog der von demselben Autoren stammenden Molybdänstahluntersuchungsmethode (S. 44) weiter verarbeitet.

γ. Bestimmung der niederen Oxyde in Molybdänmetall, in wasserunlöslichen Molybdänoxyden sowie wasserlöslichen Verbindungen überhaupt.

Friedheim und Hoffmann verfahren wie folgt (Ber. Deutsch Chem. Ges. 1902, XXXV, S. 791 und Chem.-Ztg. Rep. 1902, Nr. 10): Die feste Substanz wird mit einer hinreichenden Menge einer 10-proz. reinen Lösung von Ferriammoniumsulfat übergossen, das doppelte Volumen verdünnter Schwefelsäure hinzugefügt, mit der etwa 5-fachen Menge Wasser verdünnt und langsam zum Kochen erhitzt, bis alles gelöst ist. Im Sinne der Gleichung $Fe_2(SO_4)_3 + MoO_2 + H_2O = 2\,FeSO_4 + H_2SO_4 + MoO_3$ wird hierbei eine dem Molybdändioxydgehalte entsprechende Menge Ferrosalz gebildet, welche sodann in üblicher Weise durch Titration mit Kaliumpermanganat ermittelt wird. Für die Untersuchung einer Verbindung, welche wasserlösliche niedere Oxyde des Molybdäns enthält, kann man die beschriebene Methode in dem Sinne abändern, daß die zu untersuchende Verbindung mit einem Ueberschuß titrierter, vorher mit verdünnter Schwefelsäure angesäuerter Kaliumpermanganatlösung versetzt wird, worauf man schwach erwärmt und den Ueberschuß von Permanganat mit $^1/_{10}$-Oxalsäure sofort zurücktitriert.

Als indirekte, gewichtsanalytische Methode empfehlen dieselben Autoren auch folgendes Verfahren: Metallisches Molybdän oder die niederes Oxyd enthaltende Molybdänverbindung wird auf dem Wasserbade etwa 1 St. unter öfterem Umrühren mit einer sehr verdünnten ammoniakalischen Lösung von Silbersulfat erwärmt; dann läßt man etwa 12 St. unter Luftabschluß stehen und dekantiert das ausgeschiedene Silber durch ein dichtes Filter ab. Man wäscht sodann mit 10-proz., ganz schwach ammoniakalischem Ammoniumnitrat aus, löst das auf dem Filter befindliche Silber mittels verdünnter Salpetersäure zu dem etwa im Reaktionsgefäße hängen gebliebenen hinzu und fällt nun entweder mit Chlorwasserstoffsäure oder titriert mit Ammoniumrhodanid. Die Resultate sollen durchaus befriedigende sein. Die vorstehende Ferriammoniumsulfatmethode eignet sich auch vorzüglich zur Oxydation metallischen Molybdäns.

c. Molybdänstähle und -eisen.

1. Gewöhnlicher Molybdänstahl.[1])

α. Methode Auchy: Mit 1.5 g verfährt man genau nach C) 1. auf S. 193, gießt jedoch die durch Aufnehmen des Eindampfrückstandes mit 10 ccm HCl erhaltene Lösung direkt in die Natronlauge. Dann verfährt man nach S. 194 weiter.

β. Methode Carnot: 10 g Stahlspäne werden in der Wärme mit konzentrierter Salzsäure behandelt. Man gießt die Lösung klar ab, setzt zum evtl. Rückstand etwas Königswasser, verdampft das ganze zur Trockne und gibt, wenn erforderlich, zur völligen Verjagung der Salpetersäure nochmals Salzsäure zu. Den Rückstand trocknet man im Luftbad, nimmt ihn dann mit HCl auf, filtriert die Kieselsäure ab, reduziert die Lösung mit schwefliger Säure, verkocht den Ueberschuß, leitet längere Zeit Schwefelwasserstoff durch, erhitzt schwach und sättigt nochmals damit; es fallen Mo und, wenn vorhanden, auch As, Cu etc. aus. Die Sulfide werden abfiltriert, gut ausgewaschen und dann mit Ammoniak bzw. Ammoniumchlorid, zuletzt mit Schwefelnatrium behandelt. Man filtriert vom unlöslichen Schwefelkupfer ab, säuert die molybdänhaltige Sulfosalzlösung mit Salzsäure an, filtriert, wäscht den Niederschlag aus, trocknet und führt ihn bei mäßiger Rotglut im Wasserstoffstrom, wie bereits beschrieben, in MoS_2 über. Der Tiegelinhalt ist arsenfrei.

γ. Methode Chalard (P. Truchot, Les Petits Métaux): 5 g werden in HCl gelöst; man oxydiert die Flüssigkeit mit HNO_3 und neutralisiert nach völliger Lösung mit Soda. Dann wird filtriert. Den Niederschlag samt Filter bringt man in einen Rundkolben, in dem sich 100 ccm einer 10-proz. Natronlauge befinden. Es wird gekocht, die molybdänhaltige erkaltete Lösung in einen 500-ccm-Meßkolben übergespült und bis zur Marke aufgefüllt. Davon neutralisiert man 250 ccm, entsprechend 2.5 g urspr. Substanz, genau mit HCl, setzt überschüssiges Ammoniumazetat und essigsaures Blei zu, filtriert den Niederschlag im Goochtiegel ab, wäscht aus, trocknet, glüht und wägt als $PbMoO_4$. Das Resultat ist auf Mo umzurechnen.

δ. Volumetrische Schnellmethode nach Fr. T. Kopp (Journ. Amer. Chem. Eng. Soc. 1902, XXIV, S. 186 und Chem.-Ztg. Rep. 1902, Nr. 12): Man wägt 0.5 g einer Probe in einem Platintiegel von etwa 100 ccm Inhalt ab, gibt 2 ccm Schwefelsäure (spez. Gew. 1.58) und 12 ccm Wasser zu. Wenn vollständige Lösung eingetreten ist, die durch Erwärmen unterstützt werden kann, dampft man über dem Bunsenbrenner ab, bis weiße Dämpfe entweichen, dann

[1]) Vergl. auch die Methode von Auchy auf S. 194.

läßt man erkalten, gibt 30 g geschmolzenes saures schwefelsaures Kalium hinzu, läßt die Temperatur langsam bis zu lebhaftem Glühen steigen und erhält so, bis die Probe vollkommen geschmolzen ist, was gewöhnlich 10 bis 15 Min. erfordert. Danach läßt man die Schmelze rund um die Tiegelwand laufen, abkühlen und stellt den Tiegel mit der Schmelze in ein Becherglas, welches 500 ccm heißes Wasser enthält. Dieses wird solange erwärmt, bis die Schmelze gelöst und die Flüssigkeit durchsichtig geworden ist. Danach spült man den Tiegel mit Wasser in das die Lösung enthaltende Becherglas ab. Die Lösung läßt man auf normale Temperatur abkühlen, bringt sie in eine Literflasche, giebt 100 ccm Ammoniak (spez. Gew. 0.90) zu und füllt bis zur Marke mit Wasser zu 1 l auf. Nach dem Durchschütteln wird der Niederschlag absetzen gelassen und durch ein trockenes Filter abfiltriert. Vom Ablauf nimmt man 500 ccm, gibt 40 ccm Schwefelsäure (spez. Gew. 1.58) zu und läßt die Lösung über einen Zinkreduktor laufen, welcher aus einer Zinksäule, etwa 12 Zoll lang und 0.5 Zoll im Durchmesser (Jones' Reduktor), besteht. Zu der reduzierten Lösung setzt man 10 ccm. Schwefelsäure (spez. Gew. 1,58) und titriert mit Kaliumpermanganat (1 ccm = 0.003 053 g Eisen). Eine „blinde" Probe, bestehend aus 450 ccm Wasser, 50 ccm Ammoniak (spez. Gewicht 0.90 und 40 ccm Schwefelsäure (spez. Gew. 1.58) muß man durch den Reduktor laufen lassen, um den Fehler zu korrigieren, welcher von Verunreinigungen im Zink herrührt. Man gibt 10 ccm Schwefelsäure (spez. Gew. 1.58) zu und titriert mit Kaliumpermanganat. Die Ablesung für die „blinde" Probe wird von der Ablesung für die Molybdäntrioxydlösung abgezogen. Die Differenz, multipliziert mit 0.71 776, ergibt den Wert für Molybdän. Chrom wird in der Probe nicht bestimmt.

2. **Wolframhaltiger Molybdänstahl.**[1])

α. Methode Bazin:

5 bis 20 g des Stahles, der Legierung etc. werden in einer Porzellanschale mit 100 ccm HNO_3 übergossen und erwärmt. Nach völliger Aufschließung dampft man trocken ein, nimmt mit 100 ccm HCl (1.19) auf, erwärmt, verdampft die freie überschüssige HCl, filtriert von der WO_3 in einen 1½ l-Kolben ab, wäscht bis auf 1000 ccm aus, erwärmt auf 30 Grad und leitet 1 St. lang H_2S ein. Es fällt MoS_3 aus. Nach 12 St. ruhigen Absetzens wird filtriert. Der Niederschlag wird mit schwach salzsaurem Schwefelwasserstoffwasser gewaschen, das Filtrat auf die Hälfte eingedampft, abermals Schwefel-

[1]) Vergl. auch „Wolframstahl mit Molybdän" auf S. 193.

wasserstoff eingeleitet, filtriert, wenn noch etwas MoS_3 ausgefallen sein sollte, und wieder ausgewaschen. Man vereint die beiden Niederschläge und behandelt sie etwa 2 bis 5 St. lang mit warmer $(NH_4)_2S$-Lösung, der etwas Salmiak zugesetzt ist. Sollte in der Flüssigkeit ein schwarzer Niederschlag (Fe) bleiben, muß nochmals filtriert werden. Dann erhitzt man zum Kochen, säuert mit HCl (1.124) schwach an, erwärmt, bis sämtlicher Schwefelwasserstoff vertrieben, filtriert auf tariertem Filter ab, wäscht aus, trocknet bis zum konstanten Gewicht, glüht einen aliquoten Teil in bekannter Weise vorsichtig bei Rotglut im H_2-Strom bis zum konstanten Gewicht und wägt als MoS_2.

β. Man löst den Stahl im unter c., 3. angegebenen „Siliciumgemisch" auf, dampft bis zum Auftreten von Schwefeltrioxyddämpfen ab, läßt erkalten, gibt 50 ccm heißes Wasser und 5 g Weinsäure hinzu und erhitzt zum Kochen. Man filtriert in eine Druckflasche und wäscht den Rückstand mit heißem Wasser aus. Sodann spült man ihn in die Kasserolle zurück und wiederholt die Behandlung mit dem „Siliciumgemisch" und Weinsäure wie vorher. Es wird wieder in die Druckflasche filtriert und nach dem Auswaschen, wie unter c., 3., α. beschrieben, weiter verfahren.

γ. Methode Cruser und Miller:

Man löst 1 g Stahl in 25 ccm verdünnter Salpetersäure (spez. Gew. 1.20) und gibt nach dem Aufhören der heftigen Reaktion 100 ccm konz. Salzsäure hinzu. Nach vollkommener Lösung dampft man auf einer heißen Platte zur Trockne ein, glüht den Rückstand, damit sich die Kieselsäure abscheidet und löst von neuem in 15 ccm starker Salzsäure, welche das Wolfram als Wolframtrioxyd niederschlägt. Man läßt abkühlen, verdünnt mit Wasser auf 100 ccm, filtriert auf ein trockenes Filter und mißt vom Filtrat 50 ccm ab. Die mit 10 ccm Schwefelsäure versetzte Lösung dampft man ab, bis SO_3-Dämpfe entweichen, worauf man sie vollends in einem Platintiegel eintrocknet; danach gibt man 30 g saures Kaliumsulfat (geschmolzen) zu und verfährt wie bei 1. „Gewöhnlicher Stahl" weiter.

3. **Chrom-, uran- und vanadinhaltiger Molybdänstahl.**[1])

Methode Fr. van Dyke Cruser und Edm. H. Miller. (Journ. Amer. Chem. Soc. 1904, XXVI, S. 675 und Chem.-Ztg. Rep. 1904, Nr. 19, S. 225):

Man löst etwa 1 g Bohrspäne in 80 ccm „Siliciumgemisch" (500 ccm konzentrierte Salpetersäure, 150 ccm konzentrierte Schwefelsäure und 1500 ccm Wasser) in einer Porzellankasserolle, indem man anfangs wenig hinzugibt, da die Reaktion heftig ist. Hierauf wird bis zum

---

[1]) Vergl. auch Kap. „Molybdänhaltiger Vanadinstahl", S. 99, 104, 105, 106 u. 107.

Auftreten von Schwefeltrioxyddämpfen abgedampft, erkalten gelassen und 50 ccm heißes Wasser hinzugegeben. Man erhitzt zum Kochen, damit die Salze in Lösung gehen. Die Lösung gießt man in eine Druckflasche und fügt 6 ccm konzentrierte Schwefelsäure hinzu. In die auf etwa 200 ccm verdünnte Lösung wird ein sehr rascher Strom Schwefelwasserstoff geleitet, bis sich ein Niederschlag sammelt. Danach verschließt man die Flasche und erhitzt sie im Wasserbad auf 100 Grad C. 1 bis 2 St. Man läßt erkalten, bringt den Inhalt in ein Becherglas und spült die Flasche aus. Nun wird durch einen Goochtiegel abgesaugt und mit verdünnter Schwefelsäure (1 : 50), die mit Schwefelwasserstoff gesättigt ist, ausgewaschen. Den Niederschlag und den Asbest entfernt man rasch mit einem Glasstabe, gibt beides in eine kleine Kasserolle und wäscht den Goochtiegel mit Wasser aus. 10 ccm konzentrierte Salzsäure, 5 ccm konzentrierte Salpetersäure und 10 ccm konzentrierte Schwefelsäure werden hinzugesetzt und so lange abgedampft, bis sehr reichlich Schwefeltrioxyddämpfe entweichen, wobei man Luft durch die Lösung bläst. Man läßt erkalten, gibt 50 ccm Wasser hinzu, danach Ammoniak im Ueberschuß, filtriert den Asbest und etwas Eisenhydroxyd ab und wäscht ordentlich mit heißem Wasser aus. Das Filtrat wird hierauf angesäuert, durch einen Reduktor laufen gelassen und mit Kaliumpermanganat titriert. Eventuell vorhandene Verunreinigungen wirken nicht störend. NaOH oder NH_3 dürfen nie zur Trennung von Fe und Mo verwendet werden.

Anmerkung: Cruser und Miller haben die verschiedenen Methoden zur Bestimmung des Molybdäns in Eisen und Stahl, sowie seine Trennung von anderen Metallen nachgeprüft. Auf Grund der dabei gemachten Erfahrungen kommen sie zu obiger Methode, die sie für die beste halten. Vanadin und Uran bleiben bei der Fällung mit Schwefelwasserstoff in der Druckflasche gelöst. Chrom wirkt nicht störend. Die Resultate sollen sehr genau sein und im Stahl enthaltene Beimengungen nicht nachteilig wirken. Die Fällung mit Bleiazetat gibt zwar auch gute Molybdänwerte, aber die Methode ist umständlicher.

4. Chrommolybdän- und Wolframchrommolybdänstahl.

Wolfram- und Chrombestimmung (vergl. auch S. 47 unter d. 1. α. B.):

2 g Stahl werden mit 40 ccm HNO_3 übergossen, erwärmt und weiter behandelt, wie unter 2. α. auf S. 43 angegeben. Nach Abfiltration der WO_3 dampft man die Lösung wiederholt mit HCl ab und löst den Trockenrückstand unter Erwärmen in 10 ccm HCl (1.19). Nach dem Erkalten verdünnt man mit Wasser auf das doppelte oder dreifache Volumen, leitet anhaltend Schwefelwasserstoff ein, erwärmt bis

nahe zum Sieden, leitet nochmals Schwefelwasserstoff ein, läßt den Niederschlag absetzen, filtriert dann ab und wäscht mit schwefelwasserstoffhaltigem Wasser, dem man einige Tropfen HCl zugesetzt hat, aus. Das Filtrat darf bei nochmaliger Behandlung mit Schwefelwasserstoff kein MoS_3 mehr ausfallen lassen; jedenfalls muß u. U. dies so oft wiederholt werden, bis sich absolut kein Mo mehr in der Lösung befindet. Nun wird aus dem Filtrat der Schwefelwasserstoff ausgekocht und durch weiteres Kochen nach Zusatz von etwa 20 ccm HCl (1.124) und 2 ccm HNO_3 (1.40) alles Eisenchlorür zu Chlorid oxydiert. Hierauf dampft man die Lösung auf etwa 10 ccm ein, entzieht ihr durch das a. a. O. beschriebene Aetherverfahren die Hauptmenge des Eisens, verjagt im wässrigen Teil den Aether durch Eindampfen, löst den Rückstand nach Befeuchten mit etwas HCl in Wasser, fällt das Chrom in Siedehitze durch Ammoniak, filtriert, wäscht den Niederschlag mit heißem Wasser aus, trocknet, äschert das Filter ein, verreibt den Rückstand mit 2 g Natriumsuperoxyd im Porzellantiegel, erhitzt das Gemisch 10 Min. lang zum Schmelzen, läßt erkalten, löst die Schmelze in etwa 50 bis 100 ccm heißen Wassers, zersetzt durch nochmaliges kurzes Aufkochen alles noch vorhandene Natriumsuperoxyd, fügt etwa 10 ccm verdünnte H_2SO_4 (1 : 1) zu, läßt die Flüssigkeit erkalten und aus einer Bürette Eisenvitriollösung zulaufen, worauf das Cr in bereits früher beschriebener Weise mit $KMnO_4$ maßanalytisch ermittelt wird (vergl. auch unter C) 1. auf S. 193).

Ist der Stahl wolframfrei, löst man 2 g direkt in 10 ccm HCl, setzt das doppelte bis dreifache Volumen H_2O zu und verfährt wie oben weiter.

Molybdänbestimmung: Hierzu braucht man nicht eine besondere Probe anzusetzen, sondern spritzt den oben durch Schwefelwasserstoff erhaltenen Niederschlag in eine Porzellanschale, verascht das Filter, bringt die Asche zum Hauptniederschlag, fügt 15 ccm HNO_3 (1.18) und 10 ccm konzentrierte H_2SO_4 zu, verdampft, bis weiße Schwefelsäuredämpfe zu entweichen beginnen, spült den Eindampfrest in einen Erlenmeyerkolben und bestimmt das Mo maßanalytisch mit $KMnO_4$ wie früher unter 1. und 3. beschrieben.

5. **Molybdänstahl mit Vanadin, Chrom und Nickel.**

Methode A. A. Blair (Journ. Amer. Chem. Soc. 1908, Bd. 30, S. 1229):

Bei einem Versuch der Trennung Molybdän von Vanadium in einer Lösung, aus der das in großem Ueberschuß befindliche Eisen ausgeäthert ist, durch ihre Bleisalze zeigt sich, daß sämtliches Molybdän in den ätherischen Auszug geht. Dies Verhalten bildet die Grundlage zu der folgenden Trennungsmethode des Molybdäns vom Chrom, Nickel, Kupfer etc. in Stahl und Eisen. Die Scheidung des Molybdäns vom Eisen erfolgt durch des ersteren Fällung mittels H_2S im Druckgefäß nach vorhergehender Vertreibung der HCl durch H_2SO_4 und Reduktion des Eisenoxyds zu Oxydul, Abfiltrieren im Goochtiegel und Wägen als Molybdäntrioxyd. Die wässerige Lösung der übrigen Chloride wird mit HNO_3 eingedampft, mit Wasser aufgenommen, mit wenig SO_2 das Chrom reduziert und mit NaOH gefällt. Der Niederschlag besteht aus Chrom- und Nickeloxyd mit einem Teil des Mangans und etwa vorhandenem Kupfer. Aus der alkalischen, dann mit Salpetersäure und Essigsäure angesäuerten Lösung wird das Vanadin als Bleisalz gefällt und mit $KMnO_4$ titriert. Die übrigen ausgefällten Bestandteile werden mit Soda und Salpeter aufgeschlossen und in gewohnter Weise bestimmt.

d. Molybdänlegierungen.

1. Ferromolybdän.

Außer den auf S. 42 und 193 erwähnten Verfahren von Auchy, die auch hier Geltung haben — 0.3 g Einwage, Verwendung einer Lösung von 20 g NaOH in 100 ccm H_2O, Verarbeitung von 200 ccm Filtrat der zu 300 ccm verdünnten Mo-Lösung, entspr. 0.2 g Ferromolybdän —, kommen in Frage:

α. Methode Fr. v. Dyke Cruser und Edm. H. Miller (Journ. Amer. Chem. Soc. 1904, XXVI, S. 675 und Chem.-Ztg. Rep. 1904, Nr. 19, S. 225; vergl. auch hier, S. 40 u. 44):

A. Reine Legierung. 4 bis 5 g werden in 180 bis 200 ccm eines Gemisches aus 500 ccm konz. HNO_3, 150 ccm konz. H_2SO_4 und 1500 ccm H_2O gelöst. Man gießt die Flüssigkeit in eine geaichte Literflasche, verdünnt nach dem Erkalten bis zur Marke, mißt je 50 oder 100 ccm ab und dampft bis zum Auftreten von Schwefeltrioxyddämpfen ab, worauf man weiter verfährt, wie für „Molybdänstahl" von denselben Autoren angegeben (S. 44).

B. Enthält die Legierung Wolfram,[1]) Vanadium und Uran, so setzt man der sauren Lösung, bevor die Fällung mit Schwefelwasserstoff beginnt, erst genügend Weinsäure zu und kocht, wodurch genannte Metalle in einen löslich bleibenden Zustand übergeführt werden.

β. Methode nach Escard (Les Métaux Spéciaux):

2 g der gepulverten Legierung werden völlig in HNO_3 gelöst und soweit verdünnt, daß man filtrieren kann. Das Filtrat versetzt man direkt mit überschüssigem Merkuronitrat. Der gelbe Niederschlag wird abfiltriert und mit einer gesättigten Quecksilbersalzlösung

---

[1]) Vergl. auch das Verfahren von Auchy auf S. 194.

ausgewaschen. Der veraschte Niederschlag wird bei mäßiger Rotglut im H_2-Strom konstant geglüht und als MoO_2 gewogen.

Anmerkung: Diese Methode ist nicht zu empfehlen; insbesondere wird auf die Verunreinigungen, welche die so gefällte MoO_3 enthält, keine Rücksicht genommen. Es ist daher zweckmässiger, die HNO_3-Lösung wiederholt mit HCl einzudampfen, mit Natronlauge alkalisch zu machen, Schwefelwasserstoff einzuleiten, den Niederschlag abzufiltrieren, das Filtrat mit H_2SO_4 oder HCl anzusäuern und durch nochmaliges Einleiten von Schwefelwasserstoff das Molybdän vollständig als MoS_3 zu fällen.

γ. Methode J, Darroch und C. A. Meiklejohn:

Vergl. Kap. IV. unter 1., B), α. Es wird dasselbe Verfahren bei gleicher Einwage angewandt.

δ. Methode Bazin (vergl. unter „Molybdänstahl", Abschnitt 2., α).

ε. Verfahren H. Bornträger (Ztschr. analyt. Chem. XXXIX, S. 91):

In einem Erlenmeyerkolben von ca. 400 ccm Inhalt wird 1 g der Legierung in 50 ccm Königswasser unter Erwärmen auf dem Wasserbade gelöst. Man dampft die Lösung in einer Porzellanschale ein und verjagt die Salpetersäure mittels Salzsäure. Den Trockenrückstand nimmt man mit 50-proz. Alkohol auf, filtriert und wäscht aus. Im Rückstande verbleibt die Hauptmenge der Molybdänsäure. Zur Abscheidung des im Filtrat vorhandenen Molybdänchlorids wird dieses nochmals zur Trockene verdampft und der Trockenrückstand wiederum mit 50-proz. Alkohol behandelt. Die vereinigten abgeschiedenen Molybdänsäuren können direkt gewogen werden; in dem Filtrate bestimmt man das Eisen in üblicher Weise.

ζ. Volumetrische Schnellmethode von Fr. T. Kopp (Chem.-Ztg. Rep. 1902, Nr. 12; Journ. Amer. Chem. Eng. Soc. 1902, XXIV, S. 186):

Man wägt 0.5 g in einem Platintiegel ab, löst die Probe in 15 ccm starker Salpetersäure und setzt nach vollständiger Lösung 2 ccm Schwefelsäure zu, worauf über dem Bunsenbrenner abgedampft wird, bis Dämpfe entweichen. Danach gibt man 30 g saures Kaliumsulfat (geschmolzen) zu und verfährt weiter, wie auf S. 42 unten bei der Mo-Bestimmung in „Gewöhnlichem Stahl" (Methode δ.) angegeben.

η. Zur Kohlenstoffbestimmung vergl. auch Jaboulay, Rev. Gén. Chim. pure appl. IX, S. 178; C.-Bl., 1906, II, S. 164.

2. Nickelmolybdän.

α. Methode nach Escard (Les Métaux Spéciaux):

Enthält die Legierung wenig Eisen, so löst man sie in Königswasser und gießt die Flüssigkeit in überschüssiges NH_3. Der Niederschlag enthält etwas Ni und Mo, weshalb man ihn nochmals in Salpetersäure löst und wiederum mit NH_3 fällt.

In einem aliquoten Teile der vereinigten Filtrate und Waschwässer wird dann das Mo mit H_2S gefällt, in einem anderen Teile kann das Ni, ohne daß die Gegenwart von Mo stört, maßanalytisch bestimmt werden.

Oder man macht die MoNi-Lösung schwefelammoniakalisch, filtriert ab und fällt $MoS_3 + S$ in bekannter Weise durch Ansäuern des Filtrats.

Ist die Legierung sehr eisenreich, wird die Trennung des Mo von Fe und Ni mittelst NaOH bewirkt.

HNO_3 und konzentrierte kochende H_2SO_4 sowie Bisulfatschmelze lösen die Legierung ebenfalls auf.

Der Gehalt an Ni und Mo schwankt ganz außerordentlich; ferner sind häufig etwa W, Fe, C, Si, S und Mn, welche zusammen 6 bis 7 % betragen können, vorhanden. Bei der Analyse ist daher auf diese Verunreinigungen Rücksicht zu nehmen.

β. Verfahren Truchot:

Die Legierung mit wenig Fe wird in Königswasser gelöst und die erhaltene Flüssigkeit in überschüssigen Ammoniak gegossen. Eisen fällt aus, nimmt dabei aber etwas Mo und Ni mit. Man löst daher den Niederschlag nochmals auf und fällt wieder mit NH_3. Die beiden Filtrate werden vereinigt, angesäuert und Mo direkt als MoS_3 gefällt.

Enthält die Legierung jedoch viel Fe, schließt man sie wie nickelhaltigen Mo-Stahl mit Königswasser auf, neutralisiert fast mit Soda oder NaOH und fällt dann in der früher beschriebenen Weise das Fe mit der berechneten Menge NaOH vollständig aus etc.

3. **Molybdänsilizid.**

Die Verbindung kann durch Schmelzen mit Aetznatron oder Soda und Natriumsuperoxyd oder durch Sodasalpeter vollständig aufgeschlossen werden. Für die Silicide insbesondere wird folgende Methode empfohlen:

1 g feinst gepulverte Substanz wird in einem Porzellanschiffchen abgewogen, dieses in ein Glasrohr eingeschoben und bei Dunkelrotgluthitze trockenes Chlorgas darüber geleitet. In der Vorlage befindet sich Wasser. Es entstehen Siliziumtetrachlorid und Molybdänchlorid. Nach dem Erkalten dampft man deren Lösung wiederholt mit HNO_3 ein. Es entsteht ein Rückstand von SiO_2 und MoO_3. Man behandelt diesen nochmals mit Chlorgas. Jetzt destilliert nur Mo und wird durch Wasser in der Vorlage aufgefangen. Der aus

reiner SiO_2 bestehende Niederschlag wird ausgewaschen, getrocknet, gewogen; den Befund rechnet man auf Si um.

Die in der Vorlage befindliche, das Mo als Oxydchlorür enthaltende Lösung wird gekocht und dann zur Trockne eingedampft, wodurch MoO_3 zurückbleibt. Man setzt Ammoniak zu, trennt auf diese Weise von evtl. vorhandenem Eisen, säuert das Filtrat schwach mit Essigsäure an, fällt mit essigsaurem Blei und bringt das Mo als Bleimolybdat in bekannter Weise zur Wägung.

e. **Molybdänsalze und -präparate.**

1a. **Molybdänsäureanhydrid** (Krauch, Prüfung chem. Reagentien).

α. Acidum molybdänicum purissimum.

Prüfung auf fremde Metalle und Löslichkeit:

2 g werden mit 5 ccm Ammoniak 0.910 behandelt, 10 ccm Wasser zugefügt und gelinde erwärmt; es muß vollständige Lösung eintreten und darf zugesetztes Schwefelammonium die Flüssigkeit nicht verändern.

Prüfung auf Phosphorsäure:

10 g werden in 15 ccm Ammoniak 0.910 und 25 ccm H_2O gelöst und mit verdünnter HNO_3 1.20 versetzt. Nach etwa zweistündigem Stehen darf kein gelber Niederschlag von phosphormolybdänsaurem Ammonium entstanden sein.

β. Acidum molybdänicum purum.

Hat sich das Präparat nach obigen Angaben frei von fremden Metallen und Phosphorsäure erwiesen, ist eine direkte quantitative Bestimmung des Mo-Gehalts überflüssig, oder man verrechnet letzteren aus der Differenz, nachdem die Verunreinigungen quantitativ bestimmt worden waren. Während die Verbindung unter α. ein reines Anhydrid ist, enthält dieses Präparat oft Feuchtigkeit und mehrere Prozente Ammoniak in Form von Ammoniumnitrat.

Prüfung auf und quantitative Bestimmung von Ammoniak:

a): 1 g der Verbindung mit Natronlauge gekocht darf keinen starken Ammoniakgeruch entwickeln.

b): Der Gehalt an Ammoniumsalz wird annähernd durch schwaches Erhitzen von 5 g Substanz über der Flamme bis zum Verschwinden des Ammoniakgeruches und Wägen der rückständigen MoO_3 bestimmt.

c): Quantitativ: In bekannter Weise wie Ammoniaksalpeter durch Reduktion mit Ferrum reductum und Zinkstaub in stark alkalischer Lösung und Destillation. Titrierte Schwefelsäure wird vorgelegt.

B e s t i m m u n g v o n MoO_3:

Die Substanz kann mit Soda, Aetznatron oder Natriumsuperoxyd bzw. Schwefelsoda geschmolzen werden. In den meisten Fällen bewirkt bereits Kochen mit Natronlauge, Digerieren mit Schwefelammoniak und dergleichen eine klare Lösung. Für eine solche ist zunächst zu sorgen. Je nachdem nun eine alkalische oder schwefelalkalische Lösung vorliegt wird das Mo als Merkuromolybdat oder MoS_3 abgeschieden und in bekannter Weise als MoO_3 oder MoS_2 zur Wägung gebracht. In allen Fällen, wo zum Aufschluß Alkalisalz oder Alkalilauge verwendet wurde, muß der aus Merkurosalz oder Trisulfid bestehende Niederschlag besonders sorgfältig ausgewaschen werden.

Der Vollständigkeit halber sei die in Ber. d. Deutsch. Chem. Ges. XXI, Ref. 485 beschriebene Methode erwähnt, nach der das Mo als Bleimolybdat abgeschieden wird: Lösen der abgewogenen Substanz in Ammoniak, Neutralisieren mit Essigsäure, Fällen mit Bleiazetat in Kochhitze, Abfiltrieren, Auswaschen, Trocknen des Niederschlags, Entfernen vom Filter und Glühen bis zur Konstanz als $PbMoO_4$.

1b) **Molybdänoxyde.**

B e s t i m m u n g d e s S a u e r s t o f f s nach L. O t t (Diss., München 1911, S. 6):

Die Oxyde werden in einem Porzellanschiffchen, das sich in einem schwer schmelzbaren Rohr eines kleinen Verbrennungsofens befindet, unter Durchleiten von ganz reinem und vollständig trockenem Wasserstoff und Erhitzen bis zur hellen Rotglut reduziert. Aus der Gewichtsabnahme ergibt sich dann der Gehalt an Sauerstoff.

2. **Kalium- oder Natriummolybdat** (Ztschr. analyt. Chem. XX, S. 511).

B e s t i m m u n g v o n W a s s e r: Mäßiges Glühen bis zur Gewichtskonstanz.

B e s t i m m u n g v o n M o l y b d ä n: Der bei der Wasserbestimmung erhaltene Rückstand wird in Ammoniak gelöst, die Flüssigkeit mit Salzsäure stark angesäuert und gekocht, mit Ammoniak und Schwefelammonium wieder alkalisch gemacht, mit Salzsäure angesäuert, das ausgefällte Schwefelmolybdän mit schwach angesäuertem heißen Wasser dekantiert, dann abfiltriert, völlig ausgewaschen und das Filtrat fast eingedampft, um die letzten Spuren von ausgeschiedenem MoS_3 zu gewinnen. Diese werden abfiltriert, die

Niederschläge vereint und in bekannter Weise als MoO_3 oder MoS_2 zur Wägung gebracht.

Bestimmung von Alkali: Man dampft Filtrat und Waschwasser vom MoS_3 total trocken ein. Der Rückstand wird geglüht, um die Ammonsalze zu entfernen, dann mit heißem Wasser aufgenommen, die Lösung gekocht, filtriert und der Ablauf mit H_2SO_4 eingedampft; es restieren die Alkalisulfate.

3. Ammoniummolybdat.

Bestimmung von Ammoniak: Eine abgewogene Menge wird mit Natronlauge destilliert, das verflüchtigte Ammoniak in HCl aufgefangen und als Platinsalmiak zur Wägung gebracht. Einfacher und genauer ist es, titrierte überschüssige Schwefelsäure vorzulegen und mit eingestellter Natronlauge und Kongorot als Indikator zurückzumessen.

Annähernde Werte werden durch schwaches Glühen des Salzes bis zur Gewichtskonstanz erhalten, sonstige Reinheit vorausgesetzt.

Bestimmung von MoO_3:

Hierzu kann der durch den vorstehend beschriebenen Glühprozeß gewonnene Rückstand benutzt werden. Man löst 0.3 g davon in wenig Ammoniak, fügt überschüssige Salzsäure zu, reduziert mit Zink, setzt noch H_2SO_4 zu, ferner Wasser und Mangansulfat und titriert in bekannter Weise mit einer eingestellten Lösung von Permanganat (Mohr, Titriermethoden, VI. Aufl., S. 259).

Anmerkung des Verf.: Diese Methode ist nicht zu empfehlen; besser eignen sich die in den ersten Abschnitten beschriebenen gewichtsanalytischen Verfahren; am zweckmäßigsten und genauesten dürfte die Bestimmung von Wasser und Ammoniak sowie der Unreinheiten sein, um dann den Gehalt des Mo aus der Differenz zu ermitteln.

Prüfung auf Phosphorsäure:

10 g des Salzes werden in 15 ccm Ammoniak (0.910) und 25 ccm Wasser gelöst und dann 150 g HNO_3 (1.20) zugegeben. Entsteht nach zweistündigem Stehen in gelinder Wärme keine gelbe Ausscheidung, so ist das Präparat frei von P_2O_5.

Prüfung auf Cu, Fe, Pb: Mit Schwefelammonium versetzt, darf die ammonikalische Lösung sich nicht verändern.

Prüfung auf HCl, H_2SO_4: Die mit HNO_3 angesäuerte Lösung darf keine der bekannten Reaktionen auf Schwefel- oder Salzsäure geben.

4. Ammoniumphosphormolybdat.

Bestimmung des Molybdäns:

α. Nach Fresenius:

1 g wird mit konzentrierter HNO_3 eingedampft, der Rückstand bis zur totalen Zersetzung des Ammonnitrates erhitzt, die restierende trockene Masse mit Ammoniak digeriert, abfiltriert, das Filtrat mit etwas Magnesiamixtur versetzt, nach 12-stündigem Stehen filtriert, der Ablauf mit HNO_3 angesäuert und die ausgefallene MoO_3 mit möglichst wenig H_2O ausgewaschen, dann getrocknet, geglüht und gewogen.

β. Genauer ist folgende Methode (Ztschr. analyt. Chem. XIV, S. 11; XX, S. 509; XXIII, S. 70):

Nach genügend langer Erhitzung des Salzes wird der Rückstand erst mit Ammoniak, dann mit Schwefelammonium digeriert und die erhaltene klare Lösung angesäuert, wodurch MoS_3 ausfällt und als MoS_2 in üblicher Weise gewogen wird.

Bestimmung von Ammoniak:

Das Salz wird in konzentrierter H_2SO_4 gelöst, Platinchlorid, ferner etwas Salzsäure und Alkohol zugegeben; Wägung des Ammoniaks als Platinsalmiak.

Bestimmung von Feuchtigkeit:

Man ermittelt den Glühverlust und zieht davon den bereits gefundenen Ammoniakwert ab.

Bestimmung von Phosphorsäure:

Lösen in Ammoniak und Fällung mit Magnesiumchlorid.

f. Molybdänhaltige Hüttenprodukte.

1. Eisensauen und Härtlinge.

α. Nach Rose-Finkeners Handbuch d. analyt. Chemie:

Die Substanz wird in Königswasser gelöst und durch wiederholtes Eindampfen mit HCl die HNO_3 ausgetrieben. Man nimmt mit Ammoniak auf, setzt Schwefelammonium zu, digeriert in der Wärme, filtriert die Sulfide von Pb, Cu, Ni, Fe und Bi ab, trennt diese nach bekannten Methoden und bestimmt im Filtrat in früher angegebener Weise das Mo als MoO_3 oder MoS_2 durch Abscheidung als MoS_3. Als Säure verwendet man am besten H_2SO_4.

β. a) Bestimmung der Metalle:

Die Substanz wird nach Art der Fahlerze im Chlorstrom zersetzt. Es bleiben in der ersten Kugel der dazu erforderlichen bekannten Apparatur Ag, Cu, Ni, Co und etwas Kohle zurück, während die Verbindungen des Fe, V und Mo nebst Chlorschwefel und Chlorphosphor sich teils in der zweiten Kugel und Röhre absetzen, teils sich im chlorhaltigen Wasser der Vorlage lösen. In letzterer trennt man Eisenchlorid und MoO_3 mit Schwefelammonium oder fällt Mo aus saurer Lösung durch Schwefelwasserstoff, dann das Fe aus ammoniakalischer Lösung durch Schwefelammonium. V geht ins Filtrat. Dieses wird mit HNO_3 abgedampft, der Rückstand mit Salpeter im Porzellantiegel geschmolzen, die Schmelze ausgelaugt, das Filtrat mit HNO_3 bis zur noch schwach alkalischen Reaktion abgestumpft, das Vanadin mit Salmiak und Alkohol als Ammoniumvanadat ausgefällt (vergl. Th. Fischer, Inaug.-Diss., Berlin 1894) und durch allmähliches Erhitzen in V_2O_5 übergeführt.

Der Rückstand in der ersten Kugel wird mit HCl erhitzt und filtriert, wobei AgCl und Kohle zurückbleiben, dagegen Cu, Co, Ni in Lösung gehen und in bekannter Weise getrennt werden. Der kohlige Rückstand wird im Wasserstoffstrom geglüht, das dabei reduzierte Silber in verdünnter HNO_3 gelöst, die Flüssigkeit durch Asbest filtriert, im Ablauf das Ag als AgCl gefällt, die Kohle mit Kupferoxyd verbrannt und die CO_2 im Kali- oder Natronkalkapparat absorbiert.

b) Bestimmung von Schwefel: Eine besondere Probe wird abgewogen, in Königswasser gelöst, wiederholt mit Salzsäure abgedampft, das Unlösliche abfiltriert und im Ablauf die H_2SO_4 durch $BaCl_2$ gefällt.

c) Bestimmung von Phosphorsäure: Lösen der Probe in Königswasser und wiederholtes Eindampfen mit HNO_3. Zuletzt wird mit Soda und Salpeter geschmolzen, die erhaltene Masse mit Wasser ausgelaugt, die Flüssigkeit filtriert und der Rückstand ausgewaschen. Das Filtrat wird mit Schwefelammonium übersättigt, erwärmt, im klaren Ablauf durch Ansäuern mit HCl das MoS_3 gefällt, dieses abfiltriert und ausgewaschen. Aus dem sauren Filtrat verjagt man durch Kochen den Schwefelwasserstoff, neutralisiert dann mit Ammoniak und fällt die Phosphorsäure durch Magnesiumchlorid. Im Filtrat hiervon kann eventuell vorhandenes V bestimmt werden. (Vergl. auch Liebert, Methoden zur Trennung von MoO_3 und V_2O_5; Inaug.-Diss., Halle 1891.)

2. Zinnhärtlinge.

Hierzu vergl. Fresenius und Hintz, Ztschr. analyt. Chem. XXIV, S. 413 und Talbott, Ber. d. Deutsch. Chem. Ges. IV, S. 279.

C. Vanadium.

I. Quantitative Bestimmungsmethoden.

a. Gewichtsanalytische Verfahren.

1. Bestimmung des Vanadins als Vanadinsäure durch Abscheidung als Merkurovanadat (H. Rose):

Diese Methode eignet sich insbesondere für die Fälle, wo das Vanadin als Alkalivanadat gelöst vorliegt, kann also sehr häufig angewandt werden, da die vanadinhaltigen Erze, Legierungen und Stähle sich durch Schmelzen mit Sodasalpeter meist quantitativ aufschließen lassen. Allerdings gehen Arsen, Phosphor, Chrom, Zinn, Molybdän etc., wenn diese vorhanden sind, mit in Lösung. Die diesbezüglichen Trennungsmethoden sind später, u. a. auch im Kap. „Spezielle Untersuchungsmethoden“ eingehender berücksichtigt. Liegt nur Vanadin vor, so wird direkt nach den Angaben von Rose und Roscoe verfahren. Es sei vorausbemerkt, daß die nach dieser Methode erhaltene und gewogene V_2O_5 nach Angaben von Béard nochmals in Ammoniak gelöst werden muß, andernfalls Quecksilber zurückgehalten würde. Hensen (Diss., Aachen 1909, S. 59) bezeichnet die Fällung mit Quecksilbersalz als die beste gewichtsanalytische Bestimmungsmethode des Vanadins.

Man neutralisiert die alkalische Lösung peinlichst genau mit Salpetersäure und fügt tropfenweise möglichst neutrale Merkuronitratlösung zu, bis nach dem Absetzen des Niederschlages ein weiterer Tropfen der Quecksilberlösung keine Fällung mehr erzeugt. Die Flüssigkeit darf auch vorübergehend nie sauer werden, weil hierdurch salpetrige Säure frei wird, welche die V_2O_5 zu Vanadylsalz reduziert, das durch Merkuronitrat nicht gefällt wird. Daher führt W. Hillebrand die Schmelze mit einer abgewogenen Sodamenge aus und ermittelt in einem besonderem Versuch die zu deren Neutralisation erforderliche Salpetersäuremenge. Holverscheidt (Diss., Berlin 1890) empfiehlt, bei 30 bis 40 Grad C. mit Merkurosalz in schwach salpetersaurer Lösung zu fällen und hierauf mit Ammoniak schwach alkalisch zu machen.

Nach der Fällung wird die Lösung zum Sieden erhitzt, absetzen gelassen, der graue Niederschlag abfiltriert und mit Wasser, dem einige Tropfen Merkuronitrat zugesetzt sind, gewaschen. Man trocknet den Niederschlag, verascht, glüht bis zum ruhigen Fließen der Vanadinsäure, läßt erkalten und wägt als V_2O_5.

Radau (Diss., Berlin 1888, S. 58) verfährt ähnlich wie Holverscheidt, indem er die Vanadinlösung mit Ammoniak abstumpft, aber noch schwach sauer läßt, dann Quecksilbersalz zugibt, bis der orangegelbe Niederschlag sich abgesetzt hat und sich nicht mehr vermehrt. Hierauf wird Ammoniak bis zur schwach basischen Reaktion zugesetzt. Der hierdurch schwarz gewordene Niederschlag setzt sich schnell ab und läßt sich gut filtrieren.

Aus dem angesäuerten Filtrat kann man mit Schwefelwasserstoff das überschüssige Quecksilber fällen und im Filtrat das Natrium als Natriumsulfat bestimmen.

Zweckmäßiger Weise befeuchtet man die geglühte V_2O_5 nochmals mit einigen Tropfen HNO_3 und raucht dann sorgfältig ab, um etwa durch die Filterkohle reduziertes Pentoxyd wieder zu oxydieren.

2. Bestimmung des Vanadins als Ammoniumvanadat bzw. Vanadinsäure oder auf volumetrischem Wege im abgeschiedenen Ammoniumvanadat nach F. Gooch und R. Gilbert (Amer. Journ. of science XIV, S. 205; Ztschr. anorg. Chem. 1912, XXXII, S. 174):

Berzelius-Hauer (Pogg. Ann. XXII, S. 54 und Journ. prakt. Chem. Bd. 69, S. 388) benutzten zur quantitativen Bestimmung des V das unlösliche Ammoniummetavanadat, welches sie aus konzentrierten Lösungen durch Ammoniumchlorid ausschieden. Nach R. Holverscheidt gibt diese Methode zu niedrige Resultate; dasselbe findet Béard (Ann. Chem. anal. app. 1905, X, S. 41), welcher die Verfahren nach Rose-Roscoe, Wöhler, die oxydmetrischen Methoden sowie die Holverscheidtsche jodometrische für am genauesten hält. Em. Campagne (B. B. 1903, S. 3164) erzielte richtige Werte, wenn man in ammoniakalischer, mit Salmiak gesättigter Lösung arbeitet. Das alte Berzeliussche Verfahren ist mehrmals modifiziert worden, unter anderem von Gibbs, der bei der Analyse von Vanadinmolybdaten das Doppelsalz zunächst mit Ammoniak kocht, um eine Lösung von einfachem Vanadat und Molybdat zu erhalten, dann einen großen Ueberschuß von Ammoniumchlorid hinzufügt, die ammoniakalische Flüssigkeit auf ein kleines Volumen eindampft und nach 24-stündigem Stehen den Niederschlag über Asbest absaugt. Der letztere wird dann mit Salmiaklösung gewaschen, geglüht und gewogen oder in heißem Wasser gelöst, zu V_2O_4 reduziert und mit Permanganat titriert.

Da diese Methode nach Rosenheim, Milch, Siebert und Euler nicht ganz scharfe Resultate liefern soll, so wurde sie von Gooch und Gilbert einer erneuten Prüfung unterzogen. Diese fanden, daß man sehr genaue Resultate erhält, wenn man einen großen Ueberschuß (25 ccm) von Ammoniumchloridlösung kalt gesättigt anwendet und so weit konzentriert, daß die Lösung beim Abkühlen etwas Salmiak auskrystallisieren läßt. Nach 24-stündigem Stehen ist dann das Ammoniumvandat so vollständig abgeschieden, daß im Filtrat mit Wasserstoffsuperoxyd kein Vanadin mehr nachgewiesen werden konnte. Zur Bestimmung des Niederschlages verwenden Gooch und Gilbert die jodometrische Methode, wobei sie in der Weise verfahren, daß sie den abfiltrierten und mit kalt gesättigter Salmiaklösung ausgewaschenen Niederschlag in einem Zersetzungskolben im Kohlensäurestrom mit Bromkalium und Salzsäure etwa eine Stunde lang erhitzen, das entwickelte Brom in eine Jodkaliumlösung leiten und das aus letzterer abgeschiedene Jod mit Thiosulfat titrieren. Die erhaltenen Resultate sind sehr genau.

Nach A. Rosenheim eignet sich die oben erwähnte Gibbssche Methode für Lösungen mit V_2O_5 und WO_3 nicht, da bei genügender Konzentration vom Ammoniumvanadat stets Wolframat mitgefällt wird.

Soll der Ammoniumniederschlag durch Glühen in V_2O_5 übergeführt werden, so muß man ihn möglichst vom Filter entfernen und dieses erst nach Befeuchten mit salpetersaurem Ammoniak und Trocknen am Platindraht einäschern.

3. Bestimmung des Vanadins als Bleivanadat nach Roscoe (Liebigs Ann. Suppl. VIII, S. 95), verbessert von Sefström (Pogg. Ann. XXI, S. 43) und Holverscheidt (Diss., Berlin 1890):

Die das V als Alkalivanadat enthaltende Lösung wird genau mit HNO_3 neutralisiert und mit überschüssigem Bleiazetat versetzt. Man rührt tüchtig um, läßt den orangegelben Niederschlag sich absetzen — dieser färbt sich dabei schließlich weiß, die überstehende Flüssigkeit wird vollkommen klar —, filtriert ab und wäscht mit essigsäurehaltigem Wasser aus bis ½ ccm des Waschwassers beim Verdampfen keinen Rückstand mehr hinterläßt. Nun wird der Niederschlag in eine Porzellanschale gespritzt, die auf dem Filter verbliebenen Reste in möglichst wenig warmer verdünnter HNO_3 gelöst, diese Lösung zum Niederschlag in der Porzellanschale und noch soviel HNO_3

hinzugegeben, daß eine total klare Flüssigkeit entsteht. Dann versetzt man mit überschüssiger H_2SO_4, dampft ein und erhitzt schließlich im Luftbade bis SO_3-Dämpfe zu entweichen beginnen, gibt aber gut acht, daß der Rückstand nicht völlig trocken wird. Nach dem Erkalten verdünnt man mit 50 bis 100 ccm Wasser, filtriert ab — das Bleisulfat muß rein weiß aussehen —, wäscht mit schwefelsäurehaltigem Wasser aus, bis 1 ccm des Filtrats mit Wasserstoffsuperoxyd keine Gelbfärbung mehr gibt, dampft das Filtrat, welches alle V_2O_5 enthält, in einer Porzellanschale auf ein kleines Volumen ein, spült die Flüssigkeit in einen tarierten Platintiegel, verdampft erst auf dem Wasser-, zuletzt im Luftbade, bis alle H_2SO_4 vertrieben ist, glüht den offenen Tiegel längere Zeit bei schwacher Rotgluht bis zur Gewichtskonstanz und wägt die zurückbleibende Vanadinsäure.

Die Methode ist zwar umständlich, gibt aber gute Resultate. H. Cornimboeuf (Ann. chim. anal. appl. VII, S. 258) trocknet den Bleivanadatniederschlag bei 100° bis zur Konstanz, verwendet davon nur einen aliquoten Teil und verfährt im übrigen weiter wie oben angegeben. Béard löst den Niederschlag ebenfalls in verdünnter HNO_3, dampft ab, nimmt dann aber den Rückstand mit Ammoniumkarbonat auf und verdampft die filtrierte Lösung. Endlich kann man auch nach Holverscheidt (Diss., Berlin 1890) das Blei aus der abgestumpften salpetersauren Lösung mittels Schwefelwasserstoff als Sulfid abscheiden und das Vanadin im Filtrat derart bestimmen, daß man letzteres bis zur Verjagung des Schwefelwasserstoffs kocht und vom ausgeschiedenen Schwefel abfiltriert. Ablauf und Waschwasser werden mit einigen Tropfen HNO_3 oxydiert und zur Trockne verdampft. Das zurückbleibende rotgelbe Vanadinsäurehydrat führt man durch schwaches Glühen in V_2O_5 über. Die zuerst erwähnte Methode ist jedoch vorzuziehen.

Zu verwerfen ist, das Vanadin als Sulfid dadurch abzuscheiden, daß man die mit überschüssigem Schwefelammonium versetzte Alkalivanadatlösung ansäuert. Hierbei wird nur ein Teil des Vanadins als Sulfid gefällt, ein anderer bleibt als Vanadylsalz gelöst. Ebenso unbrauchbar sind die von Carnot (Ztschr. analyt. Chem. 1893, XXXII, S. 220) empfohlenen Methoden der Vanadinsäurefällung mit Uranyl- bzw. Mangansalzen.

b. **Maßanalytische Methoden.**

Von diesen zeichnen sich einige durch große Sicherheit und Genauigkeit sowie dadurch aus, daß sie sich gleichzeitig zur Bestimmung von V_2O_5 neben anderen Metallsäuren und Metallen eignen.

Das als Vanadat vorliegende V muß erst reduziert werden. Hierfür gibt es eine große Anzahl von Vorschlägen. Gooch und Gilbert (Amer. Journ. Science [4] XV, S. 389) reduzieren das Vanadat durch Zink in saurer Lösung mittels einer eigens für diesen Zweck konstruierten Apparates. Roscoe und Manasse (Lieb. Ann. 240, S. 23) behandeln die schwefelsaure Lösung mit schwefliger Säure und kochen den Ueberschuss unter Durchleiten von Kohlensäure dann weg. Browning (Ztschr. anorg. Chem. VII, S. 158; XIII, S. 113) reduziert mit Oxal- oder Weinsäure, setzt Natriumbikarbonat zu, dann ein abgemessenes Quantum Jodlösung und titriert mit arseniger Säure zurück. Lindemann und Ch. A. French titrieren die Vanadinsäurelösung mit Mohrschem Salz, bis eine Probe bei Zusatz von Ferrizyankalium Ferrosalz erkennen läßt.

1. Besondere Beachtung hat die volumetrische Bestimmung der V_2O_5 mit Permanganatlösung gefunden. Als Reduktionsmittel dienen: Schwefelwasserstoff, schweflige Säure, Salz- oder Oxalsäure. Die Resultate sind stets sehr genau, wenn man für vollständige Entfernung des überschüssigen Reduktionsmittels sorgt. Ferner sind noch folgende Punkte zu beachten: Da nach der Methode, die schwefelsaure Lösung bis zum Auftreten von SO_3-Dämpfen zu erhitzen, oftmals noch nicht alle schweflige Säure ausgetrieben ist, andererseits bei weiterem Erhitzen eine geringe Oxydation eintreten kann, so ist es am besten, nach den Vorschlägen von Gibbs die das Tetroxyd enthaltene Lösung zunächst in einem Erlenmeyer wie angegeben zu behandeln, dann aber mit Wasser aufzunehmen, zum Kochen zu erhitzen und noch ¼ St. lang Luft oder besser Kohlensäure durchzuleiten. Trautmann (Stahl und Eisen XXXI, S. 1316) macht es sogar zur Bedingung, die Verwendung von Luft auszuschließen.

Bei der Permanganatmethode geht man also von der schwefelsauren Lösung des Alkalivanadats aus. Auch bei Anwendung von Schwefelwasserstoff als Reduktionsmittel werden immer gute Resultate erhalten; der abgeschiedene Schwefel stört die Titration nicht. Das Einleiten von SO_2 muß bei Siedehitze geschehen, bis die Flüssigkeit rein blau erscheint. Titriert wird stets in verdünnter heißer Lösung. Nach Hensen kann die Reduktion statt in einem Gooch-Gilbertschen Reduktor mit amalgamiertem Zink auch in einem gewöhnlichen Erlenmeyer vorgenommen werden. Weniger zu empfehlen ist die Arbeitsweise von Em. Campagne die höchstens 0,1 g V enthaltende Lösung dreimal mit je 50 ccm konz.

H_2SO_4 abzurauchen, den Rückstand in 300 ccm Wasser zu lösen und bei 60 Grad C. dann mit Permanganat in üblicher Weise zu titrieren.

Andererseits erhielten E. Müller und O. Diefenthäler (Ztschr. anorg. Chem. 71, S. 243) nach der eben beschriebenen Methode sehr unbefriedigende Resultate. Sie schlagen deshalb vor, die Lösung der Vanadinsäure in einem Erlenmeyerkolben oder einem Becherglase mit 15 ccm konz. HCl und 50 ccm Alkohol zu versetzen und auf 5 ccm einzuengen. Diese Lösung wird direkt mit Wasser verdünnt, Mangansulfat zugegeben und bei gewöhnlicher Temperatur mit Permanganat, bis die Rosafärbung ½ Min. bestehen bleibt, titriert.

Hensen hält die Reduktion der Vanadinsäure mit Oxalsäure am einfachsten: Er versetzt die salz- oder schwefelsaure Vanadatlösung in einem etwa 1 l fassenden Erlenmeyerkolben mit 30 ccm konz. H_2SO_4 und 0.15 bis 0.2 g Oxalsäure, dampft auf dem Drahtnetz ab und erhitzt nach dem Auftreten von Schwefelsäuredämpfen noch 10 Min. weiter. Währenddem wird Kohlensäure durch die Flüssigsäure geleitet, um den Luftsauerstoff fernzuhalten. Nach dem Abkühlen verdünnt man mit Wasser auf etwa 500 ccm, erhitzt auf 80 Grad C. und titriert mit Permanganat.

Am häufigsten wird als Reduktionsmittel schweflige Säure verwendet: $V_2O_5 + SO_2 = V_2O_4 + SO_3$. Ein Maßstab für die beendete Verkochung des überschüssigen SO_2 ist, daß die beim Sieden entweichenden Dämpfe eine sehr verdünnte schwefelsaure Permanganatlösung nicht mehr entfärben dürfen.

Alle schwefelsauren Lösungen werden heiß, bei 60 bis 80 Grad C., bis zur eben bleibenden Rosafärbung titriert.

H. Ott (Diss., München 1911) benutzte bei der Reduktion den von Prandtl beschriebenen Apparat.

Man bereitet eine $\frac{n}{10}$-$KMnO_4$-Lösung; 1 L entspricht 9,1000 g V_2O_5; 1 ccm = 0,0091 g V_2O_5. Die Einstellung geschieht zweckmäßig direkt gegen reinste V_2O_5 (vergl. Prandtl, Ztschr. anorg. Chem. LVI, S. 189); oder hier allgemein Eisentiter mal 0.9133 gleich V.

Auf den Vorschlag von B. Glasmann (Ber. Deutsch. Chem. Ges. 1905, Bd. XXXVIII, S. 600 und Chem.-Ztg. Rep. 1905, S. 85), als Reduktionsmittel Magnesium zu verwenden, in welchem Falle Vanadintrioxyd und bei Gegenwart von MoO_3 das Sesquioxyd entstehen, wodurch es möglich wird, durch Titration mit Permanganat beide Metalle nebeneinander zu bestimmen, sei nur verwiesen.

Die neuesten Vorschläge, V_2O_5 in konzentrierter Schwefelsäurelösung durch Wasserstoffsuperoxyd und Persulfate zu reduzieren, stammen von C a i n und H o s t e t t e r (Journ. Amer. Chem. Soc. 1912, XXXIV, S. 274).

Eine weitere s i c h e r e, allerdings weniger einfache, aber i n k u r z e r Z e i t g u t e R e s u l t a t e g e b e n d e M e t h o d e ist die folgende, die wie die obige besonders bei den Analysen von Stählen, Legierungen und Erzen Anwendung findet:

2. V o l u m e t r i s c h e B e s t i m m u n g d e r V a n a d i n - s ä u r e m i t T h i o s u l f a t - b z w. J o d l ö s u n g:

Man geht vom Vanadat aus und setzt zu 0.3 bis 0.5 g dieser Verbindung 1.5 bis 2 g Bromkalium in den Zersetzungskolben des bekannten Bunsenschen Apparates. Das blaue Vanadylsalz entsteht nach der Gleichung $V_2O_5 + 2\,HBr = V_2O_4 + H_2O + Br_2$. Es werden, um dies zu erreichen, in den Kolben 30 ccm konz. HCl eingeführt. Man destilliert in bekannter Weise und fängt das freigewordene Brom in Jodkaliumlösung auf: $Br_2 + 2\,KJ = 2\,KBr + J_2$. Letzteres wird ausgeschieden und mit eingestellter $\frac{n}{10}$-Thiosulfatlösung gemessen. Die Zersetzung ist beendet, wenn die im Kolben verbliebene Flüssigkeit rein blau geworden ist (H o l v e r s c h e i d t, Diss., Berlin 1890 und Ztschr. analyt. Chem. 1896, XXXV, S. 82). 1 L $\frac{n}{10}$-Thiosulfatlösung = 9,1000 g V_2O_5, 1 ccm $\frac{n}{10}$-Thiosulfatlösung = 0.0091 g V_2O_5. Weitere Einzelheiten finden sich in späteren Kapiteln unter den „Trennungsverfahren des Vanadins von anderen Metallen" sowie in dem Abschnitt der „Abgeschlossenen speziellen Untersuchungsmethoden."

Auch hier sind Vorschläge gemacht worden, die vereinfachend und verbessernd wirken sollen. So reduzieren C. F r i e d - h e i m und H. E u l e r (Ztschr. analyt. Chem. 1896, XXXV, S. 83) die Vanadinsäure mit konz. HCl und Jodkalium bei Gegenwart von syrupöser Phosphorsäure zu V_2O_3 und haben damit gute Resultate erhalten. B r o w n i n g (Ztschr. anorg. Chem. VII, S. 158 und XIIII, S. 115 u. 425) verwendet als Reduktionsmittel Wein-, Zitronen- oder Oxalsäure bei Siedehitze; es entsteht Tetroxyd. Zu dieser Lösung setzt er Bikarbonat bis zur alkalischen Reaktion, läßt erkalten, fügt eingestellte überschüssige Jodlösung zu, läßt das Gemisch etwa ½ St. im Dunkeln stehen und titriert das überschüssige Jod mit arseniger Säure zurück. Mit Weinsäure, Wasser und Bikarbonat muß ein blinder Versuch gemacht und der gefundene Wert vom Gesamtjodverbrauch in Abzug gebracht werden.

Dagegen wird bei Anwendung von Brom- und Jodwasserstoffsäure als Reduktionsmittel die Lösung der V_2O_5 mit 1 bis 1.5 g KJ oder KBr in 10-prozentiger Lösung und 10 ccm halbverdünnter H_2SO_4 versetzt und so lange zum Kochen erhitzt, bis in den Dämpfen kein Jod oder Brom mehr nachweisbar ist. Alsdann wird die Lösung mit reinstem KOH fast neutralisiert, abgekühlt, Natriumbikarbonat, sowie einige Tropfen Weinsäurelösung zugegeben und wie bei vorstehender Methode angegeben, weiter verfahren.

Nicht zu empfehlen sind die Methoden von T. Warynski und B. Mdivani, wonach die V_2O_5 bei Gegenwart von Mono-, Di- und Trichloressigsäure durch Jodkalium zu Vanadintetroxyd reduziert werden soll.

3. Volumetrische Bestimmung der Vanadinsäure mit Ferrozyankalium und Thiosulfatlösung nach Er. Müller und O. Diefenthäler (Ztschr. anlyt. Chem. 1912, Bd. LI, S. 21): 20 ccm der Vanadatlösung werden mit 60 ccm 20 %-iger Ferroziankaliumlösung ferner mit 10 ccm 10 %-iger Schwefelsäure 3 g Jodkalium und 15 ccm 15 %-iger Zinksulfatlösung versetzt, mit Wasser auf 200 ccm verdünnt und nach Zugabe einiger Tropfen Stärkelösung mit Thiosulfatlösung titriert. Die Reaktion zwischen Vanadinsäure und überschüssigem Ferrocyankalium erfolgt nach der Gleichung: $V_2O_5 + 2\,H_4Fe(CN)_6 = V_2O_4 + 2\,H_3Fe(CN)_6 + H_2O$.

4. Mit Leukomethylenblau und Titration mit Titanchlorid bei Gegenwart von Chrom und Eisen nach F. W. Atack (Soc. of Publ. Analysts and other Analyt. Chemists; London, Sitzg. 5. II. 13).

c. Kolorimetrische Methoden.

Wie fast alle kolorimetrischen Verfahren, so dienen auch diese hier vorzugsweise zur Bestimmung kleiner Mengen von Vanadin.

1. Methode Maillard (Chem. News LXXXII, S. 19): Sie soll sich für kleine Quantitäten von V, das in Form von V_2O_5 oder Alkalivanadat vorliegt, und zwar in der Menge von wenigen mg bis höchstens 1 cg, eignen. Maillard macht von der bekannten, von Barreswill im Jahre 1847 beschriebenen Reaktion (Ann. Chim. Phys. 1847, Ser. 3, XX, S. 364) bezüglich der Einwirkung von Wasserstoffsuperoxyd auf Vanadinsäure Gebrauch. Wasserstoffsuperoxyd, mit demselben gesättigter Aether und ozonisierter Aether erzeugen in einer stark sauren Lösung eines Vanadats eine prachtvoll rote Färbung, welche noch in einer Lösung von $^1/_{84000}$ auftritt, wie dies G. Werther angibt. Die Reaktion beruht auf der Bildung von Uebervanadinsäure, ähnlich der Ueberchromsäure, und Maillard

hat festgestellt, daß die Tiefe der Färbung als ein genaues Maß für die Menge des in der Lösung enthaltenen Vanadins dienen kann. Die Reaktion hält sehr lange an, und Verunreinigungen durch andere Salze stören nicht. Zur richtigen Ausführung der Reaktion ist es nötig, für 10 ccm einer 1 %-igen Lösung des Metavanadats 10 ccm mit Wasserstoffsuperoxyd gesättigten Aether und 4 ccm Salzsäure zu nehmen.

2. Methode A. W. Gregory (Chem. News C, S. 221): Vanadin muß als V_2O_5 vorliegen. Dem Verfahren liegt die Tatsache zugrunde, daß in einer Lösung von Strychnin in konzentrierter Schwefelsäure eine schwefelsaure Vanadinsäurelösung eine violette, allmählich in Orange übergehende Färbung hervorruft. Gegenwart von Ti, W und Mo stören nicht. Es werden folgende Lösungen gebraucht: 4 g reines Strychnin in 1 l konz. H_2SO_4 und 0.1778 g V_2O_5 in 10 ccm konz. H_2SO_4, verdünnt mit Wasser zu 1 l; 1 ccm = 0.0001 g Vanadium. Vorhandenes Eisen verhindert die Reaktion und muß erst durch Schmelzen der zu prüfenden Substanz mit Soda vom V getrennt werden.

Anmerkung des Verf.: Diese Methode ist nicht zu empfehlen.

d. Elektrolytische Bestimmung des Vanadins

nach P. Truchot (Ann. Chim. analyt. appliq. 1902, VII, S. 165): Man geht von der sodaalkalinischen Lösung des Natriumvanadats aus. Die mit H_2SO_4 ganz schwach angesäuerte Lösung erhitzt man zum Kochen, um die Kohlensäure zu entfernen, macht hierauf durch Zusatz von 20 bis 30 Tropfen Ammoniak von 22° Bé. ammoniakalisch und unterwirft die Lösung bei 80 bis 85 Grad der Elektrolyse, wobei die Spannung 2 bis 2.5 V., die Stromstärke 0.3 A. betragen soll. Die Zeit der Elektrolyse beträgt 8 bis 10 St. Empfehlenswert ist es, das Flüssigkeitsniveau während der Elektrolyse durch Zusatz von heißem, schwach ammoniakalischem Wasser konstant zu erhalten. Nach beendeter Abscheidung des Vanadinhydroxydes wird der Konus nach dem Waschen mit Wasser und Alkohol einige Minuten geglüht, um das Vanadinhydroxyd in das Vanadinpentoxyd überzuführen, und nach dem Erkalten gewogen. Der geglühte Niederschlag soll eine tief braunrote Farbe haben, keineswegs darf derselbe grün oder blau aussehen, da in letzterem Falle die Umwandlung des Vanadinhydroxydes in das Pentoxyd keine vollständige ist. Truchot wandte Mengen von 0.0120 bis 0.5000 g V, als Pentoxyd berechnet, an; das Flüssigkeitsvolumen betrug 200 ccm. Er will sehr gute Resultate erhalten haben, während Hensen behauptet, daß es nie gelingt, auf diese Weise alles Vanadin aus ammoniakalischer Lösung zu fällen.

II. Quantitative Trennung des Vanadiums von Molybdän und Wolfram.

a. Vanadin von Molybdän.

Der häufigste Fall ist, daß beide Metalle bzw. deren Säuren als Alkalisalze gelöst vorliegen. An Verfahren kommen dann in Frage:

1. Methode nach Al. Steffan (Diss., Zürich 1902):

Man verfährt zunächst genau wie unter C., I., b., 2. auf S. 61 beschrieben und bestimmt die erforderlichen Kubikzentimeter der Thiosulfatlösung. Der Inhalt des Kölbchens, welcher das Vanadin als Vanadylsalz und das Molybdän als MoO_3 enthält, wird entweder mit Schwefelwasserstoff in einer Druckflasche nach früheren Angaben behandelt, die Lösung durch einen Goochtiegel filtriert und das Molybdäntrisulfid als MoS_2 bzw. MoO_3 zur Wägung gebracht, oder aber man verfährt auf volumetrischem Wege weiter, indem der Kolbeninhalt mit Jodkalium und syrupöser Phosphorsäure versetzt und gekocht wird; es entsteht Jodwasserstoff. Nach $V_2O_4 + 2\,HJ = V_2O_3 + H_2O + J_2$ und $2\,MoO_3 + 2\,HJ = Mo_2O_5 + H_2O + J_2$ wird für beide Reduktionen die gleiche Menge Jod freigemacht und in die Vorlage getrieben. Titriert man in letzterer nach dieser zweiten Destillation, also wieder mit $\frac{n}{10}$-Thiosulfatlösung, so braucht man hiervon die nach der ersten Zersetzung gefundenen ccm — siehe oben — nur abzuziehen, um die der vorhandenen MoO_3 entsprechenden Kubikzentimeter Thiosulfatlösung zu finden.

Die Resultate sind gut, die Methode ist in geübten Händen sicher und schnell ausführbar. (Friedheim und Euler, Ber. Deutsch. Chem. Ges. 1895, XXVIII, S. 2067; vergl. auch ebendas., XXIX, S. 2981).

2. Gewichtsanalytisches Verfahren:

Die alkalische Molybdat- bzw. Vanadatlösung wird mit H_2SO_4 angesäuert. Hierauf fällt man in der Druckflasche nach bekannter Art mit Schwefelwasserstoff erst Mo als MoS_3, sodann wird das Filtrat nach Verkochen des Schwefelwasserstoffs und Oxydation mit HNO_3 mit Soda alkalisch gemacht und V in bereits besprochener Weise mit Quecksilbernitrat als Merkurovanadat gefällt. Man erhält so Mo als MoS_2 bzw. MoO_3 und V als V_2O_5.

Eine ältere Methode von Gibbs (Ann. Chem. Journ. V, S. 361) ist fehlerhaft.

Nach Milch (Diss., Berlin 1887) kann die molybdänvanadinhaltige Lösung auch mit Methylalkohol reduziert und V mit Schwefelwasserstoff etc. gefällt werden.

3. Electrolytische Methode nach P. Truchot (Ann. Chim. analyt. appliq. 1902, VII, S. 167):

Beide Metalle — Mo soll sich ebenso verhalten — werden nach dem unter C., I., d., S. 63 erwähnten Verfahren zusammen abgeschieden. Das auf diese Weise erhaltene Molybdänhydroxyd geht beim Glühen in Molybdänsäure über, welche sich bei Rotglut vollständig verflüchtigt. Es gelingt hiernach eine Trennung des Vanadins vom Molybdän durch Glühen der elektrolytisch abgeschiedenen Hydroxyde, nur muß der Niederschlag zunächst schwach erhitzt werden, damit kein Vanadin durch das sich verflüchtigende Molybdän mechanisch mitgerissen wird. Beträgt der Niederschlag des Vanadins und Molybdäns weniger als 0.1 g, so genügt ein halbstündiges Glühen.

4. Trennung Vanadin von Molybdän bei Gegenwart von Cr, Ni und Fe durch Äther nach Blair (Journ. Amer. Soc. 1908, XXV, S. 1229).

b. Vanadin von Wolfram

und

c. Vanadin von Molybdän und Wolfram.

Hierzu vergl. zwecks Vermeidung von Wiederholungen das Kapitel D, II, a., b. und d. auf Seite 125, 126 ff. und 130.

III. Quantitative Trennung des Vanadiums von anderen Metallen.

a. Vanadin von Eisen.

1. Das Rothesche Aetherverfahren nach E. Deiss und H. Leysaht (Chem.-Ztg. 1911, Nr. 95 und 96, S. 869 und 878):

Nach dem von Rothe[1]) ausgearbeiteten Ätherverfahren können bekanntlich eine Anzahl häufig mit Eisen zusammen vorkommender Metalle in einfacher Weise von diesem getrennt werden; notwendig dafür ist, daß die Metalle in Form ihrer Chloride, Eisen als Ferrichlorid, in salzsaurer Lösung vorliegen. Rothes Verfahren hat sich besonders bei der Trennung des Eisens von Mangan, Nickel, Kobalt, Kupfer, Aluminium und Chrom zur Untersuchung eisenreicher Stoffe als vorzüglich geeignet erwiesen und wird dementsprechend dann mit Vorteil benutzt, wenn es sich um genaue Bestimmungen dieser Metalle handelt. Rothe[2]) hat als erster sein Verfahren auch auf die Trennung von Eisen und Vanadin aus-

1) Mitteilg. a. den kgl. techn. Versuchsanstalten, Berlin 1892, Bd. 10, S. 132; vergl. auch Ledebur, 1911, S. 57 bis 59.

2) Wedding, Sitzungsber. d. Ver. z. Beförd. d. Gewerbefleißes 1893, S. 91.

gedehnt. Diese Methode ist später auch von Campagne[3]) für die gleiche Trennung, wobei aber V in vierwertiger Form vorliegen muß, als brauchbar in Vorschlag gebracht worden. Heike[4]) hat sich in einer Zusammenfassung für die Genauigkeit des von Campagne angegebenen Verfahrens ausgesprochen; er zog diesen Schluß aus der Uebereinstimmung von nach Campagne erhaltenen und nach anderen Verfahren ermittelten Vanadinwerten verschiedener vanadinhaltiger Eisenproben. Außer von Heike wurde das Aetherverfahren auch von Blair[5]) zur Analyse vanadinhaltiger Stähle empfohlen, denn die Anwendung auf eisen- und vanadinhaltige Produkte, insbesondere Vanadinstähle, Eisenvanadinlegierungen etc. liegt nahe. Nun hatten obige Autoren schon seit längerer Zeit beim Ausäthern vanadinhaltiger Eisenlösungen Beobachtungen gemacht, die mit den Angaben von Campagne und Heike über die Zuverlässigkeit des Verfahrens der V-Bestimmung nicht im Einklang standen. Sie haben daher untersucht, unter welchen Bedingungen Rothes Verfahren bei der Trennung von Fe und V richtige Werte ergibt.

Die Arbeitsweise von Deiss und Leysaht ist die folgende: Für die Ausätherungen kann der Rothesche Apparat späterer Ausführung (siehe Abbildung) als sehr brauchbar empfunden werden. Die von Kieselsäure befreite, oxydierte salzsaure Lösung, die alles Eisen und Vanadin gelöst enthält, wird auf dem Dampfbad bis zur Dickflüssigkeit eingeengt. Aus vanadinreichen Lösungen scheiden sich dabei Krusten von Eisenvanadat ab, noch ehe die Lösung weit genug eingedampft ist. Es empfiehlt sich aber ohne Rücksicht auf diese Abscheidungen weiter einzuengen, bis der übrige Teil der Lösung dickflüssig wird, und die konzentrierte Lösung mit den vorhandenen Abscheidungen in den Schüttelapparat einzufüllen; die Abscheidungen von Eisenvanadat lösen sich bei der weiteren Behandlung leicht wieder auf. Man gießt zunächst die Hauptmenge der konzentrierten Lösung, soweit sie tropfbar flüssig ist, in die obere Kugel des Schüttelapparats, was bei der weiten Bohrung der Einfüllhähne leicht von statten geht,

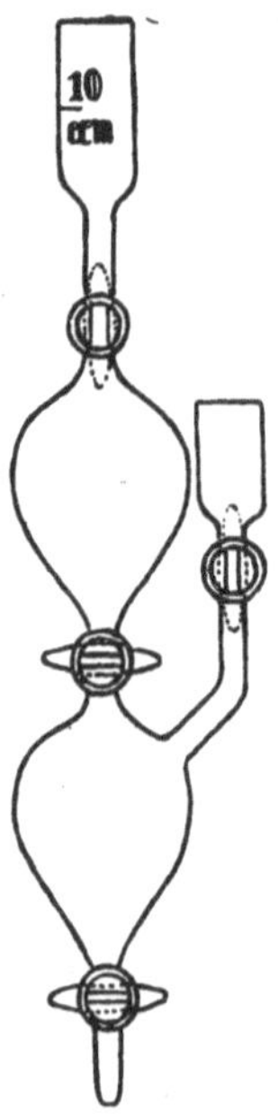

[3]) Compt. rend. 1903, Bd. 137, S. 570; sowie Ber. D. Chem. Ges. 1903, Bd. 36, S. 3164.
[4]) Stahl u. Eisen 1905, S. 1357.
[5]) Journ. Amer. Chem. Soc. 1908, Bd. 30, S. 1229.

und läßt gut ablaufen. Sodann werden die in der Schale verbliebenen Anteile mit kleinen Mengen Salzsäure (1.10) ebenfalls dazu gespült, und zwar gibt man zu jedem Ausspülen 1 bis 2 ccm dieser Salzsäure in die Schale, sammelt durch Drehen der Schale die anhaftenden Teile der Eisenlösung und läßt diese in den Apparat einfließen. Das Ausspülen der Schale wird in dieser Weise so oft wiederholt, als noch beim Zugeben von Salzsäure in die Schale gelbe Färbung von vorhandenem Eisenchlorid auftritt. Das Einspülen der Eisenlösung muß mit möglichst geringen Salzsäuremengen ausgeführt werden, wenn die Ausätherung gut gelingen solll, und man kann ohne besondere Schwierigkeit die Schale mit 10 bis 15 ccm HCl eisenfrei bekommen. Zuletzt ist der Inhalt der oberen Kugel gut durchzuschütteln, wobei mehr oder minder starke Erwärmung, je nach dem Gehalt an Eisenchlorid, eintritt und sodann unter der Wasserleitung bis auf unter 15 Grad C. abzukühlen, um eine Reduktion von Eisenchlorid beim Hinzufügen von Äther möglichst zu vermeiden.

Unter Benutzung der Vorschriften, die Rothe für sein Verfahren zur Entfernung des Eisenchlorids aus salzsauren Lösungen durch Äther ausgearbeitet hat, und die schon von Krug für die Bestimmung von Schwefel in Eisen veröffentlicht sind, wird nun zu der im Schüttelapparat befindlichen Eisenlösung soviel äthergesättigte Salzsäure 1.19[2]) gegeben, daß auf je 1 g in der auszuäthernden Lösung vorhandenes Eisen 6 ccm dieser Aethersalzsäure kommen und das Ganze durch Umschütteln gemischt. Dieser Zusatz von Aethersalzsäure 1.19 bezweckt einmal, die für das Ausäthern günstigste Salzsäurekonzentration der Lösung herzustellen, sodann auch die Erwärmung, die bei Zugabe von Äther zur Eisenlösung auftreten würde, im Apparat möglichst zu vermeiden. Nach Vermischen der Lösungen füllt man den übrigen Raum der Kugel bis auf einen kleinen Teil mit Aether an, schließt den Hahn und schüttelt tüchtig durch. Sollte dabei noch eine geringe Erwärmung eintreten, so kühlt man unter fließendem Wasser ab.

Den Apparat befestigt man durch Einklemmen der Verengung über dem oberen Hahn in einer Stativklemme und überläßt nach dem

[1]) Stahl und Eisen, 1905, S. 887.

[2]) Die Herstellung der Aethersalzsäure (1.19) erfolgt durch allmähliches Zugeben von Aether zu Salzsäure 1.19 unter Umschütteln und, da erhebliche Wärmeentwicklung eintritt, unter zeitweisem Kühlen, bis ein Teil Aether auf der Flüssigkeit schwimmend bleibt. 100 ccm Salzsäure 1.19 nehmen etwa 150 ccm Aether auf.

Umschütteln einige Zeit der Ruhe. Man erhält dann eine obere grüne Lösung, im wesentlichen Eisenchlorid in Aether gelöst enthaltend, und *darunter die salzsaure Lösung der sonst noch vorhandenen Metalle.* Letztere zeigt je nach Art und Menge der vorhandenen Metalle verschiedene Farbe. *Größere Vanadinmengen färben sie dunkelblaugrün oder grün, bei geringen Vanadinmengen kann man bräunliche oder gelbgrüne Lösungen erhalten.* Die salzsaure Lösung wird jetzt aus der oberen Kugel in die untere leere abgelassen mit der Vorsicht, daß nichts von der ätherischen Eisenchloridlösung in die untere Kugel oder die Bohrung des mittleren Hahnes gelangt. Den nach einiger Zeit im unteren Teil der oberen Kugel noch angesammelten Rest salzsaurer Lösung läßt man gleichfalls in die untere Kugel ab. Um den Teil der salzsauren Lösung, der sich in der Bohrung des Hahns (zwischen beiden Kugeln) befindet, in die untere Kugel zu bringen, gibt man in die obere Kugel wenige ccm Aethersalzsäure 1.10,[1]) ohne umzuschütteln und läßt die über dem Hahn angesammelte Salzsäure in die untere Kugel ab. Man hat nun in der oberen Kugel hauptsächlich Eisenchlorid in salzsäurehaltigem Aether gelöst als olivgrüne Flüssigkeit, *die noch Reste von Vanadinsalzen, teils in Lösung, teils an den Gefäßwandungen anhaftend, enthält, in der unteren Kugel die salzsaure Lösung, in der sich die größere Vanadinmenge sowie die übrigen Metalle neben wenig Eisen befinden.* Zur Entfernung des Vanadis aus der Lösung der oberen Kugel gibt man einige Tropfen konzentrierter reiner Wasserstoffsuperoxydlösung, sowie 10 ccm Äthersalzsäure 1.10 zur Lösung; um die kleinen Mengen Eisenchlorid aus der salzsauren Lösung der unteren Kugel zu entfernen, füllt man die untere Kugel bis auf einen kleinen Raum mit Äther, schließt die Hähne und schüttelt das Ganze tüchtig durch. Nach erfolgter Trennung der Schichten in beiden Kugeln ist *in der oberen weiteres Vanadin aus der ätherischen Lösung in die salzsaure übergegangen,* gleichzeitig mit kleinen Mengen Eisenchlorid; der Gehalt an Vanadin ist jetzt an der braunroten Färbung der salzsauren Lösung zu erkennen. *In der unteren Kugel hingegen ist aus der schon bis auf höchstens 1 bis 2 mg*

---

[1]) Die Herstellung der Aethersalzsäure 1.10 geschieht wie die der Aethersalzsäure 1.19 mit Salzsäure 1.10. 100 ccm Salzsäure 1.10 nehmen etwa 30 ccm Aether auf.

von Eisen befreiten salzsauren Lösung Eisenchlorid sowie etwas Vanadinsalz in den frischen Äther übergegangen. Dementsprechend haben weitere Nachschüttelungen die Aufgabe zu erfüllen, Reste von Vanadin aus der Eisenchloridätherlösung der oberen Kugel herauszuholen, andrerseits muß der so gewonnene Auszug, der stets etwas Eisenchlorid aus der ätherischen Eisenchloridlösung aufnimmt, in der unteren Kugel durch Behandeln mit eisenchloridarmem Äther von Eisen wieder befreit werden.

Man läßt aus der unteren Kugel die salzsaure Vanadinlösung in die vorher benutzte Porzellanschale ab und spült, wie üblich, den in der Hahnbohrung und dem Rohransatz befindlichen Rest mit wenig Äthersalzsäure 1.10 nach. Dann läßt man die braunrot gefärbte salzsaure Lösung der oberen Kugel in die untere fließen und spült ebenfalls mit wenig Äthersalzsäure nach. Zur weiteren Entfernung noch vorhandenen Vanadins wird die Eisenchloridätherlösung der oberen Kugel zum zweiten Mal mit 10 ccm Äthersalzsäure 1.10 und einigen (3 bis 4) Tropfen Wasserstoffsuperoxydlösung nachgeschüttelt. Nachdem die Schichten in beiden Kugeln sich wieder getrennt haben, läßt man die salzsaure Lösung der oberen Kugel in die Schale zur Hauptlösung und die salzsaure Lösung der oberen Kugel wieder in die untere abfließen. Sicherheitshalber schüttelt man noch einige Male mit je 10 ccm Äthersalzsäure und etwas Wasserstoffsuperoxyd nach, jedenfalls so oft, bis keine rötliche oder bräunliche Färbung der Nachschüttelung mehr wahrnehmbar ist; in der Regel ist dies nach 3- bis 4-maligem Nachschütteln erreicht, und man kann dann die salzsauren Lösungen in die Schale ablassen. Die gesammelten salzsauren Auszüge enhalten alles Vanadin neben höchstens Spuren von Eisen. Im Apparat behält man das Eisen in salzsaurer, ätherischer Lösung zurück. Durch Ausschütteln mit Wasser kann man daraus das Eisenchlorid von der Hauptmenge des Äthers trennen und die erhaltene Eisenlösung zur Bestimmung des Eisengehalts verwenden. Gleichzeitig erhält man dabei die Hauptmenge des angewandten Äthers wieder, und bei häufig wiederkehrenden Ausätherungen empfiehlt es sich, den mit Wasser gewaschenen Äther zu sammeln und, wenn genügende Mengen vorhanden sind, durch Waschen mit Natronlauge, Trocknen mit Chlorkalzium und Destillieren wieder verwendbar zu machen.

Die Vanadinlösung wird nach Verdunsten des Äthers eingedampft und der Vanadingehalt nach einem der üblichen Verfahren ermittelt.[1]) Bei der Wahl des Verfahrens ist zu berücksichtigen, daß andere Stoffe wie Nickel, Kobalt, Kupfer, Aluminium, Chrom, Phosphor und Schwefel ebenfalls in die salzsaure Vanadinlösung übergehen. Letztere soll im Maximum etwa 0,2500 g $V_2 O_5$ enthalten.

Für die Bestimmung geringer Gehalte empfiehlt sich die Anwendung von Einwagen von 10 g und mehr; unter Einhalten der oben gegebenen Arbeitsweise lassen sich dann noch Vanadinmengen unter 0,01 % deutlich erkennen und bestimmen. Dies ist besonders hervorzuheben, da man der Ansicht begegnet, daß Vanadingehalte von 0.1 % oder darunter z. B. in Stahl durch die Analyse nicht mehr feststellbar seien. Wenn in manchen Fällen der Nachweis des Vanadins in Stahl zu versagen scheint, obwohl tatsächlich bei der Herstellung des Stahls vanadinhaltiges Material verwendet wurde, so braucht deshalb noch nicht das Verfahren fehlerhaft zu sein. Da Vanadin leicht verschlackt, können nämlich kleinere Mengen von Vanadin bei der Herstellung von Stahl verschwinden und dann natürlich im fertigen Material nicht mehr nachweisbar sein. Aus diesem Grunde ist auch die Schlußfolgerung nicht ohne weiteres zuläßig, daß, wenn die Analyse keine nachweisbaren Mengen Vanadin im Stahl ergibt, zur Herstellung dieses Stahls kein vanadinhaltiges Material verwendet worden sei.

Die Resultate weiterer praktischer Untersuchungen von Deiß und Leysaht ergaben folgendes:

Um die gesamte Vanadinmenge sicher vom Eisen zu trennen, könnte das gesamte Vanadium direkt in die ätherunlösliche Pervanadinsäure übergeführt werden. Zu diesem Zweck müßte eine genügende Menge Wasserstoffsuperoxyd zugesetzt werden. Da aber die beim Ausäthern salzsaurer Vanadinlösungen in den Äther eingehenden Vanadinmengen im Vergleich zu den in die salzsaure Lösung übergehenden verhältnismäßig klein sind, so ist dieses Vorgehen nicht zu empfehlen: man arbeitet zweckmäßiger in der Weise, daß man zunächst die Hauptmenge Vanadin ohne Anwendung von Superoxyd, also nach dem alten Verfahren vom Eisen trennt und danach erst die in der ätherischen Eisenchloridlösung zurückgehaltene Vanadinmenge durch Nachschütteln mit Äthersalzsäure und Wasserstoffsuperoxyd entfernt. Da durch die Bildung rotbrauner Pervanadinsäure noch Vanadinmengen unter 1 mg scharf erkannt werden können, so hat man damit ein sicheres Mittel, um sich von der Vollständigkeit der

[1]) Z. B. durch Fällung mit Quecksilberoxydulnitrat.

Trennung des Vanadins zu überzeugen; außerdem ermöglicht es diese Arbeitsweise, in Eisen oder Stahl scharf geringe Vanadinmengen überhaupt nachzuweisen.

Es besteht also ein Unterschied zwischen dem Verfahren Campagnes und dem mit Anwendung von Wasserstoffsuperoxyd. Da bei der Beschreibung des ersteren in späteren Abschnitten absichtlich der unabgeänderte Originaltext wiedergegeben ist, so kann auf Grund der Arbeiten von Deiß und Leysaht nur dringend empfohlen werden, nach deren Vorschriften das Campagnesche Verfahren zu modifizieren, abgesehen davon, daß letzteres auch zeitraubender ist. Bemerkt sei ferner, daß die Titration der kleinen Vanadinmengen mit Permanganatlösung nach Campagne große Übung erfordert, da die Endfärbung sehr rasch verschwindet, wodurch die Vanadinwerte leicht zu hoch gefunden werden.

Die Hauptergebnisse der Deiß-Leysahtschen Untersuchungen sind also: 1. Das Rothesche Ätherverfahren zur Trennung des Eisens von anderen Elementen ist in seiner ursprünglichen Form nicht ohne weiteres zur Trennung des Vanadins von Eisen geeignet. 2. Äther nimmt aus salzsauren Vanadinlösungen, insbesondere solchen, die fünfwertiges Vanadin enthalten, wesentliche Mengen von Vanadin auf. 3. Lösungen des vierwertigen Vanadins geben an Äther kein Vanadin ab, vorausgesetzt, daß durch etwas überschüssiges Reduktionsmittel bei Anwendung des käuflichen, fast immer superoxydhaltigen Äthers, teilweiser Oxydation zu fünfwertigem Vanadin vorgebeugt wird. 4. Gute Ergebnisse bei der Trennung des Vanadins von Eisen werden erzielt, wenn man das Rothesche Verfahren dahin ergänzt, daß nach der Hauptausschüttelung die ätherische Eisenchloridlösung nochmals 3 bis 4 Mal mit je 10 ccm Äthersalzsäure 1.10 unter Zusatz von wenig reinem Wasserstoffsuperoxyd versetzt wird. Die ätherlösliche Vanadinverbindung geht dadurch in ätherunlösliche Pervanadinsäure über.

2. Colorimetrische Bestimmung von Vanadin neben Eisen nach Val. v. Klecki: Vergl. Ztschr. anorg. Chem. Bd. V, S.374.

b. Vanadium von Uran, bzw. von Eisen und Uran.

1. Volumetrische Methoden von E. de M. Campbell und Chas. E. Griffin (Transact. Am. Chem. Soc., Detroit, 29. VI. bis 2. VII. 1909; Science XXX, S. 314; Journ. of Ind. and

Engin. Chem. I, S. 661), sowie von Griffin allein (Min. and Eng. World 1912, Bd. 37, S. 247):

0,3 bis 0,5 g der Substanz, z. B. Erz (Carnotit) wird in einer Mischung von H_2SO_4 und HNO_3 aufgelöst und letztere dann durch Eindampfen mit H_2SO_4 vertrieben. Auf gleiche Weise behandelt man jede U und V als Alkalisalze enthaltende Lösung überhaupt. Aus der so gewonnenen konzentrierten schwefelsauren Flüssigkeit wird zunächst kalt durch Zusatz von Natriumkarbonat, dann in Gegenwart von etwas Wasserstoffsuperoxyd in Siedehitze alles Eisen abgeschieden, abfiltriert und mit heißem Wasser ausgewaschen. Das Filtrat säuert man mit H_2SO_4 an, setzt noch 2 bis 5 ccm der gleichen Säure zu, führt durch Reduktion mit schwefliger Säure das Vanadin in V_2O_4 über und titriert in bereits angegebener Weise mit $\frac{n}{20}$-Kaliumpermanganatlösung. Die so erhaltene Flüssigkeit wird auf etwa 75 ccm eingedampft; hierauf setzt man eine Spirale aus starkem Aluminiumdraht ein und erhitzt bei bedecktem Glas zum Kochen. Dadurch werden V_2O_5 zu V_2O_2 und die Uranverbindung zu UO_2 reduziert. Ist dies völlig erreicht, läßt man erkalten, nimmt die Spirale heraus, spült sie mit angesäuerter Eisensulfatlösung (26 g Ferrialaun mit schwach schwefelsaurem Wasser zu 1 Liter gelöst) ab und titriert nochmals bei 80 Grad C. mit $\frac{n}{20}$-Permanganatlösung. Aus der Differenz dieses und des Dreifachen des obigen, für V allein gefundenen Wertes ergibt sich die Menge $KMnO_4$, welche zur Oxydation von UO_2 zu UO_3 erforderlich ist.

2. Volumetrische Methode von W. D. Engle (Eng. and Min. Journ. 1909, Bd. 87, S. 155 und Chem.-Ztg. Rep. 1909, S. 134):

Man wägt 0.5 bis 2 g ein (bei mehr wie 0.25 g Uran in der Probe wird das Auswaschen des Uranylammonphosphats schwierig), behandelt mit 20 ccm verdünnter Schwefelsäure (1 : 5), raucht ab (organische Stoffe zerstört man durch gleichzeitigen Zusatz von Salpetersäure), kühlt, verdünnt auf 100 ccm und oxydiert mit 3 ccm Wasserstoffsuperoxyd. Nun setzt man Soda im Überschuß zu, kocht einige Minuten, kühlt etwas, filtriert und wäscht aus. Den Eisenniederschlag löst und fällt man nochmals. Die vereinigten Filtrate säuert man mit Schwefelsäure an, setzt 0.5 bis 1 g Ammonphosphat zu, treibt die Kohlensäure durch Kochen aus und macht mit Ammoniak alkalisch; dann setzt man das Kochen fort bis zur schwach sauren Reaktion (oder setzt Essigsäure zu). Man filtriert das Uranylammonphosphat ab und wäscht mit Ammonsulfatlösung (1 : 25) (bei kleinen Uranmengen setzt man eine kleine Menge Aluminiumsulfat zu). Das

Filtrat enthält das Vanadin. Man setzt 10 ccm konz. Schwefelsäure und 2 g Natriumsulfit zu, kocht den Überschuß der schwefligen Säure heraus und titriert sofort heiß mit Permanganat (1/20-normal). Das Uranylammonphosphat wird in verdünnter Schwefelsäure gelöst, 45 Min. mit Zink reduziert, vom Zink abgegossen, dieses gewaschen und die Lösung mit $\frac{n}{20}$-Permanganat titriert. Der Eisenfaktor mal 0.9133 = V; mal 2. 1354 = Uran. Das Verfahren soll gute Resultate geben.

3. Für die Trennung Eisen-Vanadium-Uran ist nach B. Lowell (Western Chemist and Metallurgical IV, S. 148) die Fällung des Fe durch Ammonkarbonat unverläßlich, da stets etwas Eisenhydrat im Filtrat bei Ur und V bleibt. Als beste Trennungsmethode ist die Fällung des V als Bleivanadat in einer 10-proz. Essigsäurelösung zu empfehlen.

c. Vanadium von Chrom, bzw. von Chrom und Eisen.

1. Es sind eine Reihe von Vorschlägen gemacht worden, die aber meist wenig brauchbare Resultate liefern, z. B. von Hillebrand (Journ. Amer. Chem. Soc. XX, S. 454, 461) und Th. Fischer (Dissert., Rostock 1894, S. 12, 24). Auch ein Verfahren, das sich darauf gründet, daß Bleivanadat durch Kochen mit einer Sodalösung nicht angegriffen, Bleichromat aber zerlegt wird, wurde empfohlen. Einfacher und schneller ist folgende Bestimmung nach Rose (Rose-Finkeners Handbuch II, S. 72; Fischer, Dissert., Rostock 1894, S. 28). Das durch Fällen mit Bleiazetat erhaltene Bleichromat wird durch sorgfältiges Trocknen von aller Essigsäure befreit und mit HCl im Bunseschen Kölbchen zerlegt und destilliert. Das frei gewordene Chlor wird in einer Jodkaliumlösung aufgefangen und das entbundene Jod mit Natriumthiosulfat titriert; 1 ccm entspricht 0.006346 g Jod oder 0.001667 g CrO_3.

Will man das Trocknen des Bleichromats umgehen, kann man es auch in HNO_3 lösen, die Flüssigkeit bis fast zur Trockne verdampfen, wässrige schweflige Säure zusetzen, bis zum Verschwinden des Geruchs nach SO_2 eindampfen, wodurch die Chromsäure in Cr_2O_3 übergeführt ist, sodann das Blei als Sulfat in bekannter Weise abscheiden und im grünen Filtrat mit Ammoniak und Schwefelammonium das Chrom als Chromhydroxyd fällen. Dieses wird geglüht und gewogen.

Ein weiteres Verfahren der Trennung Vanadin- von Chromsäure gibt Staudenmaier an (Ztschr. anorg. Chem. Bd. V, S. 381).

2. Volumetrische Methoden von Gr. Edgar (Amer. Journ. sci. [4], XXVI; Ztschr. anorg. Chem. 1909, LXII, S. 344:

Man geht von einer V und Cr als Alkalivandate bzw. -chromate enthaltenden Lösung aus. Diese wird in einem mit Hahntrichter versehenen Reduktionskolben gebracht, der mit zwei mit alkalischer Jodkaliumlösung beschickten Absorptionsflaschen in Verbindung steht. Zum Kolbeninhalt gibt man 1 bis 2 g Bromkalium, verbindet die Flasche mit den Absorptionsgefäßen und verdrängt die Luft durch Wasserstoff. Sodann läßt man durch den Hahntrichter 15 bis 20 ccm HCl 1.19 zufließen und kocht unter fortwährendem Durchleiten von Wasserstoff etwa 10 Min. lang. Nun wird der Apparat auseinandergenommen und der Kolben samt Vorlage abgekühlt. Man vereinigt den Inhalt der Absorptionsflaschen, säuert mit HCl an und titriert das ausgeschiedene Jod mit $\frac{n}{2}$-Thiosulfat. Nach

$$V_2O_5 + 2CrO_3 + 8HBr = V_2O_4 + Cr_2O_3 + 8Br + 4H_2O$$

entspricht die gefundene Jodmenge der Reduktion der Chromsäure CrO_3 zu Chromoxyd Cr_2O_3 und der Vanadinsäure V_2O_5 zu V_2O_4. Hierauf werden die Absorptionsflaschen mit neuer alkalischer Jodkaliumlösung beschickt und der zusammengestellte Apparat wieder mit Wasserstoff gefüllt. In dem Reduktionskolben gibt man zu der von der vorhergehenden Operation zurückgebliebenen Lösung schnell 1 bis 2 g Jodkalium, schließt den Apparat und läßt durch den Hahntrichter 10 bis 15 ccm HCl (1.19) und 3 bis 5 ccm sirupöse Phosphorsäure in den Kolben einfließen. Jetzt wird erwärmt und der Inhalt unter Durchleiten von Wasserstoff auf 10 bis 12 ccm eingekocht. Sodann titriert man das freigewordene Jod in dem Inhalt der Vorlagen wie vorher. Nach der Gleichung

$$V_2O_4 + 2HJ = V_2O_3 + 2J + H_2O$$

entspricht die gefundene Menge Jod der Reduktion der Hypovanadinsäure V_2O_4 zu V_2O_3, womit die Vanadinsäure bzw. der Gehalt an V ermittelt ist, während die Differenz der ersten und zweiten Titration die Berechnung des Gehaltes an Chromsäure bzw. Cr ermöglicht.

3. Statt dessen kann nach Edgar (Ztschr. anorg. Chem. 1909, Bde. 54, S. 74 und 61, S. 280) wie folgt verfahren werden, wenn die salzsaure Natriumvanadat- und Kaliumbichromatlösung noch Eisen als Eisenchlorid enthält. Man teilt die Flüssigkeit in zwei Teile. Der eine wird genau nach c. 1. auf S. 73 behandelt. In der zweiten Hälfte wird die Chromsäure bestimmt, indem man schwach mit H_2SO_4 ansäuert, 3 ccm syrupöse Phosphorsäure und

überschüssige $\frac{n}{1}$ - arsenige Säure zusetzt. Nach 15 bis 20 Min. wird alkalisch gemacht und $\frac{1}{n}$ - Jodlösung im Überschuß zugefügt. Man läßt das Gemisch ½ bis 1 St. in verschlossener Flasche stehen, entfernt den Jodüberschuß mit arseniger Säure und titriert die Lösung nach Zusatz von Stärke auf blau. Während der Destillation wird Wasserstoff durchgeleitet.

Man kann auch nach dem Ätherverfahren erst V und Cr von Fe, dann die ersteren, wie oben angegeben, unter sich trennen.

4. Vergl. die auf S. 99 u. 104 angegebenen, teilw. dem „Ledebur" entnommenen Methoden.

d. Vanadin von Arsen.

Friedheim und Michaelis*) (Ber. Deutsch. Chem. Ges. XXVIII, S. 1417) trennen Arsen- und Vanadinsäure durch mehrfache Destillation mit verdünnter methylalkoholischer Salzsäure, wobei sich nur die erstere verflüchtigt.

e. Vanadin von Arsen und Antimon.

1. Die alkalische vanadin-, arsen- und antimonhaltige Lösung wird zunächst mit 1 bis 2 g Wein- oder Oxalsäure gekocht, wodurch V_2O_5 allein zu Tetroxyd reduziert wird. G. Edgar (Chem. News 1909, Bd. 100, S. 221; Ztschr. anorg. Chem. LXII, S. 76 und Chem.-Ztg. Rep. 1909, S. 229) verfährt dann weiter wie folgt:

Eine Hälfte der nach dieser Reduktion erkalteten Lösung wird annähernd mit Kaliumbikarbonat neutralisiert; nun setzt man überschüssige eingestellte Jodlösung, dann über die Neutralisation hinaus noch Bikarbonat zu und läßt ½ St. stehen. Hierauf wird das überschüssige Jod mit gleichfalls titrierter Arsensäurelösung entfärbt und der Ueberschuß wieder zurückgemessen.

Den anderen Teil der Ausgangslösung säuert man in einer Druckflasche schwach mit H_2SO_4 an, setzt noch 25 ccm konzentrierte schweflige Säure zu und erhitzt die geschlossene Flasche 1 St. im Dampfbad. Nach dem Erkalten wird die Flüssigkeit in einen Erlenmeyerkolben übergespült und unter Durchleiten von Kohlensäure die überschüssige schweflige Säure verkocht. Man läßt wieder erkalten und bestimmt, indem mit Kaliumkarbonat fast neutralisiert und weiter wie oben verfahren wird, die Summe von V_2O_5 und As_2O_5 bzw. V_2O_5 und Sb_2O_5. Aus der Differenz ergibt sich der Wert für As_2O_5 bzw. Sb_2O_5 und V_2O_5.

Liegt nur Arsen vor, so wird die von schwefliger Säure befreite Lösung mit Schwefelwasserstoff behandelt und das Arsen-

*) Vgl. auch Milch, Dissert., Berlin 1887.

trisulfid abfiltriert. Das Filtrat befreit man durch Kochen von H_2S, dampft es mit HNO_3 ein und macht mit Soda alkalisch. Schließlich wird in dieser Lösung das Vanadin nach einer der vorn abgegebenen gewichtsanalytischen Methoden (Rose, Roscoe usw.) quantitativ bestimmt.

2. Da As_2O_3 auf Permanganat einwirkt, oxydiert Trautmann (Ztschr. analyt. Chem. L, S. 371) die arsen- und vanadinhaltige Lösung erst vollständig, z. B. mit $KMnO_4$, reduziert und behandelt dann mit SO_2 in bekannter Weise, wobei die Arsensäure unverändert bleibt, und titriert nunmehr das Vanadin allein mit Permanganatlösung.

f. Vanadin von Phosphorsäure.

Kommt es nur auf die quantitative Bestimmung der letzteren an, so kann man nach Carnot (Chem.-Ztg. Rep. 1887, S. 173) verfahren, indem man die Phosphorsäure durch eine Lösung von Strontiansalzen mit Ammoniak und Chlorammonium allein fällt, wobei die V_2O_5 aber gelöst bleibt.

Soll andererseits nur die Vanadinsäure bestimmt werden, kann die die beiden Säuren als Alkalisalze enthaltende Lösung nach Ansäuern mit H_2SO_4 in üblicher Weise durch schweflige Säure reduziert usw. und in der blauen Lösung des Vanadin wie schon beschrieben allein titriert werden.

Liegt jedoch der Fall vor, daß V und P_2O_5 nebeneinander quantitativ zu bestimmen sind, so schlägt man eins der folgenden Verfahren ein:

1. V und P werden zunächst aus der Alkalivanadat und -phosphat enthaltenden Lösung in bekannter Weise mit Merkuronitrat zusammen gefällt. Man filtriert ab, wäscht den Rückstand aus, verascht, glüht und wägt ihn: V_2O_5 plus P_2O_5. Dieses Gemenge wird nochmals mit dem gleichen Gewicht Soda geschmolzen, die Schmelze in Wasser gelöst, die Flüssigkeit mit H_2SO_4 angesäuert und hierin die Reduktion der V_2O_5 zu V_2O_4 mit schwefliger Säure vorgenommen. Aus der Titration ergibt sich der Wert für V_2O_5 allein. Genauer jedoch ist es, ohne erst die Merkuronitratfällung vorzunehmen, die ursprüngliche Alkalisalzlösung in zwei Hälften zu teilen, die eine direkt anzusäuern, zu reduzieren und nach Entfernung der überschüssigen schwefligen Säure durch Kochen unter Durchleiten von Kohlensäure erkalten zu lassen. Das Volumen soll jetzt 100 ccm betragen. Hierzu fügt man 200 ccm einer 75-prozentigen Ammoniumnitrat- und 50 ccm klare Ammonium-

molybdatlösung (75 g Ammonmolybdat in 500 ccm H_2O gelöst, diese Flüssigkeit in 500 ccm HNO_3 1.2 gegossen), erwärmt unter Umrühren auf 60 Grad C., läßt erkalten und 1 St. stehen — nicht länger —, gießt durch ein kleines Filter klar ab, dekantiert den Rückstand dreimal mit je 50 ccm einer wässrigen Auflösung von 200 g Ammoniumnitrat und 160 ccm konz. HNO_3 in 4 l, löst den ganzen Niederschlag auf dem Filter in 10 ccm 8-proz. Ammoniaks, wäscht mit 30 ccm Wasser, fügt 20 ccm einer 34-proz. Ammoniumnitratlösung zu, sowie 1 ccm obiger Ammonmolybdatlösung, kocht auf, fällt mit 200 ccm heißer 25-proz. HNO_3, filtriert den Ammoniumphosphormolybdatniederschlag ab, trocknet und glüht ihn schwach als $24\,MoO_3$, P_2O_5. Dieses Gewicht mal 0,03949 = P_2O_5. Nach Woy kann der Niederschlag im Porzellangoochtiegel gesammelt werden. Nach dem Glühen muß der Tiegelinhalt gleichmäßig blauschwarz aussehen. Man läßt im Exsikkator erkalten und wägt den bedeckten Tiegel.

Die andere Hälfte wird bis zur Entfernung der überschüssigen schwefligen Säure genau so behandelt, dann aber nach dem Permanganatverfahren direkt auf Vanadin austitriert.

2. Methode G. Edgar (Am. chem. Journ. XXXXIV, S. 467):

V muß als Alkalivanadat, P als -phosphat vorliegen. Die betreffende Lösung darf zwar überschüssiges Karbonat, jedoch keine Substanzen enthalten, die in neutraler oder ammoniakalischer Lösung durch Silbernitrat gefällt werden. Zur Bestimmung von V allein säuert man mit HNO_3 an und vertreibt durch Kochen die Kohlensäure. Zu der siedenden Flüssigkeit wird solange verdünnte Natronlauge, bis die gelbe Färbung verschwunden ist, und hierauf überschüssige $\frac{n}{10}$-Silberlösung zugesetzt. Den entstandenen Niederschlag löst man wieder mit NH_3, kocht, bis der Ammoniakgeruch verschwunden ist, kühlt die Flüssigkeit ab, filtriert, säuert das Filtrat mit HNO_3 an und titriert das überschüssige Ag nach Volhard mit Ammoniumrhodanad zurück. Der entstandene Niederschlag ist Ag_3VO_4, welche Formel bei der Berechnung der V_2O_5 zu Grunde zu legen ist.

Ist nun P_2O_5 noch zugegen, so wird durch Titration mit Silberlösung die Summe beider Säuren in der oben beschriebenen Weise festgestellt und in dem abfiltrierten Niederschlag die V_2O_5 allein nochmals bestimmt, indem man ihn in den Kolben, in dem die Fällung stattfand, zurückgibt, dann in H_2SO_4 löst, in bekannter Weise mit schwefliger Säure reduziert und mit $KMnO_4$ titriert.

3. Risdale bestimmt die V_2O_5 neben P_2O_5 durch Reduktion der ersteren mit Ferrosulfat (Ber. XXII, S. 109); Gibbs fällt auch hier die V_2O_5 als Ammoniumsalz (Am. Chem. Journ. VII, S. 209) und Holverscheidt wendet die jodometrische Methode an.

g. Vanadin von Eisen und Aluminium.

Nach Glasmann (Chem.-Ztg. 1904, Nr. 16; Chem. Zentralbl. LXXV, Bd. 1, S. 1537) werden Aluminium und Eisen nach der Behandlung mit Jodkalium und Schwefelsäure und nach Entfernung des sich ausscheidenden Jods mit schwefliger Säure und Neutralisation der Flüssigkeit mit Kalilauge durch eine Lösung von Jodkalium und Kaliumjodat gefällt. Im Filtrat titriert man das Vanadin nach wiederholtem Abdampfen mit Schwefelsäure, Oxydieren des Trioxyds mit HNO_3 und nochmaligem Abdampfen mit H_2SO_4 sowie Reduktion mit schwefliger Säure in bekannter Weise mit Permanganat.

h. Vanadin von Kieselsäure.

Vergl. die entsprechenden Abschnitte für „Wolfram und Kieselsäure" unter D., III: Erhitzungsmethode im trocknen, luftfreien Chlorgasstrom bei Rotgluthitze nach Friedheim und Castendyk (B. B. 1900, XXXIII, S. 1611). Die Behandlung eines Gemisches von V_2O_5 und SiO_2 mit Flußsäure ist nicht statthaft, da H. Fischer, sowie Prandtl, Manz und neuerdings W. Manchot (Ber. Deutsch. Chem. Ges. 1912, XXXXV, S. 1154) nachgewiesen haben, daß die Vanadinsäure dabei flüchtig ist.

i. Vanadin von Blei, Kupfer, Wismut, Silber, Nickel, Kobalt, Eisen, Mangan, Zink und Kadmium.

Diese Metalle können zusammen in saurer Lösung oder als wasser-, bezw. säureunlösliche Substanz vorkommen. In ersterem Falle wird einfach anhaltend Schwefelwasserstoff eingeleitet und das ammoniakalisch gemachte Filtrat noch mit Schwefelammonium versezt. Man filtriert und hat jetzt nur noch Vanadin im Filtrat. Dieses wird mit H_2SO_4 angesäuert, wiederholt eingedampft, mit Wasser genügend verdünnt, ausgeschiedener Schwefel abfiltriert, letzterer ausgewaschen, das Filtrat wieder mit schwefliger Säure behandelt und schließlich in bekannter Weise mit Permanganat titriert.

Handelt es sich nur um Mn, Zn und V in saurer Lösung, so digeriert man diese nach Reduktion des Vanadats mit Sodalösung (Czudnowicz, Pogg. Ann. 120, S. 17).

Die unlösliche Substanz schmilzt man mit Soda (vergl. u. a. Radau, Lieb. Ann. Bd. 251, S. 114), Salpetersoda, Natriumsuperoxyd oder dergl., löst in Wasser, kocht nach Zusatz einiger Tropfen Wasserstoffsuperoxyd auf, filtriert, wäscht mit Wasser aus und erhält so eine nur Vanadin als Alkalisalz enthaltende Lösung, aus der das Vanadin z. B. nach der Merkuronitratmethode gefällt werden kann; vorzuziehen ist jedoch eine der volumetrischen Bestimmungen.

Enthält die unlösliche Substanz noch Kieselsäure, so findet sich diese bei Anwendung der Merkuronitratmethode zum Teil bei der V_2O_5. Analog mit SiO_2 verunreinigter WO_3 muß auch hier eine Trennung (Aufschluß mit Bisulfat) vorgenommen und der Gehalt an V_2O_5 aus der Gewichtsdifferenz ermittelt werden.

k. Vanadin von Antimon, Arsen und Zinn.

Auch hier kann bei sauren Lösungen mit Schwefelwasserstoff eine Trennung erzielt werden, indem Antimon, Arsen und Zinn ausfallen. Ist die Substanz oder der Niederschlag, der getrennt werden soll, in Wasser bzw. Säuren nur teilweise oder ganz unlöslich, so schmilzt man die fein geriebene Substanz mit Sodasalpeter oder Natriumsuperoxyd und Soda, bzw. Ätznatron, laugt mit Wasser aus, stumpft soweit mit Salpetersäure ab, daß die Flüssigkeit noch alkalisch reagiert, fügt eine warm gesättigte Lösung von Chlorammonium und ein drittel Volumen Alkohol zu, befolgt im übrigen die auf Seite 56 von Gooch und Gilbert aufgestellten Arbeitsbedingungen, läßt den entstandenen Niederschlag 48 St. absetzen, filtriert ab, wäscht das Ammoniumvanadat mit Salmiaklösung aus, verdrängt letztere durch Auswaschen mit verdünntem Alkohol und trennt im Filtrat Arsen, Antimon und Zinn nach bekannten Methoden. Meist werden jedoch, indem man von einer alkalischen, die fraglichen Metalle als Alkalisalze enthaltenden Lösung ausgeht, maßanalytische Methoden angewandt, die sich u. a. an das unter e. beschriebene Verfahren anschließen, bzw. im Kapitel C., IV. in den betreffenden Abschnitten näher beschrieben sind.

Es sei nochmals darauf hingewiesen, daß außer den vorstehenden unter a. bis k. angegebenen Methoden auch die unter a. bis f. erwähnten Verfahren des Kapitels C., IV. zu berücksichtigen sind.

l. Vanadin von Alkalien und Erdalkalien,

hauptsächlich in Vanadinverbindungen: vergl. u. a. Roscoë (Liebigs Ann. Suppl. VIII, S. 95; Radau (Liebigs Ann. 251, S. 114); v. Hauer (Journ. prakt. Chem. 80, S. 324).

IV. Abgeschlossene spezielle Untersuchungsmethoden.

a. Vanadinhaltige Erze und Hüttenprodukte.

1. Vanadinit.

A) Genaues und vollständiges Verfahren.

Methode aus Classen-Clören (Angew. Methoden, I, S. 236):

1 g feinst gepulvertes Erz wird mit soviel verdünnter HNO_3 kalt behandelt, bis es vollständig zersetzt ist und ausgeschiedene V_2O_5 sich wieder gelöst hat. Man verdünnt stark mit Wasser, fällt mit Silbernitrat, filtriert durch einen Goochtiegel ab, bringt das Chlorsilber in bekannter Weise zur Wägung, berechnet den Chlorgehalt und daraus den Betrag an Bleichlorid in der ursprünglichen Substanz, setzt zum Filtrat eben überschüssige HCl zu, filtriert das Chlorsilber wieder ab, dampft das Filtrat mehrmals trocken ein, nimmt den trocknen, HNO_3-freien Rückstand mit 95-proz. Alkohol auf, filtriert das Bleichlorid ab, wäscht es mit Alkohol aus, trocknet es bei 150 Grad und wägt. Aus dem Befund berechnet sich der Gehalt des Erzes an Blei. Die blaue Vanadylsalzlösung wird mehrmals trocken eingedampft, bis der Alkohol absolut verjagt ist, dann nach Zusatz von HNO_3 nochmals; es entsteht braunes Pentoxyd. Man nimmt die trockne Masse mit wenig Wasser auf, spült in einen Platintiegel, löst die Reste in der Porzellanschale mit wenig Ammoniak, spült in den Tiegel über, dampft das Ganze vorsichtig ein, glüht gleichfalls den Rückstand erst schwach und dann stärker bei offenem Tiegel bis zur Gewichtskonstanz. Das braunrote Pentoxyd wird gewogen. Enthält das Erz P_2O_5, so findet sich solche bei der gewogenen V_2O_5. Man schmilzt in diesem Falle mit Sodasalpeter oder nur Soda, löst in Wasser, ermittelt in der evtl. nochmals filtrierten Flüssigkeit die P_2O_5 in a. a. O. beschriebenen Weise allein oder titriert in der mit H_2SO_4 bezw. HCl angesäuerten Lösung, z. B. ohne weiteres mit Zusatz von Jodkalium nach P. Hett und A. Gilbert:

$$V_2O_5 + 2\,HJ = V_2O_4 + H_2O + 2\,J$$

(Ztschr. öff. Chem. 1906, Bd. XII, S. 265).

Anmerkung des Verf.: Vorstehendes Verfahren ist allerdings etwas umständlich; hinsichtlich der V-Bestimmung sind die unter IV., a., 3. ab S. 83 erwähnten Methoden bei gleicher Genauigkeit einfacher.

Bestimmung des Arsens:

1 g Substanz wird besonders behandelt und zwar in der Wärme mit HNO_3 zersetzt, die Lösung eingedampft, Wasser zugesetzt und das Blei mit H_2SO_4 abgeschieden. In das Filtrat wird Schwefel-

wasserstoff eingeleitet, nachdem es zuvor mit schwefliger Säure behandelt war. Der entstandene Niederschlag wird abfiltriert, mit Schwefelnatrium digeriert, das Filtrat mit HCl angesäuert, der Niederschlag in verdünntem Ammoniak und einigen Tropfen Wasserstoffsuperoxyd gelöst, diese Flüssigkeit unter beständigem Rühren mit 5 ccm konzentrierter HCl versetzt und zum Filtrat auf 0,01 g As 1 ccm Magnesiamixtur (55 g krist. $MgCl_2$ und 70 g Ammoniumchlorid in 650 ccm Wasser gelöst und mit Ammoniak (0.96) auf 1 l verdünnt) sowie 1 Tropfen Phenolphtalein gegeben. Unter weiterem Umrühren setzt man bis zur Rotfärbung 2½-proz. Ammoniak zu, dann hiervon noch ein Drittel des Volumens. Nach 12 St. wird durch einen Goochtiegel abfiltriert, der Niederschlag mit 2½-proz. Ammoniak, der auf 100 ccm 2 bis 3 g Ammoniumnitrat enthält, ausgewaschen, der Rückstand im tarierten Tiegel bei 100 Grad getrocknet, dann auf 400 bis 500 Grad bis zum Verschwinden des Ammoniakgeruchs erhitzt, zuletzt 10 Min. bei 800 bis 900 Grad geglüht, der Tiegel samt Inhalt im Exsikkator erkalten gelassen und gewogen: die Zunahme ist $Mg_2As_2O_7$.

B) Weniger zu empfehlende Methode.

Aus Wöhlers „Mineralanalyse", II. Aufl. oder Rose-Finkeners „Handbuch der analyt. Chem." II, S. 373:

Das fein gepulverte Erz wird in HNO_3 gelöst, mit überschüssigem Ammoniak und Schwefelammonium versetzt und gelinde erwärmt. Das Filtrat säuert man mit Salpetersäure an, filtriert das Vanadinoxysulfid ab, wäscht es aus, trocknet, glüht schwach und schmilzt mit wenig Salpeter. Die Schmelze wird mit Ammoniak ausgelaugt, das in Lösung gegangene Ammoniumvanadat mit Salmiak gefällt, dieser Niederschlag gesammelt usw., geglüht und als V_2O_5 gewogen.

2. Carnotit.

α. Methode Fritchle (Eng. and Min.-Journ. 1900, LXX, S. 548; Chem.-Ztg. Rep. 1900, XXIV, S. 364):

Man behandelt 0.5 g feinst gepulvertes Erz eine halbe Stunde lang mit Salpetersäure, setzt 10 ccm Wasser zu, neutralisiert mit Soda, setzt außerdem 5 ccm gesättigte Sodalösung zu, hierauf 20 ccm 20-proz. Natronlauge und kocht ½ St. Der Niederschlag wird abfiltriert und mit verdünnter Natronlauge ausgewaschen. Den Filterinhalt löst man in 20 ccm verdünnter HNO_3 (1 : 1), setzt dann noch 40 ccm Wasser zu, neutralisiert mit Ammoniak, fügt 40 ccm frische Ammonkarbonatlösung zu, erwärmt, ohne aber zu kochen und filtriert. Die klare Flüssigkeit wird mit 20 ccm verdünnter H_2SO_4 angesäuert, eingedampft, abgeraucht, der Rückstand erkalten gelassen, mit 100 ccm Wasser versetzt, die erhaltene Lösung ½ St. mit Aluminiumspänen behandelt und dann auf Uran mit Kaliumpermanganatlösung titriert.

Hierauf wird der eisen- und vanadinhaltige Rückstand in H_2SO_4 gelöst, die Flüssigkeit heiß mit schwefliger Säure reduziert usw. und dann warm ebenfalls mit der gleichen $KMnO_4$-Lösung titriert. Endlich wird eine besondere Probe (½ g Erz) in HNO_3 gelöst; man setzt 10 ccm H_2SO_4 zu, dampft ein, raucht alle Salpetersäure ab, läßt erkalten, verdünnt mit Wasser, reduziert wieder mit Aluminiumspänen und titriert jetzt U plus Fe plus V. Aus den so ermittelten drei Befunden ergibt sich die dem vorhandenen Vanadingehalt entsprechende Anzahl Kubikzentimeter $KMnO_4$-Lösung und aus dessen Eisentiter (Fe mal 0.9133 ist gleich V) der Wert für Vanadin selbst.

β. Methode Ledoux:

1 g feinst gepulvertes Erz wird auf dem Wasserbad im Becherglas mit 25 ccm HNO_3 (1 : 4) behandelt. Man filtriert ab und wäscht den unlöslichen Rückstand aus. Das vanadin- und uranhaltige Filtrat wird auf 100 ccm mit Wasser verdünnt und mit Schwefelwasserstoff gesättigt. Blei, Kupfer, Molybdän usw. fallen aus. Man filtriert ab, verkocht im Filtrat den Schwefelwasserstoff, oxydiert mit etwas Wasserstoffsuperoxyd, neutralisiert die Lösung mit Sodalauge, setzt noch 2 bis 3 g extra Soda zu, kocht auf, filtriert, löst den Niederschlag nochmals, wiederholt die Fällung und hat jetzt in den vereinigten Filtraten und Waschwässern nur noch U und V. Man säuert eben mit HNO_3 an, verkocht die Kohlensäure, setzt 10 ccm konzentrierte Bleiazetatlösung zu, hierauf, falls ein Niederschlag entstehen sollte, wieder tropfenweise HNO_3, bis die Lösung klar erscheint, dann einige Kubikzentimeter konzentrierte Natriumazetatlösung, bis alle HNO_3 gebunden ist, und zuletzt noch einige Tropfen freie HNO_3. Nun digeriert man kurze Zeit auf dem Wasserbad bis zum völligen Absetzen des Niederschlags, filtriert diesen ab, wäscht mit Wasser aus, löst den Niederschlag nochmals in wenig verdünnter HNO_3, wiederholt die Fällung wie vorstehend angegeben mit Blei- und Natriumazetat und vereinigt die nunmehr das gesamte Uran enthaltenden Filtrate und Waschwässer. Zur Entfernung des überschüssigen Bleies werden 10 ccm konzentrierte H_2SO_4 zugegeben; sodann verdünnt man etwas mit Wasser, filtriert, wäscht aus, neutralisiert das Filtrat nahezu mit Ammoniak, setzt Schwefelammonium zu und digeriert 1 St. lang auf dem Wasserbad bis zum Absetzen des Uransulfides. Statt dessen kann die schwefelsaure Lösung auch mit Ammoniak alkalisch gemacht,

das Uran alsAmmonuranat aus der auf 800 bis 900 ccm verdünnten Lösung gefällt und nach Aufkochen absetzen gelassen werden. Den auf diese oder jene Weise erhaltenen Niederschlag löst man, ohne ihn erst auszuwaschen, in verdünnter H_2SO_4 (1 : 6), dampft ein, raucht die Schwefelsäure ab, läßt erkalten und reduziert einige Stunden mit Zink, worauf mit Permanganat titriert wird; Eisentiter mal 2,1355 = Uran.

Der Bleivanadatniederschlag wird in verdünnter HNO_3 gelöst, mit 25 ccm Schwefelsäure (1 : 1) versetzt, das Bleisulfat abfiltriert, die Schwefelsäure abgeraucht, die rückständige Lösung erkalten gelassen, mit etwas Wasser verdünnt, in bekannter Weise mit schwefliger Säure reduziert usw. und heiß mit derselben Permanganatlösung titriert; Eisentiter mal 0.9133 = Vanadin.

γ. Methode A. N. Finn (Chem. News 1907, LXXXXV, S. 17; Americ. Chemic. Soc. XXVIII, S. 1443):

Die nicht über 0.25 g U_3O_8 enthaltende Erzprobe wird in verdünnter Schwefelsäure (1 : 5) gelöst, die überschüssige Säure abgeraucht, die Lösung mit Soda alkalisch gemacht und stark gekocht, worauf man filtriert und den Niederschlag mit heißem Wasser auswäscht. Letzterer wird in möglichst wenig Schwefelsäure gelöst und die eben beschriebene Fällung wiederholt. Die vereinigten Filtrate werden schwefelsauer gemacht, mit ½ g Ammoniumphosphat versetzt, zum Kochen erhitzt, mit Ammoniak alkalisch gemacht und nochmals zum Sieden gebracht. Den Niederschlag filtriert man ab, wäscht mit schwacher Ammonsulfatlösung aus und hat jetzt das Uran im Niederschlag auf dem Filter, das Vanadin im Filtrat. Letzteres wird mit Schwefelsäure angesäuert, in bekannter Weise wieder mit SO_2 reduziert usw. und heiß mit Permanganatlösung titriert (Titer wie bei β.). Den Ammonuranylphosphatniederschlag löst man ebenfalls in Schwefelsäure, reduziert die Flüssigkeit ½ St. lang mit Zink, filtriert durch eine Asbestschicht, wäscht aus und titriert bei 60 Grad C. ebenfalls mit Permanganatlösung (zweckmäßig normalzwanzigstel; Titer wie oben bei β.).

3. Chromhaltige Vanadinerze.

α. Volumetrische Methode von Em. Campagne (Bull. Soc. chim. Paris 1904, XXXI, S. 962; Stahl und Eisen XXV, S. 221):

Man schmilzt zunächst einige Gramm Erz mit einem Gemisch gleicher Teile $NaNO_3$ und Na_2CO_3, löst in Wasser, filtriert und säuert das Filtrat mit H_2SO_4 an. Hierauf wird etwas Wasserstoffsuperoxyd zugesetzt und mit Äther ausgeschüttelt. Die blutrote wässerige Schicht enthält das Vanadin, eine blaue ätherische Schicht zeigt Chrom an. Ist so die gleichzeitige Anwesenheit von V und Cr erwiesen, werden 1 bis 2 g feinst gepulvertes Erz we oben angegeben aufgeschlossen und der filtrierte wässerige Auszug mit HNO_3 eingedampft. Die rückständigen Nitrate werden geglüht und die erhaltenen Oxyde in konz. HCl gelöst; oder man dampft das wässerige Filtrat wiederholt direkt unter Zugabe von konz. HCl ein; es entsteht V-oxychlorid. Hierauf wird mit 10 ccm H_2SO_4 versetzt und bis zum Auftreten weißer Dämpfe eingedampft. Den schwefelsauren Rückstand löst man in Wasser und titriert die jetzt Chrom und Vanadin als Chromsulfat und Divanadylsulfat enthaltende Lösung zunächst kalt mit $KMnO_4$. Ersteres bleibt unverändert, letzteres oxydiert sich nach

$$5\,V_2O_2(SO_4)_2 + 2\,KMnO_4 + 8\,H_2SO_4$$
$$= 5\,V_2O_2(SO_4)_3 + K_2SO_4 + 2\,MnSO_4 + 8\,H_2O.$$

Nach beendigter Titration fügt man überschüssige, 10-proz. Permanganatlösung zu, kocht zwecks Oxydation des Chromsulfats zu Chromsäure auf, zerstört den Überschuß an $KMnO_4$ durch Zugabe von etwas Filtrierpapier, fügt überschüssige titrierte Ferroammoniumsulfatlösung zu und titriert das noch aus letzterer stammende, durch die Chromsäure nicht oxydierte Eisen mit Permanganat zurück. Eigentlich wird das durch die Einwirkung von $FeSO_4$ wiedergebildete $V_2O_2(SO_4)_2$ titriert. Da die grüne Farbe des Chromsulfats die Rosafärbung des $KMnO_4$-Überschusses beeinträchtigt, darf bei hohem Chromgehalt nur wenig Substanz zur Bestimmung genommen werden.

β. Methode H. E. Palmer (Ztschr. anorg. Chem. 67, S. 448).

Das Vanadium und Chrom des Erzes werden durch oxydierendes Schmelzen der Substanz mit Soda und Salpeter in Vanadat und Chromat übergeführt. Nach schwachem Ansäuern mit HCl leitet man SO_2 durch und entfernt nach beendeter Reduktion den Überschuß durch Kochen im CO_2-Strom in bekannter Weise. Es entstehen V_2O_4 und Cr_2O_3. Die abgekühlte Lösung wird mit mindestens zehn- bis fünfzehnmal soviel Ferrizyankalium, als theoretisch zur Oxydation nötig ist, und mit 6 g Ätzkali in Form konzentrierter Lösungen versetzt, so daß das gesamte Volumen etwa 100 bis 125 ccm beträgt. Nach

$$V_2O_4 + 2\,K_3Fe(CN)_6 + 2\,KOH = V_2O_5 + 2\,K_4Fe(CN)_6 + H_2O$$
und $$Cr_2O_3 + 6K_3Fe(CN)_6 + 6KOH = 2CrO_3 + 6\,K_4Fe(CN)_6 + 3H_2O$$

entstehen Vanadin- und Chromsäure; man setzt Baryumhydroxydlösung zu. Nach dem Absetzen wird der Niederschlag über Asbest abgesaugt; Filtrat und Waschwässer werden mit HCl angesäuert und mit $KMnO_4$ titriert.

Sind V und Cr nebeneinander zu bestimmen, so teilt man die Ausgangslösung in 2 Teile. In dem einen wird die Gesamtmenge von Cr und V bestimmt, indem man zunächst wie oben bei der Bestimmung des V angegeben verfährt, mit einem überschüssigen gemessenen Volumen $KMnO_4$-Lösung versetzt und den Überschuß mit $\frac{n}{20}$-Kaliumferrozynaid zurücknimmt. Der andere Teil der Lösung von etwa 100 ccm Volumen wird mit 10 bis 15 ccm Eisessig und etwas H_2O_2 versetzt, mehrere Minuten zum Sieden erhitzt und die etwas verdünnte Lösung mit Bleiazetat versetzt. Hierauf kocht man, filtriert durch Asbest und wäscht sorgfältig aus. Das Bleivanadat wird in Kalilauge gelöst, die Flüssigkeit mit H_2SO_4 stark angesäuert, mit SO_2 reduziert, durch Kochen von dessen Überschuß befreit und mit $KMnO_4$ titriert. Dieses Resultat ergibt die Menge des vorhandenen Vanadiums; subtrahiert man die hierfür verbrauchten Kubikzentimeter $KMnO_4$-Lösung von dem bei der ersten Titration erforderlich gewesenen Volumen, so ergibt sich die für die Oxydation von Chromioxyd zu Trioxyd verbrauchte Anzahl Kubikzentimeter Permanganatlösung, woraus sich der Wert für Chrom berechnet (vergl. auch H. Bollenbach und E. Luchmann, Ztschr. analyt. Chem. 1909, IIL, S. 229).

4. Vanadinhaltiger Sandstein.

α. Methode von A. M. Wilson (Eng. and Min.-Journ. 1908, Bd. 85, S. 962):

1 g fein gepulverte Substanz wird mit 40 ccm Salpetersäure (1 : 1) auf dem Wasserbade verdampft, mit 20 ccm verd. Salpetersäure und 3 ccm starker Schwefelsäure versetzt, abgeraucht, gekühlt, mit 30 ccm Wasser aufgenommen und gekocht, bis alles Vanadium in Lösung gegangen ist, wobei man nötigenfalls noch etwas verd. Schwefelsäure zusetzt. Nun filtriert man, wäscht die Kieselsäure mit Wasser aus, engt auf 30 ccm ein, oxydiert mit Wasserstoffsuperoxyd, bis die Lösung dunkelrot geworden ist, setzt Natronlauge zu, bis sich alles Eisen abgeschieden hat, verdünnt mit 200 ccm heißem Wasser, kocht auf, filtriert, wäscht mehrmals mit heißem Wasser, verdünnt das Filtrat auf 350 ccm und säuert mit starker Schwefelsäure an. Dann erhitzt man zum Sieden, setzt schweflige Säure zu, bis die Lösung blau wird, und kocht unter Einleiten von Kohlensäure in etwa 20 Minuten den Überschuß der schwefligen Säure heraus. Diese Lösung titriert

man heiß mit Permanganat. Uran stört dabei nicht, es wird mit dem Eisen ausgefällt. Zur Kontrolle kann man auch 1 g Substanz mit 3 bis 4 g Soda im Platintiegel schmelzen, ¼ g Salpeter zusetzen, 5 Minuten weiter schmelzen, den gekühlten Tiegelinhalt mit Wasser ausziehen und filtrieren. Das Filtrat dampft man zur Abscheidung der Kieselsäure mit konz. Schwefelsäure ab, verdünnt, filtriert, wäscht, reduziert das Filtrat und titriert.

β. Methode Hillebrand und Ransome (U. St. Geolog. Surv. Bull. 176):

Die Substanz wird mit Soda im Platintiegel geschmolzen, in heißem Wasser gelöst, filtriert und der unaufgeschlossene Rückstand nochmals mit Soda geschmolzen. Die vereinigten Filtrate säuert man mit H_2SO_4 an, leitet Schwefelwasserstoff ein, filtriert, wäscht mit Schwefelwasserstoffwasser, verkocht den H_2S im Filtrat, titriert heiß mit eingestellter Permanganatlösung, reduziert zur Kontrolle nochmals mit schwefliger Säure, verjagt unter Kohlensäureeinleiten die überschüssige SO_2 und titriert wieder mit Permanganat. Dieser Wert ist der richtigere.

5. Vanadinhaltige Eisenerze, Gesteine und Schlacken.

α. Methode W. F. Hillebrand (Amer. Journ. chem. Soc. 1898, VI, S. 209):

5 g des feinst gepulverten Materials werden mit 20 g Soda und 3 g Salpeter gemischt und über einer Gebläseflamme geschmolzen. Man löst die Masse in Wasser, reduziert das Manganat mit Alkohol und filtriert. Der ausgewaschene Rückstand wird nochmals aufgeschlossen und die Filtrate samt Waschwasser vereinigt. Diese können neben Natrium-Vanadat enthalten: Phosphat, Arseniat, Molybdat, Aluminat, Chromat und Silicat. Zuerst neutralisiert man die Lösung fast mit HNO_3 und gibt acht, daß die Lösung dabei auf keinen Fall, auch nur vorübergehend, sauer wird. Man dampft sie beinahe zur Trockne ein, nimmt mit Wasser auf und filtriert. Auf diese Weise wird der größte Teil der SiO_2 und Al_2O_3 entfernt. Da dieser Rückstand aber stets etwas Chrom enthält, so muß man ihn, soll Chrom bestimmt werden, mit HF und H_2SO_4 trocken abrauchen, den Rückstand mit etwas Sodasalpeter schmelzen, diese Masse mit Wasser auflösen und den Auszug mit der Hauptlösung vereinigen.

Nun versetzt man diese so lange mit einer möglichst neutralen Lösung von Merkuronitrat, bis kein weiterer Niederschlag entsteht. Es wird zum Sieden erhitzt, der Niederschlag, der, da er noch Chromat, Molybdat, Arseniat etc. neben Merkurocarbonat enthalten kann, sehr beträchtlich ist, abfiltriert und ausgewaschen. Nach dem Trocknen wird er bei möglichst niedriger Temperatur im Platintiegel verascht. Den Rückstand schmilzt man mit sehr wenig Soda, laugt mit wenig Wasser aus, filtriert in ein 25 ccm-Kölbchen und fällt nach dem Auswaschen bis zur Marke auf. Ist die Lösung gelb gefärbt, so enthält sie Chrom; man bestimmt es kolorimetrisch durch Vergleich mit einer genau eingestellten Kaliummonochromatlösung. Hierauf wird die Lösung aus dem Kölbchen in eine Druckflasche gespült, mit H_2SO_4 eben angesäuert und im Dampfbad in bekannter Weise mit H_2S behandelt: Der Niederschlag enthält Mo, As, Spuren Pt. Man filtriert ab und wäscht aus. Mo und As können nach den a. a. O. angegebenen Methoden getrennt und bestimmt werden. Das schwefelwasserstoffhaltige Filtrat kocht man unter Einleiten von Kohlensäure, bis aller H_2S verschwunden ist, und titriert es noch heiß mit $\frac{n}{100}$-$KMnO_4$-Lösung bis zur bleibenden Rosafärbung. Zur Sicherheit reduziert man diese austitrierte Lösung nochmals mit schwefliger Säure, verkocht deren Überschuß im Kohlensäurestrom, läßt darin erkalten und titriert nochmals mit Permanganat. Das Mittel wird zur Berechnung herangezogen. Die Resultate sind gut, wenn das Ausgangsprodukt nur wenig Cr und kein W enthält. Beides trifft meist zu.

Überschreitet die durch Kolorimetrie gefundene Chrommenge 5 mg, so muß eine Korrektur angebracht werden, indem man eine Lösung hergestellt, die soviel Chrom, wie oben gefunden, enthält, diese mit SO_2 reduziert und dann mit $KMnO_4$ titriert. Die verbrauchte Anzahl Kubikzentimeter zieht man von der bei dem eigentlichen Versuche benötigten ab und berechnet das Vanadin aus der Differenz.

β. Methode Campagne, insbesondere für **Eisen-** und **Brauneisenerze** sowie **Schlacken** (Ber. Deutsch. Chem. Ges. 1903, S. 3164; „Ledebur“, 11. Aufl. S. 57 u. 168):

Man löst 12 g des Erzes und oxydiert nach beendigter Lösung genau mit eben nur soviel HNO_3, bis sich kein Fe_2Cl_4 mehr nachweisen läßt. Die erkaltete Lösung füllt man in einen 300 ccm-Meßkolben bis zur Marke mit Wasser auf, filtriert durch ein trocknes Filter und dampft in einer Porzellanschale 250 ccm vom Filtrat auf etwa 12 ccm ein. Diese bringt man in das eine Gefäß des bekannten Rotheschen Apparates, spült die Schale mit 40 ccm HCl (1.124) aus, gießt diese zur Hauptmenge und beschickt das zweite Gefäß mit Äther 0.720. Das nunmehr anzuwendende und genügend bekannte Äther-

*) Vergl. Mittlg. a. den Kgl. techn. Vers.-Anst. 1892, S. 122.

trennungsverfahren liefert (vergl. S. 65) als untere Schicht im fraglichen Apparat die meist braun gefärbte, salzsaure Vanadinlösung, die frei von Eisen ist und zur Verjagung des Äthers in einer Porzellanschale bis fast zur Trockne eingedampft wird. Den Rückstand nimmt man mit 50 ccm konz. HCl auf, verdampft zur Trockne und wiederholt das Äthertrennungsverfahren. Nach abermaliger Lösung des Rückstandes in HCl werden 5 bis 10 ccm konz. H_2SO_4 zugegeben, worauf man bis zum Erscheinen weißer Schwefelsäuredämpfe eindampft, abkühlen läßt, den Rüchstand in ungefähr 300 ccm Wasser löst, auf etwa 60 Grad C. erwärmt und mit der für Fe-bestimmungen gebräuchlichen Permanganatlösung titriert. Nach

$$V_2O_5 + 2\,HCl = V_2O_4 + H_2O + 2\,Cl \text{ und}$$

$$5V_2O_4 + 2\,KMnO_4 + 3\,H_2SO_4 = 5V_2O_5 + K_2SO_4 + 2\,MnSO_4 + 3\,H_2O$$

ergibt der Titer der Permanganatlösung auf Fe mal 0.9133 den auf Vanadin, und mal 1.62962 den auf V_2O_5.

Bei sehr niedrigem V-Gehalt empfiehlt es sich mit einer auf das Fünffache verdünnten Permanganatlösung zu arbeiten. Der Titer der letzteren ist in diesem Falle durch 5 zu teilen.

Gegenwart von wenig Cr stört nicht; die von viel Cr gibt zu hohe V-Werte.

6. Für vanadinhaltige Erze, auch Hüttenprodukte, Legierungen und Schlacken usw. allgemein geltende Untersuchungsmethoden.

α. Warren F. Bleeker (Metall. and Chem. Eng. 1911, Bd. VIII, S. 666 und Bd. IX, S. 209) hat die verschiedenen analytischen Verfahren für Vanadinit, Carnotit, Eisenvanad, Ferrovanadium, Roscoëlit, Patronit, vanadinhaltigen Sandstein usw. geprüft. Er empfiehlt folgende Methode:

Je nach dem Gehalt an Vanadin mischt man 0.2 bis 2 g Substanz mit 1 bis 5 g Natriumsuperoxyd im Nickeltiegel, erhitzt schwach, bis die Masse dunkelt, bringt den heißen Tiegel in ein Becherglas mit 40 ccm kaltem Wasser, ohne daß Wasser in den Tiegel läuft, dann läßt man nach und nach Wasser in den Tiegel treten und erhitzt schließlich, um den Inhalt in Lösung zu bringen. Nach Entfernung und Abspritzen des Tiegels dekantiert man die alkalische Lösung durch ein Filter, ebenso das erste Waschwasser, dann wäscht man den Niederschlag 1 bis 2 mal auf dem Filter aus. Soll das Eisen mit Säure gelöst werden, dann geschieht das bereits im Becherglas. Ist Uran in großer Menge zugegen, dann versetzt man die alkalische Lösung mit viel Wasserstoffsuperoxyd, Uran geht dann mit dem Vanadium in Lösung. Zerstört man das Wasserstoffsuperoxyd vor dem Filtrieren, dann bleibt der größte Teil des Urans auf dem Filter. Das eisen- und uranfreie Filtrat macht man mit 10 ccm Schwefelsäure sauer und gibt 10 ccm Überschuß hinzu, kocht auf, setzt 50 mg Kupfersulfat hinzu und elektrolysiert 10 Minuten; dabei scheidet sich zwar nicht alles Kupfer ab, der Rest stört aber bei der nun sofort folgenden Titration mit Permanganat nicht. Läßt man jetzt den Strom einen Augenblick umgekehrt gehen, so löst sich das Kupfer wieder auf, man reduziert sodann wie vorher und kann so mehrmals titrieren. Bei anderen Reduktionsmethoden verwendet man Schwefelwasserstoff oder schweflige Säure, die Resultate sind aber ohne blinde Probe nicht genau.

Bleeker erörtert auch die Trennung Eisen—Vanadin, die namentlich bei Substanzen mit geringen Gehalten an genannten Metallen sehr schwierig ist, besonders wenn Tonerde und Kalk zugegen sind. Man muß dann in verdünnter Lösung arbeiten und Eisen wie Vanadin vorher genügend oxydieren. Bei dem Säureaufschluß wird in der Regel Fe von V durch Ammoniak und Ammonkarbonat getrennt, diese Scheidung ist jedoch meist nicht quantitativ. Dagegen bewirkt das Schmelzen mit Natriumsuperoxyd eine ausgezeichnete Trennung. Aus diesem Grunde ist auch die folgende

β. Methode von Gerber zu empfehlen:

0.5 bis 5 g Erz werden mit 2 bis 10 g Natriumsuperoxyd im Eisentiegel geschmolzen, mit Wasser ausgelaugt, erhitzt, mit 20 ccm Schwefelsäure (1 : 1) versetzt und gekocht, bis alles Wasserstoffsuperoxyd zerstört ist. Dann setzt man Permanganat bis zur Rotfärbung zu, läßt Ferrosulfatlösung (1 g $FeSO_4$ + 10 ccm H_2SO_4 in 150 ccm H_2O) zulaufen, bis ein Tropfen mit Kaliumferrizyanid (50 mg in 10 ccm H_2O) Blaufärbung gibt, darauf solange Permanganat tropfenweise zufließen, bis bei der Ferrizyankaliumprobe die Blaufärbung nicht mehr auftritt (innerhalb 15 Sekunden); nun liest man die Bürette ab und titriert mit Permanganat, bis die Färbung 30 Sekunden stehen bleibt. Der Eisenfaktor mal 0.9133 = V.

γ. Methode Th. F. V. Curran (Eng. and Min. Journ. 1912, Bd. 93, S. 1093):

Man löst 0.5 g Erz in Salpetersäure oder Königswasser, raucht mit H_2SO_4 ab, kühlt und verdünnt mit Wasser von 30 Grad C., läßt $KMnO_4$-Lösung bis zum Farbenumschlag zufließen und gibt einen gemessenen Überschuß von $\frac{n}{10}$-$FeSO_4$-Lösung zu. Dieser Überschuß wird mit $\frac{n}{10}$-Bichromatlösung unter Tüpfeln mit Ferrizyanid zurücktitriert. Die durch Differenz gefundenen Kubikzentimeter $FeSO_4$, welche verbraucht wurden, geben direkt den Gehalt an Vanadium an.

Erze — auch auf Legierungen ist diese Methode anwendbar —, die sich schlecht in Säuren lösen, schließt man im Nickeltiegel durch Schmelzen mit der achtfachen Menge Natriumsuperoxyd auf, löst in Wasser, filtriert, wäscht den Rückstand aus, säuert das Filtrat mit H_2SO_4 an und verfährt weiter wie oben. W. Heike (Stahl und Eisen, 1905, XXV, S. 1357) schmilzt mit Natriumkaliumkarbonat, verfährt dann weiter wie vorstehend, reduziert aber die Vanadinsäure mit Zn zu Vanadinoxyd und titriert dann mit Permanganat. In diesem Falle ist der Eisentiter mal 0.30443 gleich V.

Fast identisch mit dieser Methode ist die von D. T. Williams (Chem.-Ztg. Nr. 25, 1902, S. 277):

Die Vanadiumbestimmung beruht auf der von Sutton angegebenen Reaktion, wonach Vanadiumpentoxyd durch Eisenoxydulsalze zu Vanadiumtetroxyd reduziert wird. $V_2O_5 + 2 FeSO_4 + H_2SO_4 = V_2O_4 + Fe_2(SO)_4)_3 + H_2O$. 1 bis 2 g des Vanadinerzes werden mit 6 ccm HNO_3 behandelt, zur Trockne abgedampft und das Blei mit 4 ccm Schwefelsäure gefällt. Nach dem Eindampfen zur Trockne wird mit heißem Wasser ausgekocht, filtriert, das Filtrat mit 4 ccm Salpetersäure oxydiert, auf ca. 40 Grad C. abgekühlt und mit $\frac{n}{10}$-Eisensulfatlösung unter Zusatz von Schwefelsäure und von Ferrizyankalium als Indikator titriert. Der Eisen-Titer der benutzten Lösung, mit 0.9133 multipliziert, ergibt das Vanadium. Das Resultat kann durch Zurücktitrieren mit Permanganat-Lösung kontrolliert werden.

δ. Methoden von H. F. Watts (Chem. Eng. 1909, Bd. X, S. 199):

A) Kieselsäurearme Produkte.

Man mischt 0.25 bis 1 g Substanz im Nickeltiegel mit 3 g Natriumsuperoxyd, bedeckt mit 1 g Superoxyd und erhitzt 3 bis 4 Minuten; Schmelzung ist nicht nötig. Man bringt den Tiegel in 250 ccm kaltes Wasser. Wenn alles gelöst, der Tiegel entfernt und abgespült ist, erhitzt man zum Kochen und sättigt mit Kohlensäure. Nach dem Absetzen dekantiert man dreimal und wäscht schließlich mit heißem, sodahaltigem Wasser aus. Das Filtrat wird mit Salpetersäure eben angesäuert, mit Bleiazetat das Vanadium gefällt und sodann 1 bis 2 g Natriumazetat zugesetzt. Das abfiltrierte Bleivanadat löst man in wenig verdünnter Salpetersäure, setzt 10 ccm Schwefelsäure zu, raucht ab, kühlt, verdünnt, filtriert das Bleisulfat ab, kocht das 150 ccm betragende Filtrat auf, reduziert mit 1 g Natriumsulfit, treibt die schweflige Säure aus (bis Permanganatlösung nicht mehr entfärbt wird) und titriert heiß mit Permanganat. Der Eisentiter mit 0,9133 multipliziert gibt den Vanadiumgehalt. Arsen muß nach der Reduktion mit Sulfat durch H_2S entfernt werden. Der bei der Ausführung eines blinden Versuchs sich ergebende $KMnO_4$-Verbrauch ist in Abzug zu bringen.

B) Kieselsäurereiche Erze.

Man löst 1 g in 10 ccm Königswasser, dampft zur Trockne ein, nimmt mit 10 ccm Salpetersäure (1.2) auf, filtriert die Kieselsäure ab, neutralisiert mit Ätznatron, gießt in Natronlauge, kocht, leitet Kohlensäure ein und verfährt wie vorher. Bei kieselsäurereichen Produkten kann man auch die Schmelzmethode anwenden, muß dann aber die Kieselsäure entfernen. Das Filtrat wird mit Salpetersäure angesäuert, mit Ammoniak alkalisch gemacht und mit 3 bis 4 g Ammonkarbonat versetzt; nach einstündigem Stehen filtriert bzw. saugt man ab, wäscht 12 mal mit heißem ammonkarbonathaltigem Wasser aus und fällt aus dem Filtrat wie vorher das Vanadium als Bleivanadat.

Beim Säureaufschluß ist die Probe äußerst fein zu zerkleinern. Die direkte Reduktion und Titration in Gegenwart der vielen Salze ist ungenau.

ε. Methode Piñerua y Alvarez (Rev. de la R. Acad. de Cienz. de Madrid 1909, Bd. VII, S. 160 und Chem.-Ztg. 1909, XXXIII, S. 1149 und 1221):

Das zerkleinerte Erz oder das fein gepulverte vanadinhaltige Material*) (0.5 bis 1 g) wird mit der sieben- oder achtfachen Menge seines Gewichtes an sehr trockenem und reinem Natriumsuperoxyd geschmolzen, indem man das Gemenge 15 bis 20 Min. in der Rotglut erhält. Nach dem Abkühlen behandelt man die Masse mit siedendem Wasser, scheidet den unlöslichen Rückstand durch Filtration ab und wäscht ihn sorgfältig auf dem Filter aus. Das alkalische Filtrat wird mit H_2SO_4 angesäuert, Alkohol zugesetzt und, ohne auf einen etwa entstehenden Niederschlag Rücksicht zu nehmen, durch die Flüssigkeit ein Strom von schwefliger Säure durchgeleitet, bis diese stark danach riecht. Es ist angebracht, die Einwirkung dieses reduzierenden Gasstromes möglichst auszudehnen, besonders wenn die zu analysierende Probe Arsen enthält. Darauf filtriert man, falls es nötig ist, die entstandene blaue Flüssigkeit, entfernt daraus durch Erwärmen den Alkohol und die gelöste schweflige Säure, wobei gegen Schluß

*) Vgl. S. 92 oben.

zur leichteren Austreibung dieses Gases ein Kohlensäurestrom durchgeleitet wird.

*) Enthält das Erz oder das vanadinhaltige Produkt Arsen, wie z. B. Endlichit[1]), Chileit[2]), Araeoxen[3]), Eusynchit[4]) und Bleichlorarsenvanadin von Santa Marta (Clemens-Mine) in der Provinz Badajoz (Spanien), so behandelt man die blaue Flüssigkeit nach dem Vertreiben der schwefligen Säure mit einem Schwefelwasserstoffstrom, wodurch sich der gelbe Niederschlag von Arsentrisulfid bildet. Dieser wird durch Filtrieren abgeschieden. Den Schwefelwasserstoff entfernt man durch Kochen der Flüssigkeit und ermittelt endlich das Vanadin in der blauen Lösung durch Titration mittels Kaliumpermanganates in 1-proz. Lösung, indem man damit zum Vergleich eine andere gleichfalls 1-proz. Lösung von Ammoniummetavanadat titriert, die mit Natronlauge gekocht ist, bis kein Ammoniak mehr entweicht; man reduziert nun mit schwefliger Säure nach starkem Ansäuern mit H_2SO_4, indem man dabei in der Wärme und bei gleicher Konzentration, Azidität und Temperatur wie mit dem zu analysierenden Material arbeitet. Die titrimetrische Bestimmung ist beendet, wenn die blaue Flüssgkeit sich entfärbt, was infolge Überführung des hypovanadinsauren Salzes in das vanadinsaure Salz geschieht, das einen schwachen, bleibenden rosafarbenen Ton annimmt.

Dieses Verfahren soll in kürzerer Zeit als bei den anderen Methoden sehr genaue Resultate geben. Die Vanadinsäure kann aber auch direkt volumetrisch neben Arsensäure nach der früher beschriebenen Methode von G. Edgar bestimmt werden.

Weitere Verfahren stammen von Gerland, Gooch, Goldschmidt, Hauser, Browning, Gilbert, Lovisato, Maillard, Norblad, Truchot usw., welche hier noch wiederzugeben, zu weit führen würde.

Die Methode von Alvarez kann auch für die Untersuchung von „Ferrovanadin“ angewendet werden, wie umgekehrt das unter Kapitel „Vanadinstahl“ beschriebene Verfahren von Campagne für „Vanadinerze“ benützbar ist.

7. **Kupfererze und Uranpecherz,** die meist nur, wenn überhaupt, einen sehr kleinen Vanadingehalt aufweisen, können zwecks Be-

[1]) Genth und G. vom Rath, Ztschr. Kryst. 1885, Bd. 10, S. 487, sowie N. Collie, Journ. Chem. Soc. 1889, Bd. 55, S. 94.
[2]) Domeyko, Ann. Min. 1850, 4. Reihe, Bd. 19, S. 145.
[3]) Bergemann, Jahrb. Mineral. 1857, S. 397.
[4]) Rammelsberg, Sitz. preuß. Akad. 1864, Bd. 40, S. 33.

stimmung des letzteren mit HNO_3 oder durch Schmelzen mit Soda aufgeschlossen werden. Die weitere Behandlung der erhaltenen sauren bzw. alkalischen Lösungen geschieht nach einer der vorstehend angegebenen Methoden.

8. Endlich sei noch das Verfahren von P. Jannasch und H. F. Harwood (Journ. prakt. Chem. 1909, LXXX, S. 127) erwähnt, das einer allgemeinen Anwendung fähig ist und insbesondere zur direkten schnellen quantitativen Bestimmung von V_2O_5 in Erzen wie **Vanadinit, Endlichit und Carnotit,** aber auch in **Natrium-** und **Ammoniumvanadat** dient.

Diese Methode beruht auf der Verflüchtigung der V_2O_5 als Chlorid beim Erhitzen im CCl_4-Strom und Absorption in einer Vorlage mit verdünnter HNO_3. Das Destillat wird eingedampft, der Rückstand in 30 ccm verdünnter H_2SO_5 aufgenommen, mit schwefliger Säure in der Wärme behandelt und das entstandene Divanadylsulfat mit $KMnO_4$ in bekannter Weise titriert.

Ausführung: Die betr. Substanz wird auf einem Quarzschiffchen in ein Schottsches Rohr eines gewöhnlichen Verbrennungsofens eingeführt. Das hintere, aus dem Ofen ragende Rohrstück ist auf 15 cm Länge mit Glaswolle gefüllt. In dieses Ende ist die Vorlage eingeschliffen, die mit Wasser gefüllt ist. Die Verbrennungsgase passieren diese sowie noch ein ebenfalls mit Wasser gefülltes Zehnkugelrohr. Man trocknet die betr. Substanz durch Erwärmen im CO_2-Strom, erhitzt dann 1 St. lang im CCl_4-Strom auf schwache Rotglut, leitet wieder CO_2 durch und treibt den in der Glaswolle kondensierten Hauptteil an CCl_4 durch Fächeln mit der Gasflamme über. Eisenchlorid wird völlig zurückgehalten. In der Vorlage befindet sich die gesamte Vanadinsäure.

Bei der Untersuchung von Vanadinit bleibt hierbei im Rückstand Bleichlorid sowie Gangart; im Destillat ist neben V noch As, das durch Schwefelwasserstoff abzuscheiden ist. Bei Carnotit setzt man in das Rohr hinter das Schiffchen noch einen Glaswollepfropfen ein, wodurch die Chloride des Eisens und Urans zurückgehalten werden sollen. Im übrigen sind diese nach der Hydroxylaminmethode zu trennen. Das Destillationsverfahren versagt bei Gegenwart von Phosphorsäure.

Anm. des Verfassers: Es ist nicht ratsam, diese Methode auf Substanzen, die Uran, Chrom, Arsen und viel Eisen enthalten, anzuwenden, da es diesenfalls einfachere und genauere Verfahren gibt.

b. Vanadiummetall.

Reines metallisches Vanadium ist selten Gegenstand der Untersuchung. Gewöhnlich ist es so stark verunreinigt, daß man von Legierungen sprechen muß. Es sind daher die unter den Abschnitten „Ferrovanadin" und „Vanadinstähle" angegebenen Methoden zu berücksichtigen. Zur Kohlenstoffbestimmung wird nach Kapitel A. (S. 7) verfahren. Um den Gehalt an Silicium zu ermitteln, kann man u. a. wie folgt arbeiten:

Die abgewogene Metallprobe wird in Königswasser gelöst. Hierauf dampft man mit Salzsäure zur Trockne ein, erhitzt den Rückstand auf dem Sandbad, erwärmt ihn noch einige Zeit mit konzentrierter HCl auf dem Wasserbad, verdünnt etwas und filtriert ab. Die rückständige Kieselsäure wird mit verdünnter HCl, dann mit heißem Wasser ausgewaschen, getrocknet, verascht, geglüht und gewogen. Nach W. Trautmann (Ztschr. angew. Chem. 1911, Bd. 24, S. 635) ist eine Reinigung der so abgeschiedenen SiO_2, wenn an deren Reinheit nicht sehr hohe Anforderungen gestellt werden, nicht erforderlich.

Diese Methode ist auch für niedrigprozentiges „Ferrovanadin" anwendbar.

Ruff und Martin lösen das fein gepulverte Metall in HNO_3, geben einige Tropfen HCl zu, filtrieren das Unlösliche ab, wägen es, dampfen das Filtrat nach Zugabe von H_2SO_4 ein, bis SO_3-Dämpfe entweichen, behandeln wie üblich weiter und titrieren mit $KMnO_4$.

c. Vanadinstähle und -Eisen.

1. Schnellmethode zum Nachweis und zur kolorimetrischen Bestimmung kleiner Vanadinmengen in Stahl nach P. Slawik:

Sie beruht auf der schon allgemein bekannten Reaktion des Vanadins mit Wasserstoffsuperoxyd in saurer Lösung, wobei Übervanadinsäure entsteht, die eine intensiv rotbraune Färbung gibt. Zum Nachweis von Vanadin löst man in einem Probierröhrchen 0.25 g Späne in 4 ccm verdünnter Salpetersäure (1.20), erwärmt über einer Flamme, gibt etwas (ca. 0.3 g) festes Ammoniumsulfat hinzu, erhitzt wiederum, bis die Gasentwicklung aufhört, und kühlt in kaltem Wasser ab. Zu der kalten Lösung setzt man 3 bis 4 ccm Phosphorsäure (1.30) hinzu, wodurch die gelbe Eisenfarbe verschwindet und die Flüssigkeit nur eine schwache Rosafärbung behält. Man rührt nun gut um und läßt aus einer Pipette 3 bis 4 ccm Wasserstoffsuperoxyd am Rande des Röhrchens langsam herunterlaufen, so, daß sich nur eine kleine Schicht der beiden Flüssigkeiten an der Berührungsstelle mischt; es entsteht an derselben bei Gegenwart von Vanadin sofort eine rotbraune Zone, welche noch bei Vanadinmengen von 0,01 % deutlich sichtbar ist.

Um nun diese Reaktion zur kolorimetrischen Bestimmung des Vanadins zu benutzen, hat man eine Normallösung nötig, welche man sich auf folgende Weise darstellt: 1 g eines Vanadinsalzes, z. B. Ammoniumvanadat, wird in etwas Wasser gelöst, mit 20 ccm verdünnter Schwefelsäure versetzt, auf ein Liter aufgefüllt und stark durchgeschüttelt. Von dieser Lösung werden zur genauen Feststellung des Vanadins zweimal je 200 ccm abgenommen, in geräumige Bechergläser gespült, mit 25 ccm verdünnter Schwefelsäure versetzt, zum Kochen erhitzt und 30 ccm wässrige, schweflige Säure zugegeben. Nachdem der Überschuß der schwefligen Säure durch längeres Kochen der Flüssigkeit vertrieben ist, wird die heiße Lösung mit Kaliumpermanganat titriert und daraus der Vanadingehalt berechnet. Von der zurückgebliebenen Ammoniumvanadatlösung wird nun ein Teil abgenommen, mit 50 ccm verdünnter Salpetersäure versetzt und soweit mit destilliertem Wasser verdünnt, daß 1 ccm 0,0001 g Vanadin entspricht. Zur Ausführung der Bestimmung verfährt man nun in folgender Weise: Man wiegt 0.25 g der zu untersuchenden Probe und ebenfalls 0.25 g eines reinen Stahls ohne Vanadin (welcher später als Normalstahl dienen soll) in 30 bis 40 ccm fassende und in 0.2 ccm eingeteilte Meßröhrchen, löst beide Proben in 4 ccm verdünnter Salpetersäure und kocht im Wasserbade. Nachdem alles klar gelöst ist, fügt man etwa 0.3 g festes Ammoniumpersulfat hinzu, kocht bis zum Aufhören der Gasentwicklung, läßt erkalten, setzt zu der Probe ohne Vanadin einige Kubikzentimeter der Normallösung hinzu, rührt um und versetzt beide Proben mit 3 bis 4 ccm Phosphorsäure (1.30). Nach weiterem Zusatz von 4 ccm Wasserstoffsuperoxyd vergleicht man die entstehenden Färbungen. 1 ccm der Normallösung entspricht dann bei Übereinstimmung der Färbung und gleicher Flüssigkeitsmenge 0.04 % Vanadin. Genauere Resultate werden erhalten, wenn man einen Normalstahl mit bekanntem Vanadingehalt hat und mit diesem die zu untersuchende Probe vergleicht.

Anmerkung des Verf.: Diese Methode gibt für schnell auszuführende Betriebsanalysen genügend gute Resultate.

2. Eisen und Stahl mit vorwiegend Vanadium.

α. Methode Em. Campagne: Compt. rend. 1903, Bd. 137, S. 570; Ber. D. Chem. Ges. 1903, XXXVI, S. 3164; Stahl u. Eisen 1904, Bd. XXIV, S. 834; Post, chem.-techn. Analyse, III. Aufl., 1908, Bd. I):

5 g der höchstens 2 % V enthaltenden Substanz oder 2.5 g bei höherem Gehalt werden in 60 ccm HNO_3 1.18 bis 1.20 aufgelöst und in einer Porzellanschale zur Trockne eingedampft, wobei man gegen

Ende durch Rühren mit einem Glasstabe das Umherspritzen des Inhalts verhindert. Dann wird die Schale noch heiß auf eine vom Sande entblößte und zum Rotglühen erhitzte Stelle des stark geheizten Sandbades gesetzt und daselbst etwa 30 Min. belassen. Nach Umwandlung aller Nitrate in Oxyde läßt man abkühlen, löst den das V als $VOCl_3$ enthaltenden Rückstand in 50 bis 60 ccm konzentrierter Salzsäure und behandelt die das V als Vanadylsalz und Eisen als Eisenchlorid enthaltende Lösung, wenn Stahl oder Eisen das Untersuchungsmaterial bildet, nach dem früher beschriebenen, von Rothe bezw. Deiss und Leysath stammenden Ätherverfahren (S. 65). Die vanadin- sowie möglicherweise noch mangan-, nickel-, und chromhaltige Ätherlösung wird eingedampft, der Rückstand dreimal in je 50 ccm konzentrierter HCl gelöst und wieder eingedampft, wodurch $VOCl_2$ entsteht, nach Zugabe von 5 ccm konzentrierter H_2SO_4 bis zum Auftreten weißer Dämpfe erhitzt, erkalten gelassen, mit 5 ccm Wasser verdünnt und die auf 60 bis 70 Grad erwärmte Lösung mit Vanadin als $VOSO_4$ mit eingestellter Permanganatlösung titriert, nachdem zuvor eine solche Verdünnung der Vanadinlösung hergestellt ist, daß bei Stahl- und Eisenanalysen ihr Volumen etwa 250 bis 300 ccm, bei vanadinreichen Legierungen etwa 1 Liter beträgt.

Heike (Stahl und Eisen 1905, Bd. XXV, S. 1357 und Chem.-Ztg., Rep. 1905, S. 392) hat bei der Nachprüfung dieses Verfahrens genaue Resultate erhalten.

Ist Chrom in einigermaßen erheblichen Mengen zugegen, oder soll es ebenfalls quantitativ ermittelt werden, so wird wie auf S. 99 ff. unter „Chrombestimmung im Roheisen und Stahl bei Anwesenheit von Vanadin“ angegeben, verfahren, d. h. die Bestimmung des V und Cr geschieht gesondert nach vorausgegangener Trennung derselben.

Anmerkung des Verf.: Vorstehendes Verfahren wie die auf S. 99ff. erwähnten Methoden von Cain und Campagne geben gute Resultate und werden häufig angewandt.

β. Methode P. Slawik: 20 g Späne werden in 60 ccm verdünnter Schwefelsäure (1 : 2) und 200 ccm Wasser unter Erwärmen gelöst; nachdem sich alles Eisen gelöst hat, wird in der heißen Flüssigkeit, ohne sie zu filtrieren, der größte Überschuß der freien Säure mit in Wasser gut aufgeschlämmtem Zinkoxyd neutralisiert; es ist jedoch darauf zu achten, daß die kleinen Zinkoxydkörnchen, die sich zuletzt in der schwach sauren Flüssigkeit schwer lösen und zu Boden fallen, gänzlich in Lösung gehen, andernfalls müssen einige

Tropfen verdünnte Schwefelsäure bis zur erfolgten Lösung zugefügt werden. Man setzt nun, um vollständige Neutralisation zu erzielen, wasserhaltiges Zinkhydroxyd, — bereitet durch Lösen von $ZnSO_4$ in Wasser unter Zusatz von Ammoniak, — das jedoch nicht alkalisch reagieren darf, solange hinzu, bis die Flüssigkeit durch das in neutraler Lösung unlösliche Zinkhydroxyd weißlich getrübt wird. Man läßt im bedeckten Becherglase etwa 15 Minuten kochen und filtriert den Niederschlag, welcher das ganze Vanadin und nur eine kleine Menge Eisen enthält, nach dem Absetzen. Nach zwei- bis dreimaligem Auswaschen mit heißem Wasser wird er in einen Porzellantiegel gebracht, getrocknet, geglüht, bis das Filter vollständig verascht ist, mit Hilfe eines Pinsels in einen Nickeltiegel übergeführt und mit etwas Natriumhydrat und Salpeter geschmolzen. Nach dem Erkalten wird die Schmelze mit Wasser ausgelaugt, der unlösliche Rückstand abfiltriert und im Filtrate das Vanadin nach einer der früher beschriebenen Methoden, am besten durch Fällen mit Manganchlorür, Lösen des Niederschlages in Salzsäure, Abrauchen mit Schwefelsäure und Titration mit Kaliumpermanganat, ermittelt.

Die auf diese Weise erhaltenen Resultate stimmen mit denjenigen durch Ausschütteln des Eisens mit Äther genau überein.

Nach A. Blair werden jedoch nur richtige Resultate erhalten, wenn das Eisen nach Campagne oder Slawik vorher entfernt wird. Gegen diese Angabe wendet sich H. Auchy (Iron Age 1908, Bd. 82, S. 1357) und behauptet, daß diese Scheidung nicht nötig ist, wenn man in kalter verdünnter Lösung (350 ccm) titriert. Auchy schlägt ferner vor, um zu vermeiden, daß bei der Behandlung mit konzentrierter HCl nach Treadwell ein schwankendes Gemenge von V_2O_4 und V_2O_3 entsteht, die vanadinhaltige Flüssigkeit vor dem Filtrieren nochmals einzudampfen, um V_2O_3 zu V_2O_4 zu oxydieren.

γ. Methode Demarest (Min. and Eng. World 1912, Bd. 37, S. 346):

Sie ist auch auf mangan- und chromhaltiges Material anwendbar.

Man löst 2 g Stahl in 30 ccm Wasser und 12 ccm konzentrierter Schwefelsäure, erwärmt, oxydiert mit 1 ccm Salpetersäure (1,4), treibt die Stickoxyde aus, gibt 30 ccm Wasser zu und oxydiert den Kohlenstoff mit genügend Permanganat usw. Man kocht, setzt genügend Ferrosulfat zu, um alle Mangan-, Chrom- und Vanadiumverbindungen zu reduzieren, treibt die letzten Reste der Stickoxyde aus und füllt auf 250 ccm auf. Dann läßt man $\frac{n}{10}$-Permanganat zufließen bis zur Rotfärbung, kühlt ab und gibt einen geringen Überschuß von Ferrosulfatlösung (1 ccm = 0.01 g Fe) zu. Hierauf setzt man 1 g reines Mangandioxyd in feinster Pulverform zu, schüttelt kräftig und prüft nach einigen Minuten mit Ferrizyankalium, ob alles Eisen oxydiert ist (wobei nur sofort eintretende Blaufärbung Eisenoxydul anzeigt), nötigenfalls wiederholt man von Minute zu Minute den Zusatz. Nach vollständiger Oxydation filtriert man den Braunstein ab, läßt aus einer Bürette einen Überschuß von Permanganat zufließen und titriert sofort den Überschuß mit Natriumarsenit zurück. Nebenher wird ein blinder Versuch mit einer vanadiumfreien Probe gemacht, um die nötige Korrektur anzubringen, welche gewöhnlich nur 0,00075 g Vd beträgt.

Dieses Verfahren soll bei sorgfältiger Ausführung sehr genaue Resultate geben.

δ. Methode E. Jaboulay (Rev. chim. pure et app., 1909, XII, S. 142 bis 145):

Man löst 5 g Stahl in 60 ccm HCl 1.19. Der schwarze Rückstand wird abfiltriert, ausgewaschen, geglüht und sodann mit Kaliumpyrosulfat geschmolzen; man löst in H_2O auf und vereinigt die Flüssigkeit mit der Lösung, die man erhält, wenn das obige salzsaure Filtrat[1]) an der Luft nach Zusatz von Ferroacetat gekocht, der langsam entstehende vanadinhaltige oxydische Eisenniederschlag mittels Filtration durch Asbest von der gelöst bleibenden Eisenhauptmenge getrennt, mit einer heißen 0.5 proz. Ammoniumacetatlösung ausgewaschen, der Rückstand auf dem Filter in HCl gelöst und mit 30 ccm H_2SO_4 (1 : 1) abgedampft wird. Die vereinigten Lösungen erwärmt man, filtriert, neutralisiert mit Ammoniak bis zur eben bleibenden sauren Reaktion, oxydiert u. U. gelöst vorhandene organische Substanz mit $KMnO_4$ und reduziert nunmehr die V_2O_5 durch Titrieren mit Ferroammoniumsulfatlösung zu V_2O_4. Diese wird wieder mit $KMnO_4$ bis zur deutlichen Rosafärbung titriert. Aus dem Permanganatverbrauch berechnet man das vorhandene Vanadin.

Nach Angaben an a. O. (Chem.-Ztg. 1909, S. 1149; Chem.-Ztg. Rep. 1909, S. 336) bestimmt Jaboulay Vanadin durch Kochen[2]) der essigsauren Lösung an der Luft, wodurch V und etwas Fe ausfallen. Die endgültige Bestimmung geschieht durch Titration nach Lindemann.

---

[1]) [2]) Diese Lösung kann auch mit Ammoniak neutralisiert, mit 10 ccm Essigsäure und 40 g Natriumazetat versetzt und 1 St. bei Luftzutritt gekocht werden. Der Niederschlag wird dann wie oben weiter behandelt.

3. Eisen und Stahl mit Vanadin sowie Molybdän, Chrom und Titan.

α. Methode J. R. Cain und J. C. Hostetter (Journ. Ind. Eng. Chem. 1912, Bd. 4, S. 250):

In einer V_2O_5-Lösung wird die V_2O_5 durch stark überschüssiges Ammoniummolybdophosphat quantitativ gefällt. Löst man diesen Niederschlag in heißer konzentrierter H_2SO_4, so wirkt ein vorsichtiger Zusatz von H_2O_2 auf V_2O_5 reduzierend. Die erhaltene V_2O_4 kann mit $KMnO_4$ titriert werden. Mo, Ti und Cr beeinflussen das Resultat nicht.

β. Weitere Methoden finden sich, da es zur Hauptsache auf die Trennung Vanadin—Chrom ankommt, im nächsten Abschnitt c, 4.

4. Eisen und Stahl mit Vanadium und insbesondere Chrom.

a) Bestimmung von Chrom.

α. Methoden nach Stahl und Eisen 1894, Nr. 18, S. 810; Stead in Journ. of the Iron and Steel Inst. 1893, I, S. 135.

A) CHROMREICHERE EISEN- UND STAHLSORTEN.

Vom Roheisen werden 10 g, vom Stahl 2 bis 5 g und vom Ferrochromvanadin 0.3 g im Erlenmeyerkolben in verdünnter HCl (pro 1 g Einwage 5 ccm HCl 1.12 und 5 bis 10 ccm Wasser) bei beständigem Durchleiten von CO_2 gelöst; zuerst erwärmt man gelinde, dann kocht man bis zum Aufhören der Gasentwickelung, verdünnt mit Wasser fast auf das doppelte Volumen, läßt erkalten, setzt, ohne erst zu filtrieren, vorsichtig eben überschüssiges $BaCO_3$ zu, füllt den Kolben bis oben mit Wasser, verkorkt ihn und läßt unter öfterem Schütteln 24 St. stehen. Man dekantiert klar ab, filtriert den Rest, wäscht rasch mit kaltem H_2O aus, trocknet und verascht den Niederschlag. Den Rückstand — u. U. vorhandener Graphit muß durch längeres Glühen zuvor verbrannt werden — schmilzt man mit 5 bis 10 g eines Gemisches von 1 Tl. Salpeter und 15 Tln. Soda im Platintiegel. Die erkaltete Schmelze wird mit heißem H_2O ausgelaugt, die entstehende Lösung filtriert und zwecks Reduktion der Chromsäure mit HCl und Alkohol trocken eingedampft. Den Rückstand löst man in wenig HCl und H_2O, gibt einige Körnchen $KClO_3$ zu und kocht, um niedere Oxyde des V wieder in V_2O_5 überzuführen. Endlich wird wenig Ammoniumphosphatlösung zugesetzt, um das gesamte V in Lösung zu halten, und in Siedehitze durch NH_3 alles Chromoxyd gefällt. Man filtriert, wäscht den Niederschlag mehrmals mit heißem Wasser aus, trocknet ihn, verascht und schmilzt den

Rückstand mit 2 bis 3 g Na_2O_2 [1]) etwa 10 Min. lang ohne unnötige Überhitzung. Die Schmelze wird in etwa 200 ccm heißem H_2O gelöst und kurze Zeit zum Sieden erhitzt, bis alles Na_2O_2 zersetzt ist, dann gibt man 10 ccm H_2SO_4 (1 : 1) zu, läßt abkühlen, fügt aus einer Pipette ein abgemessenes Volumen (etwa 20 ccm) $FeSO_4$-lösung zu, rührt um und hat so die Chromsäure nach: $6\,CrO_3 + 6\,FeO = Cr_2O_3 + 3\,Fe_2O_3$ zu Chromoxyd reduziert. Sodann läßt man Permanganatlösung bis zum Umschlag der grünlichen Farbe ins Rötliche zutropfen. Indem so die Menge des noch als Eisenoxydul übrig gebliebenen Eisens bestimmt wird, ermittelt man in einer zweiten gleichen Probe der Eisenvitriollösung [2]) den ursprünglich als Oxydul anwesenden Eisengehalt. Die Differenz ist diejenige Eisenmenge, die bei der Reduktion der Chromsäure höher oxydiert wurde. Mithin ist hier der Eisentiter mal 0.31041 gleich Chrom. Man verwendet eine Permanganatlösung von 5 g in 1 Liter Wasser; 1 ccm = 0.0084 g Fe.

b) Bestimmung von Vanadin.

Dieses findet sich in dem ammoniakalischen Filtrat des Chromoxyds. Man fügt einige Kubikzentimeter gelblichen Schwefelammoniums zu, wobei sich die Lösung rot färbt, dann vorsichtig Essigsäure bis zur eben schwach sauren Reaktion und läßt 24 St. in verkorktem Kolben stehen. Es fällt braunes Vanadinsulfid aus, das abfiltriert, mit schwefelwasserstoffhaltigem Wasser gewaschen, getrocknet, im schräg stehenden Platintiegel zu V_2O_5 abgeröeet, dann in bekannter Weise geglüht und gewogen wird: V_2O_5 mal 0.56044 = Vanadin.

B) CHROMARME EISEN- UND STAHLSORTEN.

Der wässrige Auszug der Schmelze des Niederschlags von der Bariumkarbonatfällung (vergl. oben) mit Salpetersoda, der u. a. Cr und V als Chromat bzw. Vanadat enthält, wird mit HNO_3 fast neutralisiert, wobei auf alle Fälle dafür zu sorgen ist, daß die Lösung nicht auch nur vorübergehend sauer wird, und dann mit Merkuronitrat in bekannter Weise gefällt. Im übrigen verfährt man von diesem Punkte an genau nach der von W. F. Hillebrand für „Bestimmung von V in Eisenerzen und Gesteinen" angegebenen Methode (S. 86) weiter. Hiernach wird Chrom kolorimetrisch, Vanadin volumetrisch mit $\frac{n}{100}$-Permanganatlösung bestimmt.

---

[1]) Hempel, Ztschr. anorg. Chem. 1893, S. 193.

[2]) Auflösen von 50 g krist. Eisenvitriol in einem Gemisch von 800 ccm Wasser und 200 ccm konz. H_2SO_4.

Anmerkung des Verf.: Diese Verfahren, insbesondere die unter A) angegebenen, genaue Werte.

β. Methoden J. R. Cain (Journ. Ind. Eng. Chem. 1911, Bd. 3, S. 476; Journ. of the Soc. of chem. Ind. XXX, S. 958):

a) Man löst in einem bedeckten Erlenmeyer 2 bis 4 g der Probe in 40 bis 60 ccm 10-proz. Schwefelsäure, filtriert das Unlösliche ab, wäscht dreimal mit Wasser, schmilzt den Rückstand einige Minuten mit saurem Kaliumsulfat und vereinigt die wässrige mit der sauren Flüssigkeit. Nach dem Neutralisieren mit konzentrierter Natriumcarbonatlösung fügt man soviel überschüssiges Cadmiumcarbonatpulver während 30 Minuten unter heftigem Kochen bei bedeckter Flasche zu, daß noch etwa 1 bis 2 g ungleöst bleiben. Nach dem Absetzen filtriert man, wäscht schnell durch ein Faltenfilter zweimal mit heißem Wasser aus und löst den Rückstand in möglichst wenig heißer 10-proz. Schwefelsäure wieder in den Erlenmeyer. Diese Lösung kocht man auf, läßt erkalten und neutralisiert mit soviel Ammoniak, daß beim Kochen nichts ausfällt und leitet kurze Zeit stark Schwefelwasserstoff ein. Nach der Klärung filtriert man, wäscht dreimal mit heißem Wasser, konzentriert auf ca. 70 ccm und elektrolysiert mit rotierender Anode und mit Quecksilber als Kathode bei 5 bis 6 Amp. und 6 bis 7 V. Man prüft 3 bis 4 ccm Elektrolyt auf Chrom und Eisen durch Kochen mit Wasserstoffsuperoxyd und fügt Ammoniak hinzu, wobei die Lösung klar und farblos bleiben muß. Die mit H_2SO_4, nunmehr eisen- und chromfreie, angesäuerte Probe gibt man wieder zum Elektrolyten, entfernt ihn aus dem Apparat und wäscht das Quecksilber dreimal mit 30 ccm Wasser bei Stromdurchgang. Zum Gesamten fügt man 2 bis 3 ccm Schwefelsäure (1 : 1), erhitzt auf 70 Grad C., gibt Permanganatlösung bis zur Rotfärbung zu und leitet schweflige Säure, dann Kohlensäure in bekannter Weise in die kochende Flüssigkeit ein. Man filtriert durch Asbest und titriert mit $\frac{n}{50}$-Kaliumpermanganat bei 70 bis 80 Grad C. Reduktion und Titration sind zweckmäßig zu wiederholen.

Die Analysendauer beträgt 1½ St., die erhaltenen Werte sind genau. Die Prüfung auf Eisen geschieht mit Ferrizyankalium. Bei viel Chrom muß die Analyse anders ausgeführt werden.

b) Cain empfiehlt ferner noch folgende Modifikation des vorstehenden Verfahrens (Journ. Ind. Eng. Chem. 1911, Bd. 3, S. 630):

1 bis 2 g Stahl werden vorsichtig in 10-proz. Schwefelsäure gelöst und Chrom wie Vanadium mit Cadmiumcarbonat gefällt. Das Filtrat wird mit 25 ccm konzentrierter Salpetersäure gekocht, bis

keine Dämpfe mehr entweichen. Nach dem Kühlen wird mit Natriumwismutat oxydiert, durch Asbest filtriert, mit einem gemessenen Überschuß Eisenoxydullösung reduziert und wie üblich titriert.

Zur Trennung Chrom—Vanadin macht Cain noch folgende Angaben (Journ. Ind. Eng. Chem. 1912, Bd. 4, S. 17):

Man löst die Späne in konzentierter Salzsäure und verdünnt mit Wasser. Chrom wird aus der salzsauren Lösung nach Neutralisation mit Soda durch etwas überschüssiges Bariumkarbonat bei Siedehitze gefällt, und zwar kocht man 10 bis 15 Minuten bei Luftabschluß. Der abfiltrierte, ausgewaschene Niederschlag wird im Platintiegel mit Sodasalpeter geschmolzen und Chrom in der wässrigen filtrierten Lösung durch Fällen als Bleichromat vom Vanadin getrennt. Oder man oxydiert die wässrige Auflösung der Schmelze mit 1 bis 3 ccm Wasserstoffsuperoxyd, kocht, kühlt ab, schüttelt im Scheidetrichter unter Zugabe von HNO_3 (1 : 1), neutralisiert im Becherglas genau mit Natronlauge, säuert mit HNO_3 an, fällt mit Bleinitrat, filtriert über Asbest, wäscht aus, löst den Niederschlag nochmals in Salzsäure und titriert das Chrom mit Eisenoxydulsalz unter Verwendung von Ferrizyanid als Indikator.

γ. Methode P. Nicolardot (Compt. rend. 1904, 136, S. 1548):

Man läßt auf die Stahlspäne Salzsäure einwirken, oxydiert die Lösung mit Salpetersäure oder besser mit Chlorsäure und dampft danach auf dem Wasserbade in Gegenwart eines Überschusses von Salzsäure ab. Es bildet sich ein Niederschlag von Eisenoxyd, welcher die Metalloide zurückhält, die Metalle bleiben in Lösung. Das Chrom kann dabei Chromsäure bilden und in Spuren in den Eisenoxydniederschlag übergehen. Dies läßt sich vermeiden, wenn man die Wasserbadtemperatur nicht überschreitet und den eisenhaltigen Niederschlag vor der Behandlung mit heißem Wasser mit einigen Tropfen verdünnten Alkohols befeuchtet. Nach dem Kochen der Lösung, in welcher der Niederschlag suspendiert ist, gibt man Ammoniumsulfat hinzu. Alles Chrom geht in Lösung, das Vanadium bleibt unangegriffen im Eisenniederschlage zurück, aus dem man es durch Auswaschen mit Ammoniak, sodann durch Schmelzen mit Alkalisalzen abscheiden kann. Das Vanadium wird volumetrisch bestimmt. Nach beiden Methoden läßt sich das Chrom von anderen Metalloiden und Metallen trennen.

Anmerkung des Verf.: Das Cainsche Verfahren gibt genauere Resultate.

δ. Zu empfehlen ist ferner die C. M. Johnsonsche, von B. O. Crites modifizierte Methode (Journ. Ind. Eng. Chem. 1911, Bd. 3, S. 574):

Man löst 2 g Stahl in verdünnter Schwefelsäure, erhitzt mit Salpetersäure, verdünnt und filtriert die kalte Lösung durch Asbest in eine Saugflasche und wäscht mit stark verdünnter Schwefelsäure; das Volumen betrage 300 ccm. Man titriert das Chrom mit $\frac{n}{10}$-Eisenoxydulammonsulfat und Permanganat (1 ccm = 0,005 g Eisen). Zur titrierten Flüssigkeit (350 bis 375 ccm) gibt man 1 ccm einer 20-prozentigen Kaliumferrizyanidlösung als Indikator, titriert mit $\frac{n}{10}$-Eisenoxydulammonsulfat unter zeitweiser Prüfung der Lösung mit einem Tropfen Indikator und untersucht daneben einen ähnlichen Stahl ohne Vanadium und einen mit bestimmten Mengen Vanadiumlösung. Man vermindert die verbrauchten ccm $\frac{n}{10}$-Lösung um die für den gewöhnlichen Stahl erforderlichen ccm; eine Korrektur des Vanadiumgehaltes um + 5 % ist nötig, dann sind die Ergebnisse sehr genau.

Bei „Eisen" schmilzt man mit Alkalicarbonat und -nitrat, damit Graphit und Kieselsäure kein Vanadium einschließen. Soll die Chrombestimmung nicht ausgeführt werden, unterläßt man die Oxydation des Chroms und Vanadiums mittels Permanganat in heißer verdünnter H_2SO_4, verfährt vielmehr dann direkt wie weiter oben angegeben (vergl. auch C. M. Johnson, Chemical Analysis Spezial Steels, S. 8).

ε. Methode E. de Mille Campbell und E. de Grand Woodhams (Journ. Amer. Chem. Soc. 1908, Bd. 30, S. 1233).

Qualitativer Nachweis kleiner Mengen Vanadin: Der beim Auflösen von Eisen und Stahl in verdünnter H_2SO_4 erhaltene unlösliche Rückstand enthält einen beträchtlichen Teil des Vanadins. Man schließt ihn mit Soda auf und weist das Vanadium mit Wasserstoffsuperoxyd — Bildung roter Übervanadinsäure — nach.

Quantitativer Gang:

5 g Eisen oder Stahl werden in verdünnter H_2SO_4 gelöst. Der vanadinhaltige Rückstand wird abfiltriert, geglüht, mit Flußsäure abgeraucht, das schwefelsaure Filtrat auf 50 ccm eingekocht und Schwefelwasserstoff eingeleitet, um alles Eisen in Ferrosulfat überzuführen und etwa vorhandenes Kupfer und Arsen zu entfernen. Aus dem Filtrat entfernt man den Schwefelwasserstoff durch Kochen, dampft auf 30 ccm ein, kühlt ab und fällt das Eisenoxydulsulfat durch Zusatz der dreifachen

Menge Alkohol aus; V und Cr bleiben in Lösung. Das Filtrat wird mit Wasserstoffsuperoxyd oxydiert, zum Sieden erhitzt, mit Soda bis zur eben alkalischen Reaktion versetzt, 15 Minuten gekocht, der Niederschlag abfiltriert, mit 5-proz. Sodalösung ausgewaschen und mit dem oben erhaltenen, von der Flußsäurebehandlung stammenden Rückstand vereint. Das Gemenge schmilzt man während 20 Minuten bei mäßiger Rotglut anfänglich mit 5 g Soda allein und dann unter Zugabe von 0.3 bis 0.4 g gepulverter Holzkohle 10 Minuten weiter, wodurch das während der ersten Schmelzperiode gebildete $NaCrO_4$ zu Chromoxyd reduziert wird, während das Natriumvanadat unverändert bleibt. Letzteres kann mit Waser ausgezogen werden; man führt die Vanadinsäure in Vanadylsulfat über und titriert mit Permanganat.

ζ. Methode D. J. Demarest (Journ. Ind. Eng. Chem. 1912, IX, S. 895).

5. Eisen und Stahl mit Vanadium, Chrom und Mangan.

α. Methode Carnot (Ann. de mines 1895, VIII, 514):

10 bis 15 g werden im Becherglas mit HNO_3 behandelt, zur völligen Lösung gebracht, mit etwas Waser verdünnt, mit Soda neutralisiert, 10 bis 15 g davon noch extra zugegeben und in einer Porzellanschale zur Trockne verdampft. Den Rückstand trägt man in einen Silbertiegel ein, in dem sich bereits einige Gramm KOH oder K_2CO_3 im Schmelzflusse befinden. Nun erhitzt man derart, daß das Ganze sich etwa 10 bis 15 Minuten lang eben im Fluß befindet. Die erkaltete Schmelze wird in Wasser gelöst, die Flüssigkeit filtriert und der Rückstand gut ausgewaschen, wobei Eisen und ein Teil des Mangans als Oxyde zurückbleiben, während Vanadium als K-Vanadat und der Rest des Mangans als Manganat sich in Lösung befinden. Letztere wird mit HCl angesäuert, mit überschüssigem Ammoniak versetzt, wobei Chrom als Oxyd ausfällt, dann anhaltend mit Schwefelwasserstoff gesättigt, wobei noch Schwefelmangan niedergeschlagen wird, und aufgekocht; jetzt ist die Fällung von Cr und Mn vollkommen. Man filtriert ab, Vanadium bleibt als rotes Sulfovanadat gelöst. Der Ablauf wird abgekühlt, mit Essigsäure vorsichtig eben im Überschuß versetzt und in verstöpselter Flasche 24 Stunden absetzen gelassen. Man dekantiert den braunen, schwefelhaltigen Niederschlag, filtriert ihn ab, wäscht sorgfältig mit schwach essigsaurem Schwefelwasserstoffwasser aus, trocknet Filter samt Rückstand, verascht, glüht in bekannter Weise bei schwacher Rotglut bis zur Gewichtskonstanz und wägt als V_2O_5.

β. Methode Campbell (vergl. u. a. dieses Kapitel unter 4, ε.).

6. Eisen und Stahl mit Vanadium, Molybdän, Chrom und Nickel.

α. Methode A. A. Blair (The Journ. of the American Chemical Soc. XXX, S. 1229):

Man löst 2 g der Probe in Salpetersäure, erforderlichenfalls unter Zusatz von Salzsäure, verdampft zur Trockne, nimmt mit Salzsäure wieder auf und dampft nochmals bis zur Sirupkonsistenz ein. Hierauf löst man den Rückstand in wenig Salzsäure von 1.1 spez. Gew. und schüttelt die Lösung zweimal mit Äther aus.[1]) Die salzsaure Lösung wird zunächst für sich, dann unter Zusatz von überschüssiger Salpetersäure verdampft, bis alle Salzsäure vertrieben ist, mit 20 ccm heißem Wasser aufgenommen und etwa gebildete Chromsäure durch Erwärmen mit einigen Tropfen schwefliger Säure reduziert. Man kocht und gießt die Lösung langsam und unter lebhaftem Rühren in kochende 10-proz. Natronlauge. Nachdem man einige Minuten im Kochen erhalten hat, wird absetzen gelassen, filtriert und ausgewaschen. Der Niederschlag enthält die Oyde des Chroms, Nickels und Eisens mit dem größeren Teil des Mangans und etwa vorhandenes Kupfer; das Filtrat enthält das Vanadium, etwas Kieselsäure und Tonerde und zuweilen ein wenig Chrom. Man säuert das Filtrat mit Salpetersäure eben an, macht mit einigen Tropfen Natronlauge alkalisch, kocht und filtriert. Dann gibt man 10 ccm einer 10 proz. Bleinitratlösung und Essigsäure bis zur deutlich sauren Reaktion hinzu und erhitzt einige Minuten zum Kochen. Der abfiltrierte und mit heißem Wasser ausgewaschene Niederschlag, der alles Vanadium als Bleivanadat enthält, wird in heißer, verdünnter Salzsäure gelöst, die Lösung eingedampft, dann nochmals mit 50 ccm Salzsäure verdampft und mit 10 ccm konzentrierter Schwefelsäure abgeraucht. Hierauf wird das Vanadium in bekannter Weise durch Titration mit Permanganat bestimmt.

Die beiden durch Natronlauge erhaltenen Niederschläge schmilzt man mit etwa 2 g Natriumkarbonat und 0.5 g Kaliumnitrat, behandelt die Schmelze mit Wasser und filtriert. Das Filtrat wird mit einer genügenden Menge Ammoniumnitrat versetzt, unter zeitweiligem Zufügen einiger Tropfen Ammoniak auf ein kleines Volumen eingeengt, auf 50 ccm verdünnt, aufgekocht und filtriert. Sodann reduziert man im Filtrat die Chromsäure mit schwefliger Säure, fällt mit Ammoniak und wägt als Chromoxyd. Der unlösliche Rückstand der Schmelze wird geglüht, in Salzsäure gelöst, etwaiges Kupfer durch Schwefelwasserstoff entfernt, das Filtrat mit Schwefelsäure ver-

---

[1]) Vergl. Deiss und Leysath, S. 71.

dampft und das Nickel aus ammoniakalischer Lösung elektrolytisch abgeschieden.

Das Molybdän befindet sich mit dem Eisen in der Ätherlösung und wird im wesentlichen nach der von Treadwell angegebenen Methode bestimmt. Man schüttelt die Ätherlösung mit Wasser, verdampft die wässrige Lösung zunächst für sich, dann unter Zusatz von 10 ccm konzentrierter Schwefelsäure bis zum Auftreten von weißen Dämpfen, löst nach dem Erkalten in etwa 100 ccm Wasser und reduziert mit Ammoniumbisulfit. Nach dem Wegkochen der schwefligen Säure bringt man die abgekühlte Lösung in eine Druckflasche von 200 ccm Inhalt, sättigt mit Schwefelwasserstoff und erhitzt die verschlossene Flasche einige Stunden im Wasserbade. Das abgeschiedene Molybdänsulfid wird in einem Gooch-Tiegel gesammelt, in Molybdänsäure übergeführt, gewogen und in verdünntem Ammoniak gelöst. Hierbei zeigt sich in dem Tiegel stets eine geringe Menge Eisenoxyd, die zurückgewogen wird.

β. Methode E. Pozzi-Escot (Bull. de la soc. chim. de France [IV. sér.] VII, S. 160):

Die zu untersuchende Substanz wird in HCl oder HNO_3 gelöst, die Flüssigkeit zum Sieden erhitzt und mit einem großen Überschuß einer stark alkalischen Natriumhypobromitlösung versetzt. Nachdem man einige Minuten im Sieden erhalten hat, wird abfiltriert und zwar durch einen Baumwollbausch. Fe, Ni, Mn und Co bleiben zurück; Cr, Mo und V gehen in Lösung. Nach dem Auswaschen löst man den Niederschlag in verdünnter HCl und wiederholt die Fällung mit einem geringen Überschuß von Natriumhypobromit. In der Lösung des Niederschlags trennt man Fe und Ni durch Ammoniak und bestimmt beide weiter in üblicher Weise. Das alkalische, vereinte Hauptfiltrat wird angesäuert, das Chromat mit Alkohol und einigen Tropfen Natriumbisulfitlösung reduziert und mit überschüssigem Ammoniak gefällt. Im Filtrat hiervon können nun Mo und V nach der Oxydation mit Wasserstoffsuperoxyd nach verschiedenen Methoden bestimmt werden. Pozi-Escot empfiehlt nach Carnot zu verfahren, zu diesem Zwecke die Vanadinsäure durch ein Mangansalz zu fällen und nach Entfernung des Mangans das Molybdän als Sulfid abzuscheiden.

7. Eisen und Stahl mit Vanadium und Molybdän oder Wolfram:

vergl. auch die Methoden unter Abschnitt „Eisen und Stahl mit Mo und V, bzw. mit W und V“ auf S. 44 ff. u. 195 ff.

8. Eisen und Stahl mit nur Vanadium oder mit Vanadium, Chrom und Wolfram, ev. noch mit Titan und Molybdän.

Colorimetrische Methode von C. R. M' C a b e (Chem. Eng. XIII, S. 243; The Analyst XXXVI, S. 473).

9. Bestimmung von Phosphor in V-stählen

nach E. W. H a g m a i e r : Vergl. Metall. and Chem. Eng. 1913, Bd. XI, S. 28.

d. V a n a d i n l e g i e r u n g e n.

1. Vanadium mit Molybdän, Chrom, Nickel und Eisen.

Zur Untersuchung solcher Legierungen kann die unter 6. β. (S. 106) angegebene Methode von P o z z i - E s c o t angewandt werden.

2. Vanadium mit Kupfer („Cuprovanadium").

α. Nach C h e m. E n g. W o r k s C h e m. 1912, II, S. 3:

1 g Substanz wird mit konzentrierter HNO_3 zur Trockne verdampft, der Rückstand in verdünnter NHO_3 gelöst und filtriert. Der Rückstand wird mit Na_2CO_3 geglüht, in H_2O gelöst, mit HCl versetzt, zur Trockne verdampft, mit HCl aufgenommen und von der SiO_2 abfiltriert. Beide Filtrate werden vereinigt, eingeengt, mit 10 ccm H_2SO_4 versetzt und bis zum Auftreten reichlicher H_2SO_4-Dämpfe eingeengt. Man verdünnt auf 100 ccm, läßt über Nacht stehen, filtriert vom $PbSO_4$ ab, verdünnt auf 500 ccm, fällt das Kupfer mittels H_2S und bestimmt es wie üblich. Darauf engt man das Filtrat ein, oxydiert das V_2O_4 mit H_2O_2, kühlt, setzt Tropfen für Tropfen $KMnO_4$ bis zur bleibenden Röte zu und titriert wie üblich mit Ferrosulfat und Ferrizyanid als Indikator.

β. M e t h o d e E m. C a m p a g n e (Vortrg. Sitzg. „Acad. d. Sciences", 12. X. 1905):

Die Legierung wird in HNO_3 gelöst, das Kupfer elektrolytisch abgeschieden, die restierende Lösung eingedampft und der Rückstand genau wie unter Abschnitt c, 4. δ. u. ε. (S. 103) angegeben weiter behandelt.

3. Vanadium mit nur, bzw. vorwiegend Molybdän („Molybdänvanadin" oder vanadinhaltige Molybdänlegierungen).

M e t h o d e G r. E d g a r (Ztschr. anorg. Chem. LVIII, S. 39 und 375):

1 g der feinst gepulverten Legierung bzw. des unreinen Metalls wird, wie später im Kapitel „Ferrowolfram" ausführlich angegeben, durch oxydierendes Schmelzen mit Salpetersoda oder dergl. aufgeschlossen und der Schmelzauszug mit etwas Wasserstoffsuper-

oxyd oxydiert; dann filtriert man, wäscht aus und erhält als Filtrat und Waschwasser ein alkalische Lösung der Vanadinmolybdänsäure. Diese wird auf ein solches Volumen gebracht, daß 75 ccm höchstens je 0.2 g Vanadat bzw. Molybdat enthalten. Man säuert diese Flüssigkeitsmenge mit 2 bis 3 ccm konzentrierter H_2SO_4 an und behandelt siedend heiß mit schwefliger Säure, bis die Lösung durch V_2O_4 klar blau gefärbt erscheint. Hierbei wird nur die Vanadinsäure reduziert. Man entfernt nun durch Kochen im Kohlensäurestrom die überschüssige schweflige Säure und titriert dann das gebildete V_2O_4 mit einer $\frac{n}{10}$-$KMnO_4$-Lösung: $5\,V_2O_4 + 2\,KMnO_4 + 3\,H_2SO_4 = 5\,V_2O_5 + K_2SO_4 + MnSO_4 + H_2O$. Hieraus berechnet sich der Gehalt an vorhandener Vanadinsäure V_2O_5 bzw. an V. Nun werden der Reihe nach 100 ccm heißes Wasser, 125 ccm 2.5-proz. H_2SO_4, dann obige titrierte Lösung, hierauf wieder 100 ccm H_2SO_4 gleicher Konzentration und zuletzt 200 ccm H_2O langsam durch eine lange Säule des Jonesschen Reduktors gegossen. In der Vorlage befindet sich Eisenalaunlösung. Die erhaltene heiße Lösung wird mit etwas Phosphorsäure versetzt und mit obiger $\frac{n}{10}$-$KMnO_4$-Lösung titriert. Da im Reduktor die V_2O_5 zu VO_2 reduziert wird, so ist zwecks Wiederoxydation zu V_2O_5 die dreifache Zahl der bei obiger Titration verbrauchten Kubikzentimeter $\frac{n}{10}$-$KMnO_4$ nötig, welche nunmehr von dem jetzt erforderlich gewesenen Volumen $\frac{n}{10}$-$KMnO_4$-Lösung abzuziehen ist. Die Differenz ergibt die Anzahl Kubikzentimeter $KMnO_4$, die zur Oxydation von Mo_2O_3 zu Mo_2O_6 bzw. MoO_3 nötig war, woraus sich der Gehalt an vorhanden gewesener Molybdänsäure MoO_3 bzw. Mo berechnen läßt (vergl. u. a. auch die auf S. 44 ff. beschriebenen Verfahren).

4. Vanadium mit Eisen und Chrom („Ferrochromvanadium“).

α. Methode Em. Campagne (Bull. Soc. chim. Paris 1904, XXXI, S. 962; Chem.-Ztg. Rep. 1904, S. 270):

Die feinst gepulverte Probe wird mit HNO_3 behandelt und die Lösung eingedampft; die Nitrate führt man durch Glühen in die Oxyde über, löst diese in konzentrierter HCl, schüttelt das Eisen durch Äther aus (Verfahren Rothe, S. 65)), dampft die fast eisenfreie Lösung erst wiederholt mit HCl, wodurch das Vanadin in das Oxychlorid übergeht, hierauf mit 10 ccm konz. H_2SO_4 ein, bis weiße Dämpfe auftreten, nimmt den Rückstand mit Wasser auf und bestimmt in der so erhaltenen Lösung, in der Chrom als Sulfat und Vanadin als Divanadylsulfat vorliegen, in der a. a. O. bereits beschriebenen Weise, durch Titration mit Permanganat bei gewöhnlicher Temperatur sowohl, und zwar zuerst, das Vanadin, als auch das Chrom (weitere Einzelheiten vergl. u. a. auf S. 95, 99, 102, 104 ff.).

β. Es wird genau dasselbe Verfahren, wie auf S. 99 unter 4. a) beschrieben, angewandt. Die Einwage beträgt jedoch nur 0.3 g Substanz. Man löst in 3 ccm HCl 1.12 und 3 bis 6 ccm H_2O.

5. Vanadin mit Eisen („Ferrovanadin").

α. Methode Campagne: 0.25 g werden in 20 ccm HNO_3 1.18 gelöst. Im übrigen verfährt man genau wie auf S. 95 unter 2. α. angegeben. Bei sehr vanadinreichen Legierungen ist die Ätherbehandlung entbehrlich.

β. Methode W. Trautmann (Chem.-Ztg. 1909, S. 1106; Ztschr. analyt. Chem. 1911, Heft VI, S. 371).

Bestimmung von Vanadin: 0.2 bis 0.3 g der Legierung werden mit einem Gemisch gleicher Teile Natriumsuperoxyd und Soda geschmolzen. Das mit H_2SO_4 angesäuerte und darauf mit schwefliger Säure reduzierte Filtrat der wässrigen Auflösung des Aufschlusses wird nach Vertreibung der überschüssigen SO_2 mit Permanganat titriert.

Bei Gegenwart von Chrom fällt man nach der Reduktion durch SO_2 mit Ammoniak, filtriert, löst den Niederschlag wieder in verdünnter H_2SO_4 und wiederholt die Fällung. Der Niederschlag ist nunmehr vanadinfrei. Die vereinigten Filtrate werden mit H_2SO_4 angesäuert und heiß mit Permanganat titriert.

Bei Gegenwart von viel Aluminium ist wie folgt zu verfahren (Ztschr. analyt. Chem. 1911, S. 371):

1.5 bis 2 g werden im Nickeltiegel mit einer Mischung gleicher Teile Soda und Na_2O_2 [1]) geschmolzen. Die auf etwa ½ Liter verdünnte Lösung der Schmelze wird in ein Becherglas filtriert, in dem sich Salzsäure befindet. Man übersättigt mit NH_3, fügt etwas H_2O_2 zu, erhitzt zum Kochen und filtriert die durch V verunreinigte Al_2O_3 ab. Man wäscht dann mit ammoniakalischer Ammoniumnitratlösung, der einige Tropfen H_2O_2 zugesetzt werden, aus, löst wieder in HCl, fällt nach Zusatz von H_2O_2 und Ammoniumnitrat nochmals mit NH_3, filtriert die nunmehr reine Al_2O_3 ab, wäscht mit NH_3 und ammonnitrathaltigem Wasser aus, trocknet, glüht und wägt. Eine Verunreinigung wie u. U. mitgefällte SiO_2 wird durch Abrauchen mit HF

---

[1]) Vergl. auch Stahl u. Eisen 1911, S. 867.

entfernt, bzw. durch Schmelzen mit Bisulfat abgeschieden. In den vereinten ammoniakalischen Filtraten wird das Vanadin bestimmt.[1])

Bei Gegenwart von Arsen schlägt man folgenden Arbeitsgang ein (Ztschr. analyt. Chem. 1911, S. 371 u. 635):

Die Probe wird wie vorstehend angegeben aufgeschlossen und gelöst. Das alkalische Filtrat samt Waschwasser wird stark mit H_2SO_4 angesäuert und mit Permanganat etwas oxydiert. Dann reduziert man heiß mit schwefliger Säure, wobei aber As_2O_5 unverändert bleibt, kocht den Überschuß weg und titriert das gebildete V_2O_4 direkt mit Permanganat in bekannter Weise, ohne erst das Arsen entfernen oder darauf Rücksicht nehmen zu müssen. Allerdings kann man auf diese Weise Vanadin und Arsen nicht nebeneinander in derselben Probe bestimmen.

Trautmann findet nach seiner Methode höhere Werte als nach dem in den Stahlwerkslaboratorien sonst meist üblichen Salzsäurereduktionsverfahren und glaubt die Ursache der zu niedrigen Befunde in der Gegenwart auch nur einer Spur oxydierender Gase zu finden, die wie HNO_3 in einem metallurgischen Laboratorium fast stets vorhanden sind und in eine offene Schale sehr leicht gelangen können (Stahl u. Eisen, 1911, XXXI, S. 1316).

γ. Methode Gr. Edgar (Ztschr. anorg. Chem. 1908, Bd. 59, S. 74; Chem.-Ztg. Repert. 1908, S. 409):

Die durch Schmelzen der Legierung mit Soda, Sodasalpeter (z. B. 0.5 g Erz, 3 g Gemisch [$5\,KNaCO_3$, $1\,KNO_3$], Natriumsuperoxyd o. dergl. und nachfolgende Behandlung mit Wasser erhaltene Lösung wird ohne vorherige Filtration direkt mit H_2SO_4 angesäuert und in bekannter Weise unter Einleiten von Kohlensäure in Siedehitze mit schwefliger Säure reduziert. Es entstehen V_2O_4 und Ferrosalz; man titriert bei 70 bis 80 Grad mit Permanganat. Die Reaktion verläuft nach folgender Gleichung:

$$5\,V_2O_4 + 10\,FeO + 4\,KMnO_4 = 5\,V_2O_5 + 5\,Fe_2O_3 + 2\,K_2O + 4\,MnO.$$

Hierauf reduziert man die 100 bis 150 ccm betragende Lösung in einem Jonesschen Reduktor mit amalgamiertem Zink, durch den vorher 150 ccm heiße verdünnte 2½-proz. H_2SO_4 gegossen waren und spült zuletzt mit 300 ccm verdünnter H_2SO_4 (1 + 2) nach. Die Vorlage enthält überschüssige $Fe_2(SO_4)_3$-Lösung und wird gekühlt.

[1]) Über die Bestimmung von Aluminium vergl. Wm. W. Clark, Metall. and chem. Eng. 1913, Bd. XI, S. 91.

Dann titriert man den Inhalt nach Zufügen sirupöser P_2O_5 mit $KMnO_4$:

$$5 V_2O_2 + 10 FeO + 8 KMnO_4 = 5 V_2O_5 + 5 Fe_2O_3 + 4 K_2O + 8 MO.$$

Die Differenz zwischen der ersten und zweiten Titration entspricht der Überführung des Vanadiums aus der Bioxyd- in die Tetroxydstufe. Den Gehalt an Eisen ermittelt man ebenso.

δ. Gestaltet sich bereits das später (vergl. unter ζ, S. 112) erwähnte Verfahren von Em. Campagne recht einfach, so scheint das Ziel, Vanadin in Gegenwart von Eisen volumetrisch zu bestimmen, am bequemsten und raschesten nach der Methode Er. Müller und O. Diefenthäler erreicht zu werden (Ztschr. anorg. Chem. 1911, Bd. 71, S. 243). Nach Th. Döring (Chem.-Ztg. 1912, Nr. 80, S. 760) sollen jedoch die auf diese Weise erhaltenen Werte für Vanadin zu hoch ausfallen.

1 g der zu untersuchenden Legierung wird gepulvert, in wenig konzentrierter HNO_3 gelöst und stark eingedampft. Man zerstört die HNO_3 mit wenig konzentrierter HCl, gibt noch 20 ccm der letzteren und 50 ccm absoluten Alkohol zu und engt unter gelindem Sieden, zuletzt auf dem Wasserbade, bis auf etwa 5 ccm ein. Ohne vorher das Eisenchlorid, welches bei dieser Behandlung keine Reduktion erleidet, durch Ausäthern zu entfernen, wird dann das Vanadium nach hinreichender Verdünnung der Lösung unter Zugabe von Mangansulfat durch Titration mit Kaliumpermanganatlösung bei gewöhnlicher Temperatur bestimmt.

Soll auch der Eisengehalt ermittelt werden, so kann dies in einem aliquoten Teile der auf ein bestimmtes Volumen verdünnten Lösung, die von der Eindampfung mit HCl und Alkohoi stammt, auf jodometrischem Wege geschehen, während in einem anderen das Vanadium mit Permanganat nach Zimmermann-Reinhardt bestimmt wird.

ε. Methode P. Slawik (Chem.-Ztg. 1912, Nr. 19, S. 171). Dieses Verfahren ähnelt in gewissen Teilen der unter γ. beschriebenen Methode von Edgar, sowie der von Campagne (vergl. auch „Ledebur", Leitfaden, 9. Aufl., S. 149). Das Slawiksche Verfahren will das Aufschließen der Legierung durch Schmelzen mit Soda usw. zwecks Abscheidung des Eisens, bzw. das Lösen in Säuren und Ausäthern des Eisens vermeiden, um zwar nicht rascher, aber einfacher und bequemer den Vanadinwert zu ergeben. Außerdem braucht in diesem Falle die Probe nicht allzufein pulverisiert zu sein.

Die Methode beruht auf der Überführung des Vanadiums in

Tetroxyd (V_2O_4), welches durch Kaliumpermanganat nach der Gleichung:

$$5 V_2O_4 + 2 KMnO_4 + 3 H_2SO_4 = 5 V_2O_5 + K_2SO_4 + 2 MnSO_4 + 3 H_2O$$

zu Vanadinpentoxyd aufoxydiert wird. Demnach entsprechen 2 Moleküle Permanganat 10 Atomen Vanadin. Der Vanadintiter findet sich also durch einfache Multiplikation des Eisentiters der Permanganatlösung mit der Zahl 0.9133.

Ausführung der Methode: 0.5 g der Legierung wird in einem Becherglase in 10 bis 20 ccm verdünnter Salpetersäure (1.20) gelöst, zur Trockne verdampft, der Rückstand kurze Zeit geröstet, mit wenig starker Salzsäure aufgenommen und wieder eingedampft. Dieses Eindampfen wird 2 bis 3 mal wiederholt; nachher wird nochmals mit Salzsäure aufgenommen, mit 30 ccm Schwefelsäure (1 : 2) versetzt und abgeraucht, bis die Salzsäure vollständig vertrieben ist, d. h. bis Schwefelsäuredämpfe entweichen. Nach dem Erkalten wird der Rückstand mit Wasser aufgenommen und erwärmt; ist alles klar gelöst, so spült man in ein größeres Becherglas oder einen Erlenmeyerkolben über, setzt 30 ccm Phosphorsäure vom spez. Gewicht 1.30 hinzu, verdünnt auf 500 bis 700 ccm, kocht auf und titriert die heiße Lösung mit Kaliumpermanganat bis zur bleibenden Rotfärbung.

Gegenwart von Chrom, etwa 2.5 bis 10 %, verursacht bei der Titration nur unbedeutende, für die Praxis belanglose Differenzen. Da aber im Ferrovanadin meist weit geringere Mengen Chrom wie angegeben vorkommen, so kann dieses bei der Titration vollständig unberücksichtigt bleiben.

ζ. Von sonstigen Untersuchungsmethoden seien noch die von Campagne — die auf S. 83 u. 109 erwähnten Verfahren haben auch für Ferrovanadin Gültigkeit —, Piñerúa y Alvarez (vergl. S. 91), Hensen (Inaug.-Diss., Aachen 1909) und Blair (Chemical Analysis of Iron, Lippincott, Philadelphia) erwähnt.

Wird das Ferrovanadin durch Schmelzen mit Na_2O_2 oder Alkalikarbonat und Salpeter aufgeschlossen, so ist zum Auslaugen eine möglichst geringe Wassermenge anzuwenden, da andernfalls nach Jaboulay (Écho des Mines et de Métall. 1906, Bd. XXXV, S. 575) die Resultate für Vanadin zu niedrig ausfallen sollen.

Blair löst die Legierung, die zugleich Chrom und Wolfram enthalten darf, in HNO_3, dampft zur Trockne, führt die entstandenen Nitrate durch Glühen in Oxyde über, schmilzt diese mit Salpetersoda, laugt mit Wasser aus, fällt aus der Lösung erst die Tonerde, dann V. Cr und W zusammen mit Merkuronitrat, verascht und glüht den Niederschlag, schmilzt den Rückstand mit Soda, fällt V aus der gelösten Schmelze als Ammoniumvanadat NH_4VO_3 und wägt nach dem Glühen als V_2O_5.

Arnold empfiehlt den Schmelzaufschluß mit Natriumsuperoxyd (Electrochemist and Metallurgist, März/April 1902). Der wässrige Auszug wird nach der Filtration weiter wie oben angegeben behandelt.

Sind Chrom und Wolfram abwesend, fällt das nochmalige Schmelzen des geglühten Merkuroniederschlags mit Soda weg, denn die Auswage ist dann reine V_2O_5, abgesehen von Verunreinigungen, wie Kieselsäure, deren Entfernung bezw. Trennung von V_2O_5 bereits a. a. O. beschrieben ist.

η. Bestimmung von Nickel im Ferrovanadin nach Brunck-Schilling (Chem.-Ztg. 1911, S. 1190).

Folgende Methode ist schnell und genau: 1 g äußerst fein gepulvertes Ferrovanadin wird in 30 ccm Salzsäure, spez. Gewicht 1.12, gelöst, durch tropfenweisen Zusatz von Salpetersäure, spez. Gewicht 1.4 oxydiert, eingedampft und so lange geröstet, bis alle Nitrate zerstört sind. Der Rückstand, bestehend aus den Oxyden, wird nach dem Erkalten in Salzsäure, spez. Gewicht 1.12, gelöst, die abgeschiedene Kieselsäure abfiltriert und mit heißer verdünnter Salzsäure ausgewaschen. Das Filtrat wird mit 20 ccm wässriger Weinsäurelösung (1 : 5) versetzt, schwach ammoniakalisch gemacht und das Nickel mit 1-proz. alkoholischer Dimethylglyoximlösung gefällt. Der rote Niederschlag wird im Neubauer-Tiegel abgesaugt, mit heißem Wasser ausgewaschen, bis das Filtrat eisenfrei ist, und im Luftbad bei 110 Grad C. bis zur Gewichtskonstanz getrocknet. Dieses Nickeldimethylglyoxim enthält 20.31 % Nickel. Der Niederschlag ist vollkommen frei von Vanadin.

Von sämtlichen für die Analyse des Ferronadiums oben erwähnten Methoden sind insbesondere die Verfahren α, γ, δ, ε sowie das von Campagne zu empfehlen. Für schnelle und dabei doch genaue Bestimmungen eignen sich die Methoden δ. und ε.[1])

e. Vanadiumsalze und -präparate.

1. Analyse von **Ammoniumvanadinmolybdat** nach Liebert (Dissert., Halle a. S. 1891).

α. Wasserbestimmung: Das Salz wird mit der vier- bis fünffachen Menge normalen Natriumwolframats versetzt und auf einer kleinen Flamme bis zum beginnenden Fließen der Masse er-

[1]) Vergl. auch die Methode W. Clark, Metall. and Chem. Eng. 1913, XI, S.195.

hitzt. Man läßt über Schwefelsäure erkalten und wägt. Das verwendete Wolframat muß kalziniert und wasserfrei sein.

β. Bestimmung von Ammoniak: Eine besondere Probe wird in bekannter Weise mit Kalilauge destilliert, Ammoniak in HCl aufgefangen, in Ammoniumplatinchlorid übergeführt und das beim Glühen entstandene Platin gewogen. Oder man fängt das Ammoniak in eingestellter H_2SO_4 auf und titriert unter Anwendung von Kongorot oder Lakmus als Indikator mit $\frac{n}{10}$-Natronlauge zurück.

γ. Vanadium und Molybdän: Eine abgewogene Menge des Salzes wird unter Erwärmen in konzentrierter H_2SO_4 gelöst, mit Wasser verdünnt, bis die rote Lösung eine gelbliche Färbung annimmt, und dann durch Zusatz von Methylalkohol reduziert, wobei sich die Lösung dunkelgrün, die überstehende Alkoholschicht gelb färbt. Nach mäßigem Verdünnen mit Wasser und Erwärmen wird die Flüssigkeit blau. Man verjagt den Alkohol, sättigt die Flüssigkeit in einer Druckflasche völlig mit H_2S, erhitzt sie fest verschlossen im Wasserbade 1½ bis 2 St., bringt nach dem Erkalten der Flasche die Flüssigkeit nebst Niederschlag in eine Porzellanschale, erwärmt weiter bis zum völligen Austreiben des Schwefelwasserstoffs, filtriert, wäscht den Niederschlag mit salzsäurehaltigem Wasser aus, behandelt das NH_3 und Vanadyl enthaltende Filtrat noch zweimal mit H_2S, bringt schließlich das Filtrat nach der Oxydation in eine gewogene Platinschale, dampft ev. unter Zusatz von etwas NH_3 zur Trockne ein, raucht das vanadinsaure Ammonium über drei Drahtnetzen ab und schmilzt die V_2O_5 eben bei Glühhitze. Die Molybdänsäure wird aus der Differenz oder als Molybdändisulfid bestimmt.

2. Analyse der käuflichen **Vanadinsäure** nach G. Chesneau (Chem.Ztg. 1912, S. 1182):

Die käufliche Vanadinsäure enthält etwa 15 bis 20 % Verunreinigungen, wie Oxyde von Fe, Mn, Al, Si, As, P und Rückstände der Behandlung, hauptsächlich Natron. Wird die Vanadinsäure einfach getrocknet, so ist sie leicht von Säuren angreifbar, und die Analyse bietet nur die Schwierigkeit der Trennung des V von den anderen Elementen. Es ist aber üblich, zur Entfernung der etwa 10 % betragenden Feuchtigkeit die Vanadinsäure zu kalzinieren, um ihren Gehalt an reiner Vanadinsäure zu erhöhen und sie direkt für metallurgische Zwecke verwendbar zu machen. Im kalzinierten Zustande ist die Vanadinsäure aber nur schwer von Säuren angreifbar, und die Analyse gestaltet sich schwieriger. Man schmilzt die Substanz mit Soda und Salpeter, löst in Wasser und filtriert ab. Der Rückstand wird in HCl gelöst und in üblicher Weise weiter analysiert. Die alkalische Lösung mit V_2O_5, SiO_2 und Al_2O_3 säuert man mit HNO_3 an und scheidet die Kieselsäure durch Eindampfen zur Trockne und Aufnehmen des Rückstandes in HNO_3 ab. Im ammoniakalisch gemachten Filtrat wird das Vanadin nach der Methode Carnot (vergl. u. a. auf S. 58) mit Bariumnitrat bestimmt. Oder man fällt im filtrierten wässrigen Schmelzauszug die V_2O_5 mit Merkuronitrat und trennt im gewogenen Niederschlag V, SiO_2 und Al_2O_3 in a. a. O. beschriebener Weise. Na ermittelt man leicht nach der Methode von Lawrence Smith, As und P durch Schmelzen der Vanadinsäure mit Soda, Aufnehmen in Wasser, Behandeln der salzsauer gemachten Lösung mit SO_2 und Einleiten von H_2S. In dem Filtrat wird P mit Ammoniummolybdatmischung gefällt.

Prüfung auf Eisen: Schmelzen mit der vierfachen Menge Kaliumbisulfat. Man laugt mit Wasser aus, setzt Ferrozyankalium zu. Ein dunkelbrauner Niederschlag beweist die Gegenwart von Fe. Bei Abwesenheit fällt nur grünes flockiges Vanadineisenzyanür.

Feuchtigkeit: Durch Glühen der Substanz bis zur Gewichtskonstanz im Porzellantiegel bei einer Temperatur, daß die V_2O_5 eben zu schmelzen beginnt.

3. Trennung der Vanadinsäure von Alkalien in **Vanadaten:**

Entweder fällt man das Vanadin aus neutraler wässriger Lösung der Alkalivanadate mit Salmiak als Ammoniumvanadat oder trennt die V_2O_5 vom Alkali durch Fällen mit Chlorbarium und Ammoniak oder mit Bleiazetat. Das ausgeschiedene Barium- bezw. Bleivanadat wird abfiltriert. Im Filtrat hiervon entfernt man das überschüssige Barium bezw. Blei mit H_2SO_4 und bestimmt im Filtrat hiervon endlich das Alkali als Sulfat in bekannter Weise.

f. Vanadiumhaltige Schlacken und Hüttenprodukte.

1. Schlacken.

α. Methode Risdale (Jahresber. d. chem. Techn. 1888, S. 245):

4 g feinst gepulverte Schlacken werden mit 60 ccm verdünnter H_2SO_4 (1 : 4) einige Minuten gekocht; nach dem Abkühlen füllt man zu 80 ccm auf, fügt 40 ccm $\frac{n}{10}$-$KMnO_4$-Lösung bis zu leichter Rosafärbung zu, hierauf tropfenweise verdünnte $FeSO_4$-Lösung, bis die Färbung gerade verschwindet, und titriert dann mit frisch bereiteter Ferrosulfatlösung (2.1830 g chemisch reines Fe in verdünnter H_2SO_4 gelöst und auf 1 Liter verdünnt), bis mit 1 Tropfen Ferrozyankalium eine grünlich blaue Färbung eintritt. 1 ccm $FeSO_4$-Lösung $= 0.002$ V $= 0.00364$ g V_2O_5.

G e n a u e r e R e s u l t a t e liefert

β. D i e M e t h o d e C a m p a g n e (Ber. d. Deutsch. Chem. Ges. 1903, S. 3164):

12 g feinst gepulverte Substanz werden mit HCl behandelt und die siedende Lösung solange vorsichtig durch tropfenweise Zugabe von HNO_3 oxydiert, bis eine Spezialretktion die völlige Abwesenheit von Chlorür beweist. Ist der Gehalt der Schlacken an Vanadin ziemlich hoch, so ist es zweckmäßiger, einen oxydierenden Aufschluß mit alkalischen Flußmitteln anzuwenden.

Die erkaltete salpetersaure Lösung spült man in einem 300 ccm-Meßkolben, verdünnt bis zur Marke und filtriert durch ein trocknes Filter. 250 ccm vom Filtrat = 10 g Substanz werden in einer Porzellanschale auf etwa 12 ccm bis salpetersäurefrei eingedampft, worauf die V_2O_5 von den Eisenoxyden nach dem Ätherverfahren von R o t h e (Mitteil. aus d. Königl. techn. Versuchsanstalt 1892, S. 132; hier S. 65) getrennt wird; die untere bräunliche Schicht enthält V und eventuell Cu, Sb, Zn, Al, Mn, Ni sowie Spuren Fe, die obere den Rest Fe. Der vanadinhaltige Teil wird eingedampft, der Rückstand mit 50 ccm konzentrierter HCl aufgenommen, die Ätherbehandlung wiederholt, die vanadinhaltige Lösung wieder eingedampft, wodurch alle V_2O_5 in V_2O_4 übergeht, der Rückstand in HCl gelöst, hierauf mit 5 bis 10 ccm konzentrierter H_2SO_4 versetzt und bis zum Entweichen weißer Schwefelsäuredämpfe erhitzt. Nach dem Erkalten löst man den Rückstand in 300 ccm Wasser und titriert bei 60 Grad C. mit Kaliumpermanganat:

$$5 V_2O_4 + 2 KMnO_4 + 3 H_2SO_4 = 5 V_2O_5 + K_2SO_4 + 2 MnSO_4 + 3 H_2O.$$

Der Eisentiter mal 0.9133 = V. Es empfiehlt sich, die für die üblichen volumetrischen Eisenbestimmungesmethoden benutzte Permanganatlösung im Verhältnis 1 : 5 zu verdünnen.

V o r s t e h e n d e M e t h o d e g i b t s e h r g u t e R e s u l t a t e; sie lehnt sich eng dem auf S. 83 ff., 95 und 109 angegebenen Verfahren an; sie kann ferner zur Vanadinbestimmung in „E i s e n e r z e n“ angewandt werden.

2. **Ofensauen** (nach „C l a s s e n“, Angew. Meth. d. quant. Analyse 1901, S. 235):

Man zersetzt die Probe mit Chlorgas. Die Chloride des V, Fe und von eventuell vorhandenem Mo gehen in die mit Wasser beschickte Vorlage. Man scheidet das Molybdän zunächst durch Schwefelwasserstoff, hierauf im Filtrat Eisen durch Schwefelammonium ab. Nach abermaliger Filtration wird das Vanadin in Ammoniumvanadat übergeführt, durch Glühen in V_2O_5 verwandelt und als solches gewogen.

D. Wolfram.

I. Quantitative Bestimmungsmethoden.

a. Gewichtsanalytische Verfahren.

1. Bestimmung des Wolframs als Wolframsäure durch Abscheidung als Merkurowolframat:

Diese Methode wird am häufigsten angewandt; sie gibt die genauesten, wenn auch noch nicht völlig einwandfreie Resultate, da diese meist noch etwas zu hoch ausfallen. Man geht von der Natriumwolframatlösung aus. Selbst wenn diese an sich rein war, darf die zur Auswage gebrachte WO_3 nie direkt als nur solche angesprochen werden und umso weniger, wenn die Wolframatlösung noch Silikate, Aluminate usw. enthält.

Herstellung der Quecksilbernitratlösung: 200 g werden nach Zugabe von 20 ccm konz. HNO_3 zu 1 Liter mit Wasser gelöst. Man bewahrt über met. Quecksilber in verschlossener Flasche auf. 10 ccm der Lösung verdampft und geglüht, dürfen keinen wägbaren Rückstand geben.

Ausführung: Die alkalisch reagierende Flüssigkeit wird nach Zusatz einiger Tropfen Methylorange als Indikator kalt vorsichtig mit HNO_3 abgestumpft, daß sie eben noch schwach sauer reagiert. Sodann erhitzt man zum Kochen[1]) und vertreibt so alle Kohlensäure, worauf durch tropfenweise Zugabe von Sodalösung am Farbton erkenntliche eben alkalische Reaktion wieder hergestellt wird. Nun läßt man die Flüssigkeit erkalten, versetzt mit überschüssiger, obiger Merkurosalzlösung, rührt tüchtig um, kocht kurze Zeit auf, läßt absetzen und erkalten. Verwendet man obige saure Quecksilberlösung, so muß nach der Fällung die Lösung nochmals mit Soda[2]) oder HgO abgestumpft

---

1) Ein hierbei u. U. entstehender Niederschlag wird nicht abfiltriert.

2) Zuviel Alkali ist zu vermeiden, da der Niederschlag sich sonst schwer alkalifrei auswaschen läßt und zu hohe WO_3-Werte liefert.

werden. Auf alle Fälle darf die nunmehr überstehende klare Flüssigkeit nur eben schwach sauer sein; ein zu großer Gehalt an freier Säure oder wenn die Fällung mit Quecksilbersalzen bereits in zu saurer Lösung geschah, liefert zu kleine Werte. Statt der Quecksilberlösung kann auch festes Salz verwendet werden. Enthält die gefällte Lösung also noch zuviel freie Säure, so ist sie nochmals mit Soda oder Quecksilberasche bis zur eben alkalischen Reaktion abzustumpfen und dann endgültig mit soviel weiterer Merkurosalzlösung zu versetzen, bis die Lösung wieder eben schwach sauer ist. Man kocht nochmals auf, rührt dabei um und läßt endgültig absetzen und erkalten. Die überstehende Flüssigkeit wird abgegossen, der schmutziggelbgraue Niederschlag drei- bis fünfmal mit heißem Wasser dekantiert, dann auf dasselbe Filter gebracht, mit heißem Wasser bestens ausgewaschen, getrocknet, im Platintiegel verascht und bei nicht zu hoher Temperatur über dem Teklubrenner oder besser über gutem Bunsenbrenner bzw. im elektrischen Ofen mit Abzug konstant geglüht, wozu etwa 20 Minuten erforderlich sind. Länger zu glühen oder höhere Temperaturen als 900 bis 1000 Grad anzuwenden, ist nicht ratsam, da dann WO_3 etwas flüchtig ist. Gebläsehitze ist auf jeden Fall zu vermeiden und der Tiegel halb bedeckt zu halten. Man läßt letzteren im Exsikkator erkalten und wägt. Die Zunahme ist Wolframsäure WO_3; Multiplikation mit 0.7931 ergibt den Wert für W. Der Glührückstand muß von pulveriglockerer Beschaffenheit und strohgelber Farbe sein; andere Eigenschaften lassen stets auf Verunreinigungen schließen.

Die Fällung der WO_3 mit Merkuronitrat wird von manchen Analytikern noch in folgenden Modifikationen vorgenommen: Die alkalische Lösung wird unter Anwendung der Lakmustüpfelprobe mit HNO_3 scharf neutralisiert, weiter verdünnt, zum Sieden erhitzt und mit 2 bis 3 g festen Merkurosalzes versetzt. Filtration und weitere Behandlung des Niederschlages bleiben wie oben angegeben.

Oder die alkalische Wolframatlauge wird nach Neutralisation erst mit der sauren Merkuronitratlösung versetzt, dann aber mit Ammoniak schwach alkalisch gemacht, so daß ein dunkelbrauner bis schwarzer Niederschlag entsteht, den man weiter wie oben angegeben verarbeitet.

Die zuerst angegebene Arbeitsweise dürfte die zweckmäßigste sein.

Es wird später erörtert, wie man zu reiner WO_3 gelangt, wenn die zu untersuchende Substanz noch Mo, V, Cr, Sn, As, Mn usw. enthält; denn diese Metalle, aber auch Al_2O_3, SiO_2 und P_2O_5 gehen beim oxydierenden Schmelzaufschluß mit Alkalien und Auflösen in Wasser mehr oder weniger wie das Wolfram als Alkalisalze in Lösung. Aber auch für den hier speziell in Frage kommenden Fall, daß ursprünglich eine nur wolframhaltige Lauge vorliegt, ist mit der Möglichkeit zu rechnen, daß die geglühte WO_3 durch SiO_2 und Al_2O_3 verunreinigt ist, sei es, daß diese aus unreinen Chemikalien oder aus nicht genügend widerstandsfähigem Glasmaterial stammen. Auf diese beiden Verunreinigungen der ausgewaschenen WO_3 ist übrigens, wie später gezeigt wird, bei der Untersuchung von Erzen, Stählen, Legierungen fast immer Rücksicht zu nehmen (vergl. auch das Kapitel über Trennung WO_3 von SiO_2 auf S. 132 ff.).

Zur Ermittelung des wahren Wertes an reiner WO_3 schmilzt man den unreinen Glührückstand im selbigen Platintiegel mit Kaliumbisulfat, löst die erkaltete Schmelze bei etwa 70 Grad C. in kohlensaurem Ammonium, läßt abkühlen, mindestens 12 Stunden absetzen, filtriert, wäscht mit dem verdünnten Lösungsmittel, dem man noch etwas Amoniumnitrat zugesetzt hat, um ein klares Filtrat zu erhalten, sorgfältig aus, trocknet, verascht, glüht und wägt den Niederschlag. Er besteht meist nur aus SiO_2 und Al_2O_3. Dieses Gewicht, von dem der unreinen WO_3 abgezogen, ergibt am nächsten den wahren Wert für die wirklich vorhandene, reine WO_3. Ganz einwandfrei ist dieser Befund aber jetzt auch noch nicht, da die Fällung mit Ammonkarbonat meist nicht absolut quantitativ ist, auch sehr leicht Spuren des erhaltenen Niederschlags durchs Filter gehen. Der aus der Differenz berechnete Wert für WO_3 ist daher meist noch etwas zu hoch. Das Abrauchen mit Flußsäure zwecks Entfernung der Kieselsäure ist nicht zu empfehlen, denn diese Methode ist unzuverlässig und ungenau.

2. **Bestimmung des Wolframs als Wolframsäure durch direkte Abscheidung und Wägung als solche:**

α. Durch wiederholtes Eindampfen von Wolframatlösungen mit konz. HCl oder HNO_3 bis zur Trockne wird fast nie eine quantitative Abscheidung der Wolframsäure erzielt. Insbesondere tritt beim Abfiltrieren und Auswaschen derselben sehr leicht Hydrosolbildung auf, selbst wenn man angesäuertes oder salzhaltiges Waschwasser verwendet. Der Wert der auf diese Weise abgeschiedenen WO_3 fällt mithin zu niedrig aus. M. Divani (Mining World 1911, Bd. XXXIV, S. 824) schlägt daher vor, die Fällung mit frisch gelöstem Zinnchlorür (in HCl) vorzunehmen und 1 bis 2 Min. zu kochen. Der Niederschlag wird mit heißem Wasser ausgewaschen und zu WO_3 geglüht; angeblich soll letztere zinnfrei sein.

Eisen beeinflußt die Fällung in keiner Weise (vergl. auch Bull. Soc. Chim. de France 1911, Bd. IX/X, S. 122; Ann. Chim. anal. appl. 1911, XVI, S. 132).

β. WO_3 kann durch Glühen von reinem Ammoniumwolframat erhalten werden.

γ. Methode von Margeritte: Die Alkaliwolframatlösung wird zunächst möglichst konzentriert. Dann fügt man vorsichtig 3 ccm konzentrierte H_2SO_4 hinzu, erhitzt unter beständigem Umrühren mit einem Platinspatel bis zum Auftreten dicker Schwefelsäuredämpfe und läßt erkalten, nachdem man noch etwa aufgetretene niedere Oxydationsstufen mit 3 bis 4 Tropfen konzentrierter HNO_3 oxydiert hat. Dann wird mit der dreifachen Menge Wasser verdünnt, durch einen Goochtiegel filtriert, mit verdünnter H_2SO_4 solange ausgewaschen, bis einige Tropfen des Filtrates beim Verdampfen auf dem Platinblech keinen Rückstand mehr hinterlassen und, nachdem man die H_2SO_4 durch mehrmaliges Waschen mit Alkohol entfernt hat, der Tiegelinhalt bis zur Gewichtskonstanz geglüht und als WO_3 gewogen.

Die unter 2. erwähnten Methoden stehen hinsichtlich Genauigkeit hinter dem Merkuronitratverfahren zurück.

3. Bestimmung des Wolframs als Wolframsäure durch Abscheidung als Benzidinwolframat nach G. v. Knorre (B. B. 1905, XXXVIII, S. 783):

Die neutrale Natriumwolframatlösung wird siedend heiß mit Benzidinchlorhydrat gefällt und erkalten gelassen. Dann erst filtriert man und wäscht mit benzidinchlorhydrathaltigem Wasser aus. Der noch feuchte Niederschlag wird im Platintiegel verascht, bei 800 Grad geglüht und die zurückbleibende WO_3 gewogen. Will man die Fällung in der Kälte vornehmen, muß der Wolframatlösung etwas verdünnte H_2SO_4 (etwa 10 ccm $\frac{n}{10}$) oder Alkalisulfat zugesetzt werden. Der Niederschlag, der aus kristallinischem Benzidinsulfat und amorphem Benzidinwolframat besteht, kann dann nach fünf Minuten abfiltriert werden.

Es ist zweckmäßig, vor der Fällung die Wolframatlösung stets zu konzentrieren. Ferner muß letztere unter Verwendung von Methylorange als Indikator genau mit HCl neutralisiert werden, bzw. man setzt von dieser bis zur eben auftretenden Rosafärbung zu. Als Waschflüssigkeit dient in beiden Fällen die unten näher beschriebene Lösung. Man wäscht solange aus, bis einige Tropfen, auf dem Platinblech verdampft, keinen Rückstand mehr geben.

Bereitung der Benzidinlösung: Man verreibt 20 g käufliches Benzidin im Mörser mit Wasser, spült mit 400 ccm Wasser in ein Becherglas, fügt 25 ccm HCl 1.19 hinzu, erwärmt, bis sich alles zur braunen Flüssigkeit löst, filtriert und verdünnt auf 1 Liter; etwa 6 ccm genügen, um 0.1 g WO_3 zu fällen.

Oder 28 g reines Benzidinchlorhydrat werden zusammen mit 7 ccm HCl 1.19 in 1 Liter Wasser gelöst. Arbeitet man unter Zusatz von H_2SO_4, so muß man für je 10 ccm $\frac{n}{10}$-H_2SO_4 mindestens 1 ccm der Benzidinlösung verwenden.

Bereitung der Waschflüssigkeit: 10 ccm der obigen Benzidinlösung werden mit destilliertem Wasser auf 30 ccm verdünnt.

Das v. Knorresche Verfahren gibt bei sorgfältiger Ausführung genaue Resultate; es ist aber nicht so einfach und sicher und wird daher in der analytischen Praxis weniger angewandt als die unter 2. beschriebene Merkuronitratmethode.

4. **Bestimmung des Wolframs als Wolframsäure durch Abscheidung mit α-Naphtylamin** nach Tschilikin (Ber. d. Deutsch. Chem. Ges. 1909, S. 1302):

Es wird eine salzsaure α-Naphtylaminlösung verwendet, die pro Liter 25 g und 1½ Mol.-Gew. HCl enthält. In diese, im Überschuß vorhandene Lösung wird die alkaliwolframathaltige Flüssigkeit gegossen. Man läßt dann drei St. stehen, filtriert, wäscht mit verdünnter salzsaurer α-Naphtylaminlösung aus, trocknet, verascht, glüht den Niederschlag und wägt als WO_3.

Diese Methode bietet gegen die von v. Knorre keine Vorteile.

P. Jannasch und W. Bettges (Ber. d. Deutsch. Chem. Ges. 1904, XXXVII, S. 2219) bestimmen das Wolfram als WO_3 durch Fällen mit Hydrazinchlorhydrat in salzsaurer Lösung.

5. **Bestimmung des Wolframs als WO_3 oder $CaWO_4$ durch Abscheidung als Kalziumwolframat** nach Rivot:[1])

Dieses Verfahren wird am wenigsten angewandt. Es gibt, wie die Merkuronitratmethode, nur richtige Werte, wenn die als Ausgangslösung dienende Natriumwolframatlauge im übrigen frei von Al_2O_3, S, Mo, Sn, Cr, As, V, P_2O_5 und SiO_2 ist. Analog der nach Verfahren 1. erhaltenen WO_3 muß auch hier das zur Wägung gebrachte $CaWO_4$ wegen möglicher

[1]) Als Wolframat von Ba, Pb, Cd, Bi: vergl. auch Smith u. Bradbury (Ber. XXIV, S. 2930; J. B. 1891, S. 2499); Brearley (Chem. N. Bd. 79, S. 64; Bd. 80, S. 293).

Verunreinigungen an SiO_2 und Al_2O_3 wie unten angegeben, nochmals gereinigt werden. Behandlung mit Flußsäure oder Schmelzen mit Bisulfat führen nicht einwandsfrei zum Ziel. Die Kalziumwolframatmethode gestaltet sich daher umständlich und steht hinsichtlich Genauigkeit den vorbeschriebenen Verfahren nach.

Die Natriumwolframatlösung wird zunächst unter Verwendung von Methylorange als Indikator möglichst genau mit HNO_3 neutralisiert, die Kohlensäure verkocht, mit Ammoniak bis zur eben schwach alkalischen Reaktion und hierauf mit überschüssigem Kalziumnitrat versetzt. Man kocht sodann mehrere Stunden, läßt den $CaWO_4$-Niederschlag, der meist etwas $CaCO_3$ enthält, absetzen, dekantiert, filtriert und wäscht mit heißem Wasser sorgfältig aus. Dieser Filterrückstand wird in einer Porzellanschale auf dem Wasserbad mit HNO_3 bis zur völligen Zersetzung behandelt, die Lösung trocken eingedampft und der Rückstand erst mehrere Stunden bei höchstens 100 Grad C. getrocknet, dann mit verdünnter HNO_3 aufgenommen. Diese Lösung kocht man auf und filtriert; man wäscht den Rückstand mit heißem Wasser aus, trocknet, verascht, glüht und wägt ihn als WO_3.

Es kann auch folgendermaßen verfahren werden: Den unreinen $CaWO_4$-Niederschlag digeriert man während mehrerer Stunden mit sehr verdünnter Essigsäure, bis keine Kohlensäure mehr entweicht. Die sauer gebliebene Lösung wird filtriert, der Rückstand mit schwach essigsaurem Wasser ausgewaschen, getrocknet, verascht, schwach geglüht und als nunmehr reines $CaWO_4$ gewogen.

b. Maßanalytische Methoden.

Sie haben sämtlich keine große praktische Bedeutung erlangt und kommen für genaue Bestimmungen nicht in Frage. Auch die wichtigeren Methoden seien daher nur kurz besprochen.

1. Verfahren von Edm. Knecht und Ev. Hibbert (Sitz. Chem. Soc. vom 21. X. 1909; Chem. Trade Journ. 1910, S. 563):

Es beruht auf der bekannten Tatsache, daß WO_3 durch Zink und Salzsäure zu Wolframdioxyd reduziert wird, das mit überschüssiger Säure eine hellbraune Lösung liefert. Wird dazu Ferrisalz gegeben, so wird das Dioxyd zum Trioxyd oxydiert nach $Fe_2O_3 + WO_2 = 2FeO + WO_3$. Den Endpunkt erkennt man am Verschwinden der intensiv blauen Farbe des als Zwischenprodukt entstehenden Wolframpentachlorids.

Die oben erwähnte Ferrisalzlösung kann auch durch Eisenalaunlösung von bekanntem Wirkungswerte unter Verwendung von Rhodankalium als Indikator ersetzt werden (Analyst. 1911 Bd. 36, S. 96; Chem.-Ztg. 1910, S. 1376). Diese veränderte Arbeitsweise gewährt den Vorteil, die Titration auch bei Gegenwart von Ferrosalzen vornehmen zu können. Bei befriedigenden Resultaten würde es sich sehr, insbesondere zur direkten W-Bestimmung in W-Stählen, eignen. Ein Verfahren, z. B. durch Eindampfen mit Säure abgeschiedene, ev. noch durch SiO_2 verunreinigte WO_3 in Gegenwart von überschüssiger HCl mittels Zn zu W-Tetrachlorid zu reduzieren und dessen Menge durch Titration mit $KMnO_4$ unter Luftabschluß zu ermitteln, ist bereits von v. d. Pfordten[1]) (D. Chem. Ges. Ber. 1883, XVI, S. 508) empfohlen worden. Gäbe es gute Resultate, wäre die Anwendung dieser Methoden speziell für Stahluntersuchungen, aber auch überall da sehr vorteilhaft, wo es auf die quantitative Trennung von WO_3 und SiO_2 ankommt.

2. Verfahren von J. B. Ekely und G. D. Kendall (Min. Journ. 1908, LXXXIII, S. 216):

Die unreine WO_3 wird kalt mit einem Überschuß von Äthylamin behandelt, worauf man mit Oxalsäure und Phenolphtalein titriert; die WO_3 löst sich nach

$$WO_3 + H_2O + 2\,C_2H_5NH_2 = (C_2H_5NH_3)_2WO_4$$

auf.

3. Verfahren von S. C. Lind und B. C. Trueblood (Journ. Amer. Chem. Soc. 1907, XXIX, S. 477):

Es beruht wie die analogen Methoden von Herting (Ztschr. angew. Chem. 1901, S. 165) und Hundeshagen (Chem.-Ztg. 1894, S. 547) auf der Titration einer heißen verdünnten Wolframlösung mit Natronlauge:

$$WO_3 + 2\,NaOH = Na_2WO_4 + H_2O,$$

unterscheidet sich aber von den genannten Methoden durch eine besondere Rücksichtnahme auf quantitative Beseitigung des Eisens, welche sich auf dem Wege der Filtration und des Auswaschens nicht hinreichend durchführen läßt, da das Wolframoxyd hartnäckig Eisen zurückhält. Lind und Trueblood beseitigen diesen Übelstand durch häufiges Auswaschen mit salzsäurehaltigem Wasser und möglichst vorsichtiges Dekantieren durch ein Filter, bis das Filtrat keine Eisenreaktion mit Rhodankalium mehr gibt. Nach Auswaschen mit

[1]) Vergl. auch Ann. 222, S. 137 u. 146; Chem. N. Bd. 50, S. 18; Ztschr. analyt. Chem. XXIII, S. 413.

3 bis 5-proz. Natriumnitratlösung bis zur Säureentfernung wird der Rückstand und das Filter in einem Erlenmeyer-Kolben mit $\frac{n}{5}$-Kalilauge im Überschuß versetzt und letzterer nach vollständiger Lösung der WO_3 mit $\frac{n}{5}$-Salzsäure bis zur Entfärbung des Phenolphtaleins zurücktitriert.

4. Verfahren von E. Kupplin (Stahl und Eisen 1904, XXIV, S. 27):

Dieses hat mit der unter 1. beschriebenen Methode große Ähnlichkeit. Die WO_3 wird mit Zink bis zu WO_2 reduziert und dann durch Titration mit $KMnO_4$ nach

$$5\,WO_2 + Mn_2O_7 = 5\,WO_3 + 2\,MnO$$

bestimmt.

5. Verfahren von E. Hibbert (Journ. Soc. Chem. Ind. 1909, Bd. XXVIII, S. 189):

Das Wolfram wird in salzsaurer Lösung in Gegenwart von Titan mit $\frac{n}{1}$-Methylenblau titriert.

6. Verfahren von W. Kantschew (II. Mendelejew.-Kongreß, 21. XII. 1911):

Die Bestimmung der WO_3 beruht auf der Titration des leicht hydrolysierbaren Benzidinsalzes mit Lauge.

Alle vorstehend genannten Methoden sollen insbesondere der Wolframbestimmung in unreinen WO_3-Niederschlägen, wie solche bei dem Aufschluß von Wolframstählen und Ferrolegierungen erhalten werden, dienen bezw. für eine schnelle W-Gehaltsermittelung in denselben angewandt werden. Zu diesem Zweck schließt man zunächst die Stähle und armen Ferrolegierungen mit HCl und $KClO_3$ oder HNO_3 auf. Wie aber bereits zu Anfang dieses Kapitels erwähnt, sind die erwähnten volumetrischen Methoden von zu geringer Genauigkeit, als daß ihre Anwendung in der analytischen Praxis empfohlen werden könnte.

c. und d. Kolorimetrische und elektrolytische Methoden,

die sichere und brauchbare Resultate liefern, gibt es nicht.

II. Quantitative Trennung des Wolframs von Molybdän und Vanadin.

An dieser Stelle sollen nur einige Methoden aufgezählt werden, da es sonst wegen der ausführlicheren Beschreibungen anderer Verfahren in Form der „Abgeschlossenen speziellen Untersuchungsmethoden" (Kap. D, Abschnitt IV, S. 140) zu viele Wiederholungen gäbe.

a. Wolfram von Vanadium.

1. Verfahren von Friedheim (Ber. d. Deutsch. Chem. Ges. XXIII, S. 3050):

Die durch Aufschließen der betreffenden Substanz mit oxydierenden Alkalien und Lösen der Schmelze in Wasser erhaltene, filtrierte Vanadiumwolframatlauge wird auf dem Wasserbad mit einer konzentrierten, möglichst neutralen Merkuronitratlösung digeriert und nach Zusatz von frisch gefälltem, überschüssigem Quecksilberoxyd noch 20 Minuten weiter so behandelt. Man läßt erkalten, filtriert, wäscht den Rückstand mit Wasser aus, spült ihn mit Wasser, dem einige Tropfen Merkuronitrat zugesetzt sind, in eine Schale, dampft bis zur Breikonsistenz ein, läßt erkalten, setzt konz. rauchende HCl zu, erwärmt 5 Minuten lang auf siedendem Wasserbade, wodurch alles Vanädin als Vanadylchlorid, ein großer Teil der WO_3 und das in Form von $HgCl_2$ vorhandene Hg gelöst werden und versetzt mit viel Wasser. Hierdurch fällt die gelöste WO_3 aus, während V und Hg in Lösung bleiben. Der vom Filter nicht abspritzbare Rest des oben mit Merkuronitrat erhaltenen Niederschlags wird in heißer HCl (1.12) gelöst und diese Flüssigkeit ebenfalls mit viel Wasser in der vorstehend beschriebenen Weise zersetzt. Man vereint beide Lösungen und läßt sie 24 St. stehen. Dann wird filtriert, der Niederschlag mit schwach salzsäurehaltigem Wasser ausgewaschen, aus dem Filtrat mit Schwefelwasserstoff das Hg gefällt, das Filtrat hiervon mit HNO_3 oxydiert, das V nach einer der früher beschriebenen Methoden abgeschieden und als V_2O_5 zur Wägung gebracht.

2. Bleiazetatverfahren: Man fällt die wässrige Lösung der beiden Alkalisalze mit Bleiazetat. Der abfiltrierte und ausgewaschene Niederschlag wird mit einer Lösung von K_2CO_3 gekocht, wobei Bleivanadat unlöslich bleibt und durch Abfiltrieren und Auswaschen vom Natriumwolframat getrennt werden kann. Der Rückstand aus Bleivanadat und Bleicarbonat kann, wie a. a. O. bereits angegeben, zur V-Bestimmung benutzt werden. Im Filtrat scheidet man die WO_3 durch Eindampfen mit HN_3 usw. oder als Merkurowolframat ab.

3. Das Gibbssche Verfahren, welches zur Hauptsache in der Abscheidung des V als Ammoniumvanadat besteht, gibt ungenügende Resultate; ebenso versagt nach Rosenheim die auf jodometrischer Grundlage beruhende Methode von Brauner (Monatshefte f. Chem., III, S. 58).

4. Sonstige Literaturangaben:

Gibbs (Proc. Am. Acad. XVIII, S. 232; Amer. Chem. Journ. VII, S. 377; V, S. 361, 391);

Rosenheim (Ztschr. anorg. Chem. XXXII, S. 181);

Fischer (Dissert., Rostock 1894);

Browning u. Goodmann (Ztschr. anorg. Chem. XII, S. 427);

Reichard (Chem.-Ztg., Jahrg. XXVII, S. 4).

b. Wolfram von Molybdän.

1. Verfahren von Brearley und Ibbotson (Chem. News LXXX, S. 294; Centralbl. 1900, S. 266, 490):

Man bringt die beiden Metalle in die wasserlösliche Form ihrer Alkalisalze, indem die betr. Substanz mit Sodasalpeter, Natriumsuperoxyd usw. geschmolzen und die Aufschlußmasse in Wasser gelöst wird; oder man behandelt das Gemisch der Metallsäuren mit Natronlauge. Die klare Lösung wird mit HCl angesäuert; in dieser fällt man nach S. 19 und 121 Mo und W zusammen mit Bleiazetat aus. Der so erhaltene, u. U. noch geglühte Niederschlag wird in HCl gelöst. Man setzt einige Tropfen HNO_3 zu und dampft trocken ein. Der Rückstand wird mit 150 ccm HCl (1 : 4) aufgenommen, die Lösung aufgekocht, filtriert und der Rückstand ausgewaschen; im Filtrat befindet sich nur Mo, das z. B. wieder als Bleisalz abgeschieden und zur Wägung gebracht werden kann.

Oder man verfährt wie folgt:

Die wolframmolybdänhaltige Substanz bzw. das Gemenge der beiden hydratischen oder kalzinierten Metallsäuren wird mit dem zehnfachen Gewicht einer Mischung von 7 Teilen Ätznatron und 3 Teilen Natriumsuperoxyd geschmolzen, indem man den Tiegelboden während 20 Minuten in Rotglut hält. Die wässrige Auflösung der Schmelze wird genau mit HCl neutralisiert; man macht dann etwas ammoniakalisch, filtriert bei ev. Trübung, säuert eben wieder mit HCl an, setzt reichlich Ammonazetat und hierauf essigsaures Blei zu. Nach dem Kochen, Absetzen, Filtrieren, Auswaschen, Glühen und Wägen löst man Molybdat und Wolframat in HCl, setzt einige Tropfen HNO_3 zu, verdampft zur Trockne, kocht den Rückstand mit 150 ccm HCl (1 : 4), filtriert, wäscht die WO_3 plus. ev. SiO_2 mit verdünnter heißer HCl aus, trocknet, glüht, wägt, rechnet auf $PbWO_4$ um, zieht dieses Gewicht von obiger Summe ab, erhält als Differenz den Wert für $PbMoO_4$ und rechnet diesen Betrag auf Mo um.

2. Verfahren von M. Ruegenberg und Ed. F. Smith (Journ. Amer. Chem. Soc. XXI, S. 772).

α. Es muß das frisch gefällte oder nur getrocknete, also ungeglühte Gemisch beider Metallsäuren vorliegen:

Man erwärmt dasselbe in einer Porzellanschale mit Schwefelsäure vom spez. Gewicht 1.378. Die WO_3 bleibt hierbei unlöslich zurück. W. Hommel (Dissert., Gießen 1902) zieht die Anwendung konzentrierter H_2SO_4 vor. Er erwärmt das Gemisch in einer Porzellanschale über freier Flamme, fügt zuletzt noch 1 bis 2 Tropfen HNO_3 zu, digeriert ½ St., läßt erkalten, verdünnt dann mit dem dreifachen Volumen Wasser, filtriert, wäscht erst mit schwefelsäurehaltigem Wasser, dann mehrmals mit Alkohol aus, trocknet, verascht, glüht und wägt den Rückstand. Der Befund ist WO_3. Das Filtrat wird in der Druckflasche mit Schwefelwasserstoff gefällt, Mo dadurch als Sulfid abgeschieden und in bekannter Weise in MoO_3 übergeführt und gewogen.

β. Beide Metallsäuren liegen vermengt im geglühten Zustande vor:

Nach Feststellung des Gewichtes schließt man das Gemisch von WO_3 und MoO_3 nochmals durch Schmelzen mit Alkali auf, scheidet die Metallsäuren in bekannter Weise wieder ab und behandelt dieses frisch gefällte Gemisch wie vorstehend nach α. Es genügt die Bestimmung nur einer Metallsäure, um aus der Differenz gegen das ermittelte Gesamtgewicht den Wert der anderen Metallsäure feststellen zu können.

Hommel verfährt wie folgt: Das geglühte gewogene Gemisch aus $WO_3 + MoO_3$ wird in einer Druckflasche mit konzentriertem Ammoniak bei Wasserbadtemperatur eine halbe Stunde erhitzt, wobei man häufig umschüttet. Nach dem Erkalten spült man den Inhalt der Flasche, gleichviel ob alles gelöst ist oder nicht, in eine Porzellanschale, dampft trocken ein und behandelt den Rückstand nach α. weiter.

Schnell, aber nicht sehr genau ist das Verfahren, die gewogenen, kalzinierten Oxyde mit wenig Soda aufzuschließen und die erhaltene Schmelze direkt nach α. weiter zu verarbeiten.

3. Sublimationsmethode von Péchard und Debray (Compt. rend. CXIV, S. 173 und XXXXVI, S. 1101):

Sie läßt sich auf das frisch gefällte, bezw. unkalzinierte Gemisch von WO_3 und MoO_3, von Wolfram- und Molybdänoxyden bzw. deren Natriumsalzen anwenden und zwar insbesondere dann, wenn Trennungen WO_3 von SiO_2 sowieso nach der Salzsäuregasdestillationsmethode ausgeführt werden. Man kann dann ein- und dieselbe Apparatur benutzen.

Die beiden Oxyde bzw. deren Salze werden in einem Porzellanschiffchen abgewogen. Dieses bringt man in ein Rohr von schwer schmelzbarem Glas, dessen eines Ende senkrecht nach unten gebogen und mit einer mit Wasser beschickten Péligotröhre verbunden ist. Der andere Schenkel des Rohrs geht durch ein elektrisch oder durch Gas heizbares Luftbad und steht mit einem Chlorwasserstoffentwicklungsapparat in Verbindung. Dieses Gas passiert vor dem Eintritt in das Zersetzungsrohr erst eine mit konz. HCl beschickte Waschflasche, dann eine solche mit konz. H_2SO_4. Man erwärmt das Luftbad langsam. Bei 200 Grad beginnt die Sublimation des Molybdäns. Von Zeit zu Zeit treibt man das sich im Rohre ansammelnde Sublimat durch sorgfältiges Erhitzen mit einer Gasflamme nach der Péligotröhre, damit man erkennen kann, ob noch MoO_3, 2 HCl sublimiert. Oft scheidet sich in der Vorlage ziegelrotes, in HCl unlösliches, dagegen leicht in HNO_3 lösliches $Mo_3O_5Cl_8$ aus, das nach der Gleichung $3(MoO_3, 2HCl) + 2HCl = 4H_2O + Mo_3O_5Cl_8$ entsteht. Ist die Zersetzung nach 1½ bis 2-stündigem Erhitzen beendet, entfernt man das Schiffchen mit der quantitativ restierenden WO_3 und ev. NaCl vorsichtig aus der Glasröhre und wägt. War man nur von $WO_3 + MoO_3$, bzw. deren Hydraten ausgegangen, so ist die Auswage direkt reine WO_3; ist aber, von den Natriumsalzen stammend, noch NaCl zugegen, so laugt man dieses mit Wasser aus und wägt die abfiltrierte, geglühte WO_3.

Nun wird das in der Röhre befindliche Sublimat mit etwas HNO_3-haltigem Wasser herausgespült, diese Lösung mit dem Inhalt der Péligotröhre vereint und das Ganze in einer Porzellanschale vorsichtig verdampft. Den Rückstand löst man in NH_3, spült in einen tarierten Porzellantiegel, verdampft zur Trockne, glüht gelinde zu MoO_3 und wägt diese.

4. Die Weinsäuremethode von H. Rose:

Die Hydrate von WO_3 und MoO_3 bzw. deren Alkalisalze werden in viel Weinsäure gelöst. Dann übersättigt man in einer Druckflasche mit verdünnter Schwefelsäure, leitet anhaltend Schwefelwasserstoff ein, erhitzt im Wasserbad, filtriert nach dem Erkalten das Molybdäntrisulfid ab, wäscht es mit schwefelsäurehaltigem Wasser aus und führt es in bereits beschriebener Weise in MoO_3 über.

Im weinsäurehaltigen Filtrat wird durch wiederholtes Eindampfen mit Salpetersäure die Weinsäure zerstört und die ausgeschiedene WO_3 als solche geglüht und gewogen. Auch kann in bekannter Weise die WO_3 als Merkurowolframat gefällt werden.

Diese Methode ist zeitraubender und ungenauer als die unter 1. und 2. beschriebenen Verfahren.

5. Sonstige Literaturangaben:

Friedheim u. Meyer (Ztschr. anorg. Chem. I, S. 76);

Smith u. Oberholtzer (Ztschr. anorg. Chem. IV, S. 236);

Desi (J. B. 1897, S. 892);

Reichard (Chem.-Ztg. XXVII, S. 4; Centr.-Bl. 1903, I, S. 362);

Jannasch u. Bettges (Ber. XXXVII, S. 2219);

Smith u. Exner (Chem. News XC, S. 37; C.-Bl. 1904, II, S. 761).

6. Endlich sind die, in den Abschnitten „W- und Mo-haltige Erze und Stähle" erwähnten, vielfach volumetrischen Methoden zu berücksichtigen.

Anmerkung des Verf.: Zu empfehlen ist die Anwendung der unter 2. und 3. beschriebenen Verfahren, besonders des ersteren.

c. Wolfram von Molybdän, Zinn und Kieselsäure.

Für die Trennung derselben besonders in Erzen, Stählen, Legierungen usw., sind in dem späteren Kapitel D. IV: „Abgeschlossene spezielle Untersuchungsmethoden" entsprechende Methoden angegeben, welche von vornherein auf eine Scheidung der fraglichen Elemente hinarbeiten, um dieselben einzeln quantitativ bestimmen zu können.

Ist nach irgend einem Verfahren ein Niederschlag, der das Gemenge von Wolfram- und Molybdänsäure quantitativ, Zinn- und Kieselsäure jedoch nur als Verunreinigungen, wie es bei durch die Merkuronitrat- oder Säureeindampfungsmethode entstandenen Niederschlägen der Fall sein kann, erhalten worden, so empfiehlt es sich zunächst, das Gemisch der vier Säuren nicht zu glühen. Ist dieses jedoch nach den Verhältnissen nicht zu vermeiden oder gar zweckmäßig, so wird das geglühte und gewogene Gemisch nochmals mit Sodasalpeter aufgeschlossen, die Schmelze in Wasser gelöst und hieraus, z. B. durch Eindampfen mit HNO_3, das Gemenge der hydratischen Säuren abgeschieden oder frisch gefällt; man erhält sie also im ungeglühten, höchstens getrockneten Zustande, digeriert sie in diesem Falle mit warmer HNO_3, setzt dann überschüssigen Ammoniak und etwas Ammoniumnitrat zu, filtriert und wäscht den Rückstand mit ammoniumnitrathaltigem Wasser aus. Im Filtrat befinden sich jetzt nur noch WO_3 und MoO_3, die nach S. 126 bis 129 quantitativ getrennt werden.

d. Wolfram von Molybdän und Vanadium.

Außer den im Kapitel „Wolframerze" und „Wolframstähle" erwähnten Methoden kann man zur Trennung und quantitativen Einzelbestimmung auch so verfahren, daß man die Alkalisalzlösung der drei Metallsäuren nach Hommel mit konz. H_2SO_4 erwärmt, dann, und zwar zuletzt über freier Flamme eindampft, den Rückstand mit Wasser (vergl. S. 127 unter 2. α.) aufnimmt und abfiltriert. WO_3 bleibt unlöslich; im Filtrat trennt man MoO_3 und V_2O_5 nach einer der unter B. II. a. und C. II. a. beschriebenen Methoden.

III. Quantitative Trennung des Wolframs von anderen Metallen.

Auch hier werden wie im Kapitel D. II. a. bis d. nur solche und zwar die wichtigeren Methoden wiedergegeben, die in den später erwähnten vollständigen Untersuchungsgängen überhaupt nicht berücksichtigt oder nur ungenügend beschrieben sind. Als Ergänzung dieses Kapitels ist daher unter D. IV. a. bis f. ab S. 140 nachzulesen.

a. Wolfram von Arsen.

1. Methode Kehrmann (Ann. Chem. 1888, 245, S. 56; Ber. 1887, XX, S. 1813):

1.5 bis 2 g Substanz werden mit der doppelten Menge Ätznatron, als theoretisch für beide Säuren — WO_3 und As_2O_5 — erforderlich ist, und der nötigen Menge Wasser in einer Porzellanschale eine halbe Stunde lang gekocht. Bedingung ist, daß die angewandte Substanz, z. B. mit Arsen verunreinigte WO_3, durch Natronlauge völlig aufschließbar ist. Dann gibt man reichlich Chlorammonium und ¼ des Volumens an Ammoniak zu und fällt mit Magnesiamixtur. Nach 12 st.-Stehen hat sich der Ammonmagnesiaarseniatniederschlag abgeschieden; er wird abfiltriert, mit verdünntem Ammoniak, dem etwas Ammoniummagnesiumnitrat zugesetzt ist, gewaschen und bei 110 Grad getrocknet. Die Fällung muß jedoch mehrere Male wiederholt werden. Im Filtrat bestimmt man das W, indem zunächst das freie Ammoniak verjagt und dann eine der bekannten Methoden angewandt wird, wobei sich aber die vielen Magnesiasalze sehr störend bemerkbar machen.

Die Destillation mit Methylalkohol ergibt nach Friedheim und Michaelis (Ber. XXVIII, S. 1420) keine günstigen Resultate.

2. Sonstige Methoden: vergl. Cobenzl (Ztschr. analyt. Chem. XXI, S. 114); Friedheim u. Michaelis (Ber. XXVIII, S. 1414; J. B. 1895, S. 2798).

b. Wolfram von Zinn.

1. Es erscheint am nächstliegenden, zinnhaltige WO_3 durch Behandeln mit HCl zu reinigen und das Zinn im Filtrat zu bestimmen oder eine wolfram- und zinnsäurehaltige Lösung mit konz. HCl oder Königswasser einzudampfen, den Rückstand mit HCl aufzunehmen und im Filtrat das Zinn mit Schwefelwasserstoff zu fällen; beide Methoden geben jedoch keine einwandsfreie Trennung.

2. Sonstige Literaturangaben:

Preusser (Ztschr. analyt. Chem. 1889, S. 173);

Setlik (Chem.-Ztg. XIII, S. 1474);

Ibbotson u. Brearley (Chem. News LXXX, S. 293);

W. D. Treadwell (Ztschr. f. Electroch. 1913, XIX, S. 381).

3. Methode Rammelsberg:

Das Gemisch von WO_3, SnO_2 und SiO_2 wird zunächst durch Behandeln mit HF im Platintiegel von SiO_2 befreit. Der Rückstand wird mit der 6 bis 8-fachen Menge $(NH_4)Cl$ vermischt, der Tiegel in einen zweiten größeren gesetzt, dieser bedeckt und bis zur völligen Verjagung des $(NH_4)Cl$ geglüht. Diese Operation wiederholt man dreimal. Nun wird der innere Tiegel allein anhaltend bei Luftzutritt geglüht. Die ganze Operation ist bis zum Eintreten konstanten Gewichts zu wiederholen.

4. Vergleiche die Verfahren unter c. auf S. 132 und unter 7. auf S. 163 ff.

5. Schmelzen der Oxyde mit Schwefelsoda; die wässrige alkalische Auflösung wird mit HNO_3, zuletzt mit HCl wiederholt eingedampft, der Rückstand mit HCl aufgenommen, mit Wasser verdünnt und filtriert: WO_3 bleibt unlöslich, Sn geht ins Filtrat.

6. Die ungeglühten Oxyde werden mit Schwefelammon auf dem Wasserbad digeriert und die erhaltene Lösung weiter nach 5. behandelt.

7. Vergl. die Arbeitsmethoden unter Kapitel: Analyse „Zinnwolframhaltiger Erze und Schlacken", S. 163 ff. und 219 ff.

8. Das Gemenge der Metallsäuren wird im Rosetiegel im H_2S-Strom bei schwacher Rotglut erhitzt. Die entstandenen Sulfide

behandelt man mit mäßig konzentrierter HCl; es geht nur das Zinnsulfid in Lösung.

9. Die Oxyde werden im Rose tiegel oder Glasrohr bei Glühtemperatur durch Wasserstoff reduziert. Nach Erkalten extrahiert man mit HCl unter Erwärmen; Sn löst sich glatt auf; alles W bleibt ungelöst zurück, das mit HCl und $KClO_3$ zu WO_3 oxydiert werden kann.

10. Man schmilzt mit Ätznatron, Natriumsuperoxyd oder Sodasalpeter; in die wässrige Auflüsung wird bei fast Siedehitze anhaltend CO_2 eingeleitet; es fällt nur Zinnsäure aus, W bleibt als Natriumwolframat gelöst.

Für genaue Analysen kommen nur die Methoden 7 und 9 bis 10 in Betracht.

c. Wolfram von Zinn und Kieselsäure.

1. Geglühte oder frisch gefällte, zinn- und kieselsäurehaltige Wolframsäure wird zwecks W-Bestimmung erst mit Flußsäure behandelt, dann wiederholt mit Chlorammonium geschmolzen und abgeraucht; es bleibt reine WO_3 zurück. Statt dieser Operationen kann man auch zwecks Sn-Bestimmung mit Zyankali schmelzen, mit Wasser auslaugen und vom metallischen Zinn abfiltrieren. Dieses wird in HCl gelöst und z. B. volumetrisch bestimmt. Die später erwähnten Methoden sind jedoch genauer.

2. Vergl. unter d. 11., S. 135.

d. Wolfram von Kieselsäure.

1. Der geglühte und gewogene kieselsäurehaltige Wolframsäureniederschlag wird zunächst mit Bisulfat geschmolzen und die Auflösung in Ammoniumkarbonat genau nach D. I. a. (S. 119) weiter behandelt.

Hierzu sei bemerkt, daß, falls in irgend einer wolframhaltigen Substanz die Kieselsäure bzw. das in SiO_2 übergegangene Silizium quantitativ bestimmt werden sollen, die Fällung der WO_3 und der SiO_2 in wolframatsilikathaltigen Alkalilösungen niemals nach der Merkuronitratmethode vorgenommen werden darf, da die Abscheidung der SiO_2 auf diese Weise nicht quantitativ verläuft. Obige Methode dient also zur quantitativen Trennung eines mit SiO_2 verunreinigten WO_3-Niederschlags. Die W-Resultate sind meist noch etwas zu hoch.

Soll jedoch die Kieselsäure von vornherein in irgend einer Substanz, z. B. Erz, quantitativ mit bestimmt werden, so muß man die durch Behandeln der Alkalischmelze (Soda, Na_2O_2 usw.) mit Wasser erhaltene, filtrierte Lösung der Alkalisalze wiederholt mit konzentrierter HCl eindampfen, den Rückstand mehrere Stunden bei 120 bis 130 Grad trocknen und die SiO_2 in bekannter Weise weiter bestimmen. Hierbei bleibt WO_3 mit zurück. Das ausgewaschene Gemisch beider Säuren wird dann wie oben angegeben getrennt. Es empfiehlt sich, den hierbei aus der Differenz sich ergebenden Wert für WO_3 nicht als den wahren Gehalt anzuerkennen, vielmehr ihn in einer besonderen Probe nach der Merkuronitratmethode zu bestimmen, da beim Filtrieren und Auswaschen des mit verdünnter HCl aufgenommenen Eindampfungsrückstandes sehr leicht geringe Mengen WO_3 sich lösen und ins Filtrat gehen.

2. α. Das feuchte Gemisch beider hydratischen Säuren wird mit heißer Ammonkarbonatlösung behandelt, nach Erkalten und Absetzen filtriert, der Rückstand ausgewaschen, getrocknet, geglüht und als SiO_2 gewogen; oder man dampft das ammoniakalische Filtrat in einer tarierten Schale ein, trocknet, glüht den Rückstand heftig zur Konstanz und wägt als WO_3. Das Auswaschen des durch Ammonkarbonat erhaltenen Niederschlages muß mit kaltem Wasser oder einer Lösung von Ammonnitrat geschehen.

β. Das noch feuchte Gemisch beider Säuren wird mit überschüssiger titrierter $\frac{n}{1}$-NaOH heiß digeriert; man titriert mit $\frac{n}{1}$-H_2SO_4 zurück, und zwar entspricht bei Anwendung von Phenolphtalein als Indikator $1\,NaOH = \frac{1}{2}\,WO_3$, bei der von Methylorange $1\,NaOH = 2\,WO_3$.

3. Nach Angaben von L. Wells und J. Metzger (Journ. Amer. Chem. Soc. 1901, XXIII, S. 356) sowie Mc. Kenna (Ztschr. angew. Chem. 1901, S. 828) lassen sich WO_3 und SiO_2 durch Abrauchen mit HF nur bei Zusatz von H_2SO_4 quantitativ trennen; die rückständige WO_3 darf nicht über dem Gebläse geglüht werden.

4. Behandlung des Gemisches beider Säuren mit Chlor und Schwefeldichlorid nach F. Bourion (Vortrg. in der Soc. Chim. de France, 8. 4. 1910; vergl. auch Compt. rend. 138, S. 760):

Die zu analysierende Substanz wird in einem Porzellan- oder Quarzschiffchen abgewogen und in einem Verbrennungsofen erhitzt. Zwischen Röhre und Chlorentwickler ist ein mit Chlorschwefel beschickter Kolben, der gelinde erwärmt wird, eingeschaltet. Das schwach gebogene andere Ende der Röhre ragt in ein mit Wasser gefülltes Absorptionsgefäß, hinter das zur Sicherheit noch ein zweites geschaltet wird. Der Chlorstrom soll wenig Chlorschwefel enthalten und die Substanz erst 45 Min. auf 180 bis 190 Grad, dann ebensolange auf 220 bis 250 Grad und zuletzt 5 bis 15 Min. auf 250 bis 500

Grad erhitzt werden. Hierbei sublimiert WO_3 als WO_2Cl_2 über. Man entleert dann die Absorptionsgefäße in ein Becherglas, spült mit ammoniakalischem Wasser aus und bestimmt W nach bekannten Methoden.

5. Methode Ed. Defacqz: Das Gemisch beider Säuren wird abwechselnd mit Wasserstoff und Chlor bei Rotglut behandelt. SiO_2 wird bei 600 bis 900 Grad C. weder durch Wasserstoff reduziert noch in Chlorverbindungen verwandelt, während WO_3 in niedere Oxyde und teilweise Metall übergeht, welche mit Chlor leicht das Hexa- bezw. Oxychlorid bilden und als solche flüssig sind (Chem.-Ztg. 1908, S. 722; Compt. rend. Bd. 146, S. 1319).

6. Methode C. Friedheim, W. H. Henderson und A. Pinagel (Ztschr. anorg. Chem. 1905, XXXXV, S. 396; Chem.-Ztg. Rep. Nr. 17, 1905): Gilt sowohl für das mechanische Gemenge von WO_3 und SiO_2 als auch für die „Silicowolframate" in Analogie der „Silicovanadiummolybdate" (Friedheim u. Castendyk, Berl. Ber. XXXIII, S. 1611). Das Gemenge bzw. die betr. Substanz wird in einem mit angeschliffener Vorlage versehenen Rohre unter Durchleiten trockenen luftfreien Chlorwasserstoffgases bei eben beginnender Rotglut erhitzt. Die Vorlage beschickt man von Anfang an mit konz. HCl. SiO_2 bleibt allein zurück und wird gewogen. Aus der Gewichtsdifferenz ergibt sich der Gehalt an WO_3. Die Flußsäuremethode (vergl. 7.) wird ebenfalls verworfen. Das Ausgangsgemisch glüht man bei mäßiger Temperatur aus und trägt es in ein Platinschiffchen ein. Das Prinzip dieses Verfahrens ist bereits von Périllon (vergl. unter 9.; ferner unter 3. auf S. 127, sowie Bull. Soc. l'Ind. Minér. 1884, Heft 1).

7. Flußsäuremethode (vergl. auch Rubin, Dissert., Bonn 1905) nach:

Smith u. Fränkel (Am. Chem. J. Bd. XII, S. 104, S. 428): Man befeuchtet den Glührückstand ($WO_3 + SiO_2$) bzw. die hydratischen Säuren im Platintiegel vorsichtig mit einem abgemessenen Volumen HF und raucht in bekannter Weise über einem Bunsenpilzbrenner ab. Mit Berücksichtigung des Gehalts der HF an Verunreinigungen wird diese Operation bis zur Gewichtskonstanz fortgesetzt. Zuletzt glüht man über gewöhnlichem Bunsenbrenner. Da die HF oft einen wägbaren Eindampfrückstand enthält, muß die gleiche wie bei der Analyse angewandte Menge HF abgeraucht und der Rückstand bei derselben Temperatur geglüht werden. Dieser Befund ist als Korrektur von der WO_3 abzuziehen. Oftmals wird vor dem Abrauchen noch mehr oder weniger konz. H_2SO_4 zugesetzt (vergl. oben unter 3.).

Vorstehendes Verfahren kommt nur in Frage, wenn man das Gemisch der beiden Säuren durch Behandlung ihrer Lösung mit Mineralsäuren erhalten hatte. Es darf nicht auf das nach der Merkuronitratmethode gewonnene Säuregemisch angewandt werden, weil in diesem die SiO_2 zum Teil derart von der WO_3 umhüllt wird, daß ganz erhebliche Mengen der HF-Einwirkung entgehen. Die Resultate stimmen daher untereinander schlecht überein und sind für WO_3 zu hoch.

8. Methode H. Hermann: vergl. Ztschr. analyt. Chem. 1912, Bd. 51, S. 736.

9. Methode von Périllon (vergl. die vorst. Meth. 3 und 6, sowie „Leiser“, S. 97):

Das Gemisch der geglühten und gewogenen Oxyde wird in ein Platinschiffchen gebracht und bei Rotglut in einem Strome trocknen Chlorwassertoffgases erhitzt. Das dabei wahrscheinlich als Azichlorid entweichende W wird in einer mit HCl beschickten Vorlage aufgefangen, während alle SiO_2 quantitativ zurückbleibt. Man wägt und findet aus der Differenz die WO_3.

Sollte diese während des Destillationsprozesses zu blauem Oxyd reduziert werden, in welcher Form es sich im HCl-Gasstrom nicht verflüchtigt, so läßt man den Apparat erkalten, vertreibt das HCl-Gas durch Luft, glüht im Luftstrom, läßt wieder erkalten, leitet HCl durch, bis alle Luft heraus ist, erhitzt dann wieder im HCl-Strom auf Rotglut und wiederholt so oft, bis nur reinweiße gewichtskonstante SiO_2 zurückbleibt. Der verwendete Chlorwasserstoff muß trocken und luftfrei sein, da sonst das Platinschiffchen stark angegriffen wird.

Zur Kontrolle kann das in der Vorlage befindliche W-Azichlorid mit HNO_3 wiederholt eingedampft und die sich abscheidende WO_3 als solche oder nach dem Lösen in NaOH und Fällen durch Merkuronitrat bestimmt werden.

10. Methode Nicolardot (Compt. rend. 1908, Bd. 147, S. 795: Chem.-Ztg. 1908, S. 1178; vergl. auch hier unter 2. β. auf S. 151, sowie S. 169):

Man behandelt das Gemisch von WO_3 und SiO_2 mit Tetrachlorkohlenstoff bei 400 bis 440 Grad C. oder im Chloroformluftstrom bei 500 Grad.

11. **Bei Gegenwart von SnO_2** verfährt man nach 1. Der in Ammonkarbonat unlösliche Rückstand enthält, wenn beim Auflösen

der Bisulfatschmelze noch Ammonnitrat zugesetzt und längere Zeit erhitzt war, die gesamte SiO_2 und SnO_2. Man glüht und wägt. Die Gewichtsdifferenz ist WO_3. Den Glührückstand schmilzt man ½ St. mit CNK, laugt mit H_2O aus, sammelt das met. Zinn durch Filtration und bestimmt es gewichtsanalytisch oder volumetrisch. Die hieraus berechnete SnO_2 vom Gewicht des ersten Glührückstandes abgezogen, ergibt den Wert für die SiO_2.

12. Sonstige Literaturangaben:

Preusser (Ztschr. analyt. Chem. XXVIII, S. 173);

Namias (Stahl u. Eisen XI, S. 757);

Bornträger (Ztschr. analyt. Chem. XXXIX, S. 361);

Watts (Chem. News VC, S. 19);

Tram (Chem.-Ztg. XIII, S. 680; J. B. 1889, S. 2413);

Setlik (Chem.-Ztg. XIII, S. 1474);

De Benneville (J. Amer. Chem. Soc. XIX, S. 377);

Mc Kenna (Chem. News LXXXII, S. 67; Centr.-Bl. 1900, II, S. 644);

Kehrmann u. Flürsheim (Ztschr. anorg. Chem. XXXIX Seite 98);

Ibbotson u. Brearley (Chem. News LXXX, S. 293);

Manchot u. Kieser (Ann. 1904, S. 337, 353);

J. Kieser (Dissert., Würzburg 1905);

Anmerkung des Verf.: Sämtliche Methoden wurden eingehend geprüft. Gute Resultate geben die Verfahren 1., 2., 5., 6, 9. und 11. Besonders zu empfehlen sind die Methoden 1., 6. und 9., obwohl die beiden letzteren etwas umständlich sind. Für Verfahren 1. ist noch das unter 7. im 2. Passus Gesagte zu berücksichtigen.

e. Wolfram von Phosphorsäure.

1. Methode von G. v. Knorre (Ztschr. analyt. Chem. 1908, Bd. 47, S. 37):

Eine annähernde Trennung von Phosphorsäure und Wolframsäure läßt sich mittels Benzidinchlorhydrats in der Weise erreichen, daß die auf 300 bis 400 ccm verdünnte Lösung des Phosphorwolframates mit etwa 3 ccm Salzsäure von 1.12 spez. Gewicht aufgekocht und mit Benzidinchlorhydratlösung versetzt wird. Den erst nach vollständigem Erkalten abfiltrierten Niederschlag wäscht man nur roh mit verdünnter Benzidinlösung aus, kocht ihn behufs Lösung des etwa mitgerissenen Benzidinphosphates mit 200 ccm Wasser aus, filtriert nach dem Erkalten abermals, wäscht jetzt den Niederschlag sorgfältig mit verdünnter Benzidinlösung aus und führt ihn in WO_3 über. Eine Verunreinigung der letzteren mit geringen

Mengen P_2O_5 (bis 0,4 %) kann vorkommen; sie ist an der grünlichblauen Färbung des Glührückstandes zu erkennen.

Für die quantitative Trennung, insbesondere für die Untersuchung von „Wolframmetall" und „Ferrowolfram" empfiehlt v. Knorre statt der Benzidinlösung eine unter Verwendung von 2.8 ccm Salzsäure von 1.12 spez. Gewicht bereitete 2-proz. Tolidinchlorhydratlösung. Der in der Kälte gefällte Niederschlag ist auch ohne Zusatz von verdünnter Schwefelsäure gut filtrierbar. Da die Tolidinphosphate viel leichter löslich sind als die entsprechenden Benzidinsalze, so kann das Tolidinchlorhydrat auch vorteilhaft zur Trennung der Phosphor- und Wolframsäure Verwendung finden.

Zu diesem Zweck wird die auf 300 bis 400 ccm verdünnte Lösung des Phosphorwolframates nach Zusatz von etwa 3 ccm Salzsäure von 1.12 spez. Gewicht zum Sieden erhitzt, noch heiß mit der drei- bis fünffachen Menge der zur Fällung erforderlichen Tolidinchlorhydratlösung (10 ccm der 2-proz. Lösung entsprechen 0.22 g WO_3) versetzt, nach vollständigem Erkalten filtriert und nach dem Auswaschen mit einer 0.2 bis 0.5-proz. Lösung von Tolidinchlorhydrat geglüht. Der Glührückstand wird zur Entfernung der vorhandenen kleinen Mengen Phosphorsäure mit Natriumcarbonat geschmolzen, die Schmelze mit Wasser aufgenommen, mit Salzsäure angesäuert und nach einem weiteren Zusatze von 3 ccm Salzsäure und Verdünnen auf 200 bis 300 ccm noch einmal mit Tolidinchlorhydrat gefällt.

2. Methode von M. Barber (Monatshefte f. Chem. XXVII, Seite 379):

Zu der in heißem Wasser gelösten Substanz setzt man möglichst wenig einer konzentrierten heißen Gerbsäurelösung (auf 1 g Substanz etwa 6 bis 8 ccm einer 50-proz. Gerbsäurelösung), übersättigt mit Ammoniak, erwärmt längere Zeit und säuert, sobald die anfangs hellbraune Flüssigkeit dunkel und trüb wird, mit konzentrierter HCl an. Die gesamte WO_3 fällt dabei als anfänglich grüner, später brauner, feinkörniger Niederschlag aus, den man eine Zeitlang kocht, dann absetzen läßt, nach mindsetens 6 St. abfiltriert und mit salzsäurehaltigem Wasser auswäscht. Das Filtrat wird auf die Hälfte eingedampft und die noch ausgeschiedene WO_3 abfiltriert. Die vereinten Niederschläge trocknet man, glüht sie im Porzellantiegel bis zur Gelbfärbung und wägt als WO_3. Um die organische Substanz im Filtrat zu zerstören, wird diese wenigstens zweimal bis zur Trockne eingedampft, der Rückstand mit verdünnter HNO_3 aufgenommen, überschüssiges Ammonmolybdat zugegeben, der Niederschlag nach längerem Stehen abfiltriert und in Ammoniak gelöst. Man fällt nun mit

Magnesiamixtur und führt den Niederschlag in bekannter Weise in $Mg_2P_2O_7$ über.

f. Wolfram von Niob und Tantal.

1. Methode von Hume Bedford (Journ. Americ. Chrom. Soc. XXVII, S. 1216):

Die zu untersuchende Lösung muß die drei Säuren als Alkalisalze enthalten. Nach Neutralisation mit HNO_3 wird sie mit Merkuronitrat, dann in geringem Überschusse mit HNO_3 versetzt. Darauf wird frisch gefälltes HgO zugesetzt und die Lösung 5 Minuten gekocht. Nach Absetzen des Niederschlags filtriert man diesen, wäscht mit siedendem Wasser aus, trocknet, verascht und wägt. Dieser Rückstand wird mit K_2CO_3 geschmolzen, die Schmelze in 150 ccm Wasser gelöst und mit überschüssiger Magnesiamixtur gefällt. Nach mehrstündigem Stehen wird der Niederschlag abfiltriert, fünf- bis sechsmal mit dem Fällungsmittel ausgewaschen, getrocknet und geglüht. Der Rückstand wird mit $KHSO_4$ geschmolzen, mit Wasser ausgekocht, abfiltriert, gewaschen, als Nioboxyd (plus ev. Tantalsäure) gewogen und aus der Differenz WO_3 berechnet.

Die Methode soll gute Resultate geben.

2. Liegt mit Tantal- bzw. Niobsäure verunreinigte Wolframsäure vor, so schmilzt man dieses Gemenge mit Ammoniumbisulfat, laugt mit Wasser aus und fügt Ammoniak oder Schwefelammonium im Überschuß zu. Die WO_3 geht in Lösung, $Nb_2O_5 + Ta_2O_5$ bleiben zurück. Erstere kann direkt mit HNO_3 unter Abscheidung von WO_3 eingedampft werden. Da aber $Ta_2O_5 + Nb_2O_5$ meist noch etwas WO_3 zurückhalten, schmilzt man erstere mit Schwefelsoda und vereinigt, nachdem man mit H_2O ausgelaugt und filtriert hat, den die fehlende WO_3 enthaltenden Ablauf mit der schwefelammoniakalischen Hauptmenge.

Dieses Verfahren gibt für die Trennung WO_3 von Ta_2O_5 gute, für die von WO_3 und Nb_2O_5 weniger befriedigende Resultate, da die Niobsäure in Ammoniak bzw. Schwefelammonium etwas mehr als die Tantalsäure löslich ist.

3. Sonstige Literaturangaben:

Reichard (Chem.-Ztg. XXVII, S. 4);

Smith (Proc. Am. Phil. Soc. Bd. 44, S. 151);

Bedford (C.-Bl. 1905, II, S. 1161 u. 1717).

g. Wolfram von Titan-, Niob- und Tantalsäure.

Vergl. Meyer-Hauser: „Die Analyse der seltenen Erden und Erdsäuren", 1912, Verlag Ferd. Enke-Stuttgart).

h. Wolfram von Titansäure.

Carnot u. Goutal (Compt. rend. Bd. 125, S. 75; J. B. 1897, S. 827): Schmelzen mit K_2CO_3 und KNO_3;

Reichard (Chem.-Ztg. XXVII, S. 4; C.-Bl. 1903, I, S. 362).

i. Wolfram von Uran.

Ibbotson u. Brearley (Chem. News Bd. 80, S. 293; C.-Bl. 1900, I, S. 266).

k. Wolfram von Silber.

Smith u. Fränkel (Am. Chem. J. Bd. XII, S. 104 u. 428; J. B. 1890, S. 2376).

l. Wolfram von Quecksilber.

Das Quecksilber fällt man aus der 70 bis 80 Grad warmen ammoniakalischen Lösung durch Hydrazinsulfat, wobei ein Zusatz von Wein- oder Zitronensäure nicht erforderlich ist. Im Filtrat wird das überschüssige Hydrazinsulfat durch Erwärmen mit rauchender HNO_3 zerstört, wonach das Wolfram sich als feiner, gelber Niederschlag von WO_3 abscheidet.

Vergl. ferner P. Jannasch, Alffers u. W. Bettges (Ber. Bd. XXXI, S. 2377; Bd. XXXVII, S. 2219).

m. Wolfram von Palladium und Platin.

Stephan, Jannasch und Rostosky (Ber. Bd. XXXVII, S. 2441, S. 1980; Chem.-Ztg. Rep. 1904, Nr. 19).

n. Wolfram von Gold.

Smith und Wallace (Ber. Bd. XXV, S. 779); Miller (C.-Bl. 1904, II, S. 1762).

o. Wolfram von Gallium.

De Boisbaudran (Compt. rend. 97, S. 521; J. B. 1883, S. 1573).

p. Wolfram von Cadmium.

Smith u. Fränkel (Am. Chem. J. Bd. 12, S. 104, S. 428; J. B. 1890, S. 2376).

q. Wolfram von Antimon.

Cobenzl (Ztschr. analyt. Chem. XXI, S. 114);
Hallopeau (J. B. 1897, S. 634);
Reichard (Chem.-Ztg. XXVII, S. 4).

r. Wolfram von Eisen und Mangan.

Cobenzl (Ztschr. analyt. Chem. XXI, S. 114);
Taggert u. Smith (J. Amer. Chem. Soc. XVIII, S. 1053).

s. Wolfram von Molybdän und Wismut.

Methode von Irving H. Buckminster u. Edg. F. Smith:

Die Trennung geschieht elektrolytisch in salpetersaurer-weinsaurer Lösung; sie soll glatt vor sich gehen (J. Amer. Chem. Soc. 1910, XXXII, S. 1471).

t. Wolfram oder Molybdän und Wolfram von Kupfer.

Smith wendet die elektroanalytische Trennung in zyankalischer Lösung an. W. D. Treadwell (Ztschr. f. Elektrochem. 1913, Nr. 5, S. 219) scheidet W von Cu durch Elektrolyse der ammoniakalischen Lösung mit 2 V Klemmspannung. Cu muß ursprünglich als Chlorid, Nitrat, Sulfat, Phosphat oder Azetat, W als Alkaliwolframat zugegen sein. Bei der Trennung Mo von Cu wird noch Alkalisulfid zugesetzt und bei 0.9 V gearbeitet.

Bei der Bestimmung von Mo als MoO_3 darf im Porzellantiegel nicht höher als bei 400 bis 450 Grad geglüht werden.

IV. Abgeschlossene spezielle Untersuchungsmethoden.

a. Wolframerze.

1. Reiner Wolframit.

A) GENAUERE UND ZUMEIST ANGEWANDTE VERFAHREN ZUR BESTIMMUNG VON NUR WOLFRAM.

α. Königswassermethode (Modifikation H. W. Hutchin, Analyst Bd. XXXVI, S. 398 und H. F. Watts, Metall. and Chem. Eng. 1911, Bd. 9, S. 414):

1 g feinst gepulvertes Erz wird mit 10 ccm konz. HCl versetzt; man digeriert auf dem Wasserbad, setzt noch 120 ccm gleicher HCl zu und kocht bei bedecktem Becherglas auf 10 ccm ein. Nach Zusatz von 5 ccm HNO_3 wird weitere 5 bis 10 Minuten erwärmt. Man verdünnt auf ca. 75 ccm, läßt absetzen, dekantiert ab und wäscht zweimal mit 50 ccm salzsaurem Wasser nach. Der Rückstand wird mit 10 ccm Wasser, dann mit 10 ccm NH_3 (1 : 1) versetzt und nach Abspülen der Becherglaswand mit gleicher Flüssigkeit gekocht, bis alle WO_3 sich gelöst hat. Man gießt nun durch das bereits benutzte Filter ab, dekantiert 3 bis 4 mal, filtriert vollends ab, wäscht mit einer

Lösung, bestehend aus 20 ccm Ammoniak, 2000 ccm Wasser und 1 ccm HCl, aus, und dampft Filtrat plus Waschwasser in einer tarierten Platinschale ein. Der Rückstand wird getrocknet, geglüht und als WO_3 gewogen. Das den in NH_3 unlöslichen Anteil der Erzprobe enthaltende Filter wird verascht, der Rückstand mit 5 ccm konz. HCl behandelt, eingedampft, die Lösung nach Zusatz von etwas HNO_3 fast zum Sieden erhitzt, dann mit Wasser verdünnt und filtriert. Man behandelt dann, ohne den Filterinhalt erst auszuwaschen, diesen samt die im Becherglas zurückgebliebenen Reste mit heißer verdünnter NaOH, wäscht nach, gibt zum Filtrat plus Waschwasser 2 g Ammoniumnitrat, rührt gut durch, filtriert, neutralisiert das Filtrat fast mit HNO_3, fällt die letzten so wiedergewonnenen Anteile WO_3 mit $HgNO_3$ und führt den Niederschlag wie bekannt in WO_3 über. Dieser und der obige Befund werden addiert.

Man kann auch wie folgt verfahren:

Die abgewogene Erzprobe wird wie oben angegeben aufgeschlossen, die abgeschiedene WO_3 aber statt mit Ammoniak durch 15 ccm Wasser und 5 ccm einer 10-proz. Natronlauge behandelt und das vor der Filtration benutzte Becherglas sowie das Filter mit noch schwächerer Natronlauge abgespült. Man setzt nun 3 g Ammoniumnitrat zu, kocht auf, lätß absetzen, filtriert, dekantiert und wäscht mit verdünntem Ammonnitrat aus. Die zu 200 ccm verdünnten, vereinigten Filtrate und Waschwässer werden mit HNO_3 angesäuert. Nachdem neutralisiert man wieder, bzw. macht mit NH_3 eben alkalisch. Nach Zusatz eines Überschusses an $HgNO_3$ wird mit HgO neutralisiert, tüchtig umgerührt, abfiltriert, der Niederschlag dekantiert, ausgewaschen, getrocknet, verascht, geglüht und als WO_3 gewogen. Der unlösliche Rückstand ist nochmals so zu behandeln, um die letzten Spuren WO_3 wiederzugewinnen.

β. Aufschlußmethode mit Ätznatronlauge:

0.625 g der fein gepulverten Erzprobe wird mit 20 ccm einer 25-proz. reinen Ätznatronlösung in einer Porzellanschale 45 Minuten lang auf dem Wasserbad digeriert, worauf man mit Wasser verdünnt, etwas Na_2O_2 zusetzt, in einen 250 ccm-Meßkolben überspült und bis zur Marke auffüllt. Vom Filtrat werden 200 ccm entspr. 0.5 g ursprüngliche Substanz mit HNO_3 angesäuert und dann mit NH_3 wieder alkalisch gemacht. Man kocht hierauf, filtriert, wäscht aus, neutralisiert fast mit HNO_3, fällt in bekannter Weise mit Merkuronitrat, nachdem man zuvor vollends mit HgO abgestumpft hat, filtriert, wäscht höchst sorgfältig aus und führt den Niederschlag wie üblich in WO_3 über.

Hauptbedingungen für das Gelingen dieses Verfahrens sind eine äußerst fein zerriebene Erzprobe und ein sehr sorgfältiges Auswaschen des Merkurowolframatniederschlages.

Hutchin empfiehlt die zwei vorstehenden Methoden als sehr genau. Nach des Verfassers Erfahrungen sind die erhaltenen WO_3-Werte jedoch etwas zu hoch. Hutchin unterläßt nämlich die an früherer Stelle bereits beschriebene nochmalige Schmelze der mit SiO_2, Al_2O_3 usw. auf alle Fälle mehr oder weniger noch verunreinigten WO_3. Erst mit Berücksichtigung dieser Fremdkörper, d. h. nach Abzug des diesen entsprechenden Gewichts von der unreinen WO_3, erhält man ein einwandsfreies Endresultat. Ferner dürfte der Königswasseraufschluß nicht bei allen Erzsorten quantitativ verlaufen.

Noch genauer, dabei einfacher sowie rascher und deswegen heute wohl auch am meisten angewandt ist die folgende Methode:

γ. Aufschlußverfahren durch Schmelzen mit Alkalien mit oder ohne Zusatz von Oxydationsmitteln:

Hinsichtlich der Aufschlußagentien und deren Mengenverhältnisse zur angewandten Substanz sind verschiedene Modifikationen im Gebrauch, z. B.:

1 g Erz; 10 bis 12 g NaOH, 4 bis 5 g Na_2O_2 oder 4 g Na_2O_2 und 3 g NaOH, Schmelze im Nickeltiegel;

1 g Erz; 8 bis 12 g Na_2CO_3, Schmelze im Platintiegel;

1 g Erz; 4 bis 8 g Na_2CO_3, 1 bis 2 g KNO_3, Schmelze im Platintiegel;

1 g Erz; 8 g Na_2CO_3, 1 g Na_2O_2, Schmelze im Platintiegel,

1 g Erz; 8 g Na_2O_2, Schmelze im Eisen- oder Porzellantiegel.

Am meisten angewandt wird das Schmelzen mit reiner Soda im Platin- oder mit Natriumsuperoxyd im Nickeltiegel; die Erzprobe muß den höchsten Grad von Feinheit aufweisen. Im übrigen kann die filtrierte Auflösung der Schmelze wie oben unter β. angegeben, weiter behandelt werden. Mit Berücksichtigung der Gegenwart von Fe, Mn, SiO_2, Ca, Al, Mg, As, P und S, die auch in reinen Handelserzen mehr oder weniger vorhanden sind, gestaltet sich der Analysengang zur Bestimmung von nur WO_3 wie folgt:

1 g feinst gemahlenes Erz wird im Platintiegel mit etwa 8 bis 10 g kalz. Soda innigst gemischt, das Gemenge oben noch mit etwas

Soda bestreut und 1 bis $1\frac{1}{2}$ St. über kräftiger Bunsen- oder Tekluflamme geschmolzen und dann erkalten gelassen. Man löst die Schmelze in Wasser auf und erhitzt, falls die Lösung mehr oder weniger violett gefärbt ist, nach Zusatz einiger Tropfen H_2O_2 zum Sieden. Jetzt wird filtriert, der Niederschlag mit heißer, verdünnter Sodalösung ausgewaschen — der Rückschlag ist, wenn noch W-haltig, ein zweites Mal aufzuschließen — und das mit dem Waschwasser vereinte Filtrat, die nur noch WO_3, SiO_2, Al_2O_3, As_2O_5, P_2O_5 enthalten, zur Entfernung der letzteren mit NH_3 und Ammonnitrat, bzw. Magnesiumnitrat, wie auf S. 157 (Methode Bullnheimer) angegeben, behandelt.

Sind nur Spuren As und P im Erz vorhanden, unterbleibt die Fällung mit NH_3, Ammonnitrat und Magnesiamischung. Wegen der SiO_2 allein ist die Behandlung mit NH_3 nicht nötig, da die gefällte WO_3 — siehe unten — sowieso nochmals von SiO_2 getrennt werden muß. Sind wägbare Mengen S vorhanden, ist der Soda zum Aufschließen noch etwas Salpeter zuzusetzen. Es empfiehlt sich aber, bei kieselsäurereichen Erzen mit nur Spuren As und P die Hauptmenge der SiO_2 vor der WO_3-Fällung abzuscheiden und zu diesem Zwecke die Hälfte der filtrierten sodaalkalischen Lösung entspr. 0.5 g Erz erst mit HNO_3 anzusäuern, dann wieder ammoniakalisch zu machen, aufzukochen und abzufiltrieren. Das Filtrat wird unter Anwendung von Methylorange als Indikator mit HNO_3 eben angesäuert, fast zum Sieden erhitzt, mit überschüssiger Merkuronitratlösung und einigen Tropfen Sodalösung versetzt, absetzen gelassen, filtriert, der Niederschlag ausgewaschen, verascht, geglüht und gewogen (H. F. Watts, Metall. and Chem. Eng. 1911, Bd. IX, S. 414). Bei kieselsäurearmen bzw. -reichen oder arsen- und phosphorhaltigen Erzen behandelt man die Hälfte der obigen sodaalkalischen bzw. ammoniakalischen Lösungen zwecks Fällung der WO_3 im ersteren Fall wie vorstehend oder ausführlicher nach D. I. a. (S. 117 ff.), im andern nach S. 157 (Bullnheimer-Methode). Stets aber muß die so oder so erhaltene und gewogene, unreine WO_3 in bereits beschriebener Weise (vergl. u. a. auf S. 119 u. 132) durch Schmelzen mit Bisulfat, Lösen in Ammonkarbonat und Abfiltrieren des Niederschlags von SiO_2 und Al_2O_3 getrennt werden. Letztere werden zusammen geglüht und gewogen. Die Gewichtsdifferenz ist reine WO_3.

δ. Schnelle Bestimmung von nur WO_3:

1 g Erz wird durch Schmelzen mit Natriumkaliumkarbonat im Platintiegel oder 7 g einer Mischung von 4 Teilen Salpeter und 3 Teilen Soda im Nickeltiegel während nur 10 Minuten aufgeschlossen. Die

Schmelze wird in Wasser gelöst, mit etwas H_2O_2 heiß oxydiert, filtriert, das Filtrat soweit mit HNO_3 abgestumpft, daß es noch eben alkalisch reagiert, die CO_2 verkocht, die WO_3 in der Lösung mit Merkuronitrat gefällt, nach kurzem Aufkochen absetzen gelassen, dekantiert, filtriert usw. Das Filtrat muß, mit Lakmuspapier geprüft, eben sauer reagieren. Durch die kurze Schmelzdauer soll nur der Aufschluß der Wolframate völlig erreicht, derjenige der Kieselsäure und Tonerde aber möglichst vermieden werden.

Anmerkung des Verfassers: Diese Methode wird in mehreren Laboratorien angewandt. Da der beabsichtigte Zweck nicht völlig erreicht werden kann, macht sich doch noch eine Schmelze der unreinen WO_3 mit Bisulfat erforderlich. Der einzige Vorteil besteht daher nur in der kürzeren Schmelzdauer, welch' letztere aber leicht die Gefahr eines unvollkommenen Aufschlusses mit sich bringt.

B) GENAUER UND VOLLSTÄNDIGER ANALYSENGANG.

Man schließt in diesem Falle das Erz unter Zusatz von Oxydationsmitteln auf; das Arbeiten mit dem Nickeltiegel ist zu vermeiden. Am geeignetsten ist das Schmelzen mit Sodasalpeter in Platingefäßen. Bei der Gesamtanalyse eines reinen Handelserzes sind zu berücksichtigen: W, Fe, Mn, Ca, Mg, Al, SiO_2, As und P. Bei „reinen" Erzen müssen fehlen bzw. dürfen in zu vernachlässigenden Mengen vorhanden sein: Cu, Mo, Cr, Sn, S.

α. Aufschluß: 1 g feinst gepulvertes Erz wird mit höchstens 10 g eines Gemenges aus 4 Teilen Soda und ½ bis 1 Teil Salpeter innigst gemischt und durch ½ stündiges Schmelzen im bedeckten Platintiegel bei heller Rotgluttemperatur aufgeschlossen. Nimmt man weniger bzw. gar keinen Salpeter, so muß länger, bzw. 1½ St. geschmolzen werden. Die erkaltete Schmelze löst man in Wasser, setzt einige Tropfen H_2O_2 zu, erhitzt zum Sieden, filtriert in einem 500 ccm-Meßkolben, wäscht den Rückstand sorgfältig mit stark verdünnter heißer Sodalösung aus, füllt bis zur Marke mit Wasser auf und schüttelt die Lösung gut durch. Es werden so der Rückstand **R** mit etwas Al_2O_3 und dem gesamten Fe, Mn, Ca sowie Mg, ferner die alkalische Flüssigkeit **L** mit P, As, SiO_2, WO_3 und dem Hauptteil Al_2O_3 erhalten. Der Rückstand **R** muß in HCl völlig löslich sein, andernfalls war der Aufschluß unvollkommen und muß, insbesondere wenn die SiO_2 mitbestimmt werden soll, eine zweite Schmelze des unlöslichen Restes folgen. Die entsprechenden Lösungen und Niederschläge sind zu vereinen.

β. Bestimmung von WO_3: Hierzu dienen 250 ccm der Lösung **L**, entspr. 0.5 g Erz. Man wendet das Verfahren Bullnheimer an (vergl. S. 143 u. 157), indem vor der Fällung der WO_3 nach der Merkuronitratmethode (S. 117 ff.) P, As, Sn, sowie der Hauptteil der SiO_2 entfernt werden. Für den Fall, daß jedoch P und As in zu vernachlässigenden Mengen vorhanden sind, hält man sich an die unter A) γ. (S. 142 ff.) gemachten diesbezüglichen Angaben. Die schließlich geglühte und gewogene WO_3 ist wiederum nochmals mit Bisulfat zu schmelzen, der Gehalt der Verunreinigungen an SiO_2 und Al_2O_3 festzustellen und von der unreinen WO_3 in Abzug zu bringen.

γ. Bestimmung von Fe, Mn, Ca und Mg: Geschieht genau wie bei „Ferrowolfram" auf S. 201 ff. angegeben, vergl. auch unter 3. g. auf S. 155.

δ. Bestimmung von Al_2O_3: Hierzu dient nicht nur der nach S. 144 erhaltene Rückstand **R** wie bei γ., vielmehr ist auch noch die Resthälfte der Lösung **L** heranzuziehen. Man arbeitet gleichfalls genau wie des näheren auf S. 201 ff. angegeben.

ε. Zur Bestimmung von As und P macht man eine besondere Einwage und verfährt dann wie auf S. 153 u. 156 angegeben.

ζ. Bestimmung von SiO_2: Vergl. den Abschnitt f. unter „Unreine Wolframerze" auf S. 154 ff.

C) SONSTIGE VERFAHREN ZUR ALLEINIGEN BESTIMMUNG VON WOLFRAM.

α. Methode der Arizona School of Mines (America).

Diese hat mit dem unter A) γ. (S. 142) beschriebenen Verfahren große Ähnlichkeit, gibt aber wegen der Art der Abschreibung der WO_3 und deren Reinigung, die nicht einwandsfrei sind, nur mäßig befriedigende Resultate. Die Arbeitsweise, wie sie heute noch vielfach in Amerika in Anwendung steht, ist die folgende und stand früher allgemein im Gebrauch:

0.5 g feinst gepulvertes Erz wird im Platintiegel mit 10 g Kaliumnatriumkarbonat bis zum völligen Aufschluß geschmolzen. Man läßt erkalten und löst die Schmelze direkt in 200 ccm HCl (1 : 4), dabei wird gelinde erwärmt. Die grüngelbe Lösung wird wiederholt trocken eingedampft, der Rückstand 1 St. bei 120 Grad C. getrocknet und dann mit heißer verdünnter HCl (1 : 6) aufgenommen. Man filtriert ab und wäscht mit HCl gleicher Konzentration sorgfältig aus. Filter samt Inhalt werden getrocknet, im Platintiegel verascht und der Inhalt als $WO_3 + SiO_2$ gewogen. Letztere wird durch Abrauchen mit Flußsäure entfernt; es hinterbleibt reine WO_3.

Anmerkung des Verfassers: Die so gewonnene WO_3 enthält außerdem fast regelmäßig Eisen und Mangan. Vorstehendes Verfahren wird daher oft mit der Abänderung ausgeführt, daß erst die alkalische wässrige Auflösung der Schmelze abfiltriert, der Rückstand ausgewaschen und das Filtrat samt Waschwasser nunmehr erst wie oben angegeben mit HCl behandelt und eingedampft wird.

β. Methode Oliver P. Fritchle (Eng. and Mining Journ. 1901, Bd. 71, S. 720; Chem.-Ztg. Rep. 1901, Nr. 24, S. 209):

In einen Platintiegel oder eine Platinschale von mindestens 25 ccm Inhalt bringt man 0.5 g äußerst fein gepulvertes Erz, setzt hierzu ein Gemisch (20 ccm) aus gleichen Teilen HCl und HF und erhitzt vorsichtig auf dem Sandbade oder einer Asbestplatte 1 St. lang nahezu zum Sieden, indem dabei die Schale wegen der lebhaften Gasentwickelung mit einem Platinblech abgedeckt wird. Von Zeit zu Zeit setzt man Säure nach. Das Erz muß sich vollständig lösen; andernfalls wiederholt man die vorstehend beschriebene Operation. Dann wird vorsichtig auf die Hälfte eingedampft, um Siliziumfluorid und den Säureüberschuß zu verjagen, wobei man das Lösegefäß bedeckt, um Verluste durch Verspritzen zu vermeiden. Die beiden Säuren lösen, bzw. zerlegen alle Erzbestandteile mit Ausnahme von Zinnoxyd, welches, wenn vorhanden, abfiltriert werden muß. Ablauf und Waschwasser fängt man wieder in einer Platinschale auf, dampft auf etwa 20 ccm ein, spült mit etwa 10 ccm Wasser noch warm in ein Porzellanschälchen, setzt 20 ccm konz. HCl und 8 ccm konz. HNO_3 zu, kocht kurze Zeit auf, dampft auf etwa 10 ccm ein, um alles Fluor zu vertreiben, wobei das Wolframfluorid in das Chlorid übergeht und dann infolge Gegenwart der HNO_3 als WO_3 ausfällt, und spült alles quantitativ mit 50 ccm Wasser in ein Becherglas über. Nun wird ½ St. gekocht und zwar vorsichtig, da die Flüssigkeit sehr leicht heftig stößt. Es fällt gelbe WO_3 aus. Man läßt in der Hitze absetzen, filtriert durch einen Goochtiegel, wäscht mit heißem Wasser aus, trocknet, glüht und wägt. Die Tiegelzunahme ist WO_3.

Diese Methode gibt in der Regel keine richtigen Werte, ist also unzuverlässig. Schon das Auswaschen der WO_3 mit nur heißem Wasser bringt Verluste. Des weiteren ist das Verfahren zu umständlich und haften ihm alle früher erwähnten Fehler an, die die Methoden mit Abscheidung der WO_3 durch Säuren aufweisen. Trotz der Behandlung mit HF schleppen sich kleine Mengen SiO_2 durch und macht sich eine nochmalige Reinigung (Bisulfatschmelzverfahren) der gewogenen WO_3 erforderlich. Aus diesem Grunde ist auch die Verwendung des Goochtiegels mit Asbesteinlage nicht möglich. Ein weiterer

Nachteil der Methode ist, daß sich beim Aufschluß der Erzprobe mit HCl und HF Teile der WO_3 so fest an die Platinschale ansetzen, daß sie ohne Anwendung von Natronlauge oder Ammoniak, die beim weiteren Analysengang dann störend wirken, überhaupt nicht los- bzw. aufzulösen sind.

γ. Sodaaufschlußmethode mit Abscheidung der WO_3 durch Salpetersäure und Ammoniumnitrat:

Das Erz wird analog A) γ. und C) α. aufgeschlossen, die WO_3 aber aus der der mit HNO_3 angesäuerten Lösung nach Behandlung mit Ammoniumnitrat durch Eindampfen abgeschieden. Die Methode gibt bei richtiger Anwendung für den geübten Analytiker genaue Resultate. Sie wäre dann unter Abschnitt A) einzureihen und dem Verfahren 1. A) α. von Hutchin (S. 140) gleichzustellen. Wegen der in der Regel jedoch unsicheren Resultate und der Langwierigkeit soll die Methode an dieser Stelle beschrieben werden. Selbst im günstigsten Falle steht sie immer noch hinter dem Verfahren 1. A) γ. zurück.

Ausführung: 1 g des feinst pulverisierten, trocknen Erzes wird mit 8 bis 12 g Soda bezw. Natriumkaliumkarbonat im Platintiegel durch ein- bis anderthalbstündiges Schmelzen über dem Teklugasbrenner aufgeschlossen. Setlik (Chem.-Ztg. XII, S. 1474) schmilzt 3 bis 5 g des bei 110 Grad C. getrockneten, feinst gepulverten Minerals ungefähr 2 St. im Platintiegel. Die erkaltete Schmelze wird im Becherglas ausgekocht, der Tiegel ausgespült, die Lösung bei Gegenwart von Mangan mit Na_2O_2 oder H_2O_2 in Siedehitze oxydiert und dann filtriert. Das Unlösliche wird nochmals mit 5 g Soda bezw. Natriumkaliumkarbonat innigst gemischt und aufgeschlossen. Der endgültige, bestens mit verdünnter Sodalösung ausgewaschene Rückstand enthält Eisen, Mangan, Kalzium, Magnesium als Oxyde bezw. Karbonate, oft Niob- und Tantalsäure, das Filtrat dagegen alle WO_3 neben SiO_2 und eventl. SnO_2. Die Hälfte, entsprechend 0.5 g, wird in einer Porzellanschale auf dem Wasserbad eingedampft, bis sich auf der Oberfläche Kristallhäutchen bilden. Dann gießt man vorsichtig das gleiche Volumen siedend heißer, konzentrierter HNO_3 zu, rührt um und läßt etwa 10 St. an einem derart warmen Ort, daß die salpetersaure Flüssigkeit beinahe kocht, bei bedeckter Schale stehen. Jetzt wird mit wenig Wasser verdünnt, umgerührt, absetzen gelassen, die überstehende Flüssigkeit auf ein Filter abgegossen, der schön gelbe Niederschlag in der Schale mit heißer verdünnter HNO_3 (1 : 5) versetzt, umgerührt und in dieser Weise mehrmals durch dasselbe Filter dekantiert. Das letzte Mal wird möglichst alle Waschsäure abgegossen, dann der Niederschlag in der Schale auf gleiche Weise zweimal mit einer 5 prozentigen $(NH_4)NO_3$-Lösung behandelt, worauf die Schale mit der $WO_3 + SiO_2$ einstweilen beiseite gestellt wird. Die vereinten Filtrate und Waschwässer werden in einer anderen Schale auf dem Wasserbad zur Trockne eingedampft, der Rückstand 2 Stunden im Trockenschrank auf 110 Grad erhitzt, mit NH_3 befeuchtet, wieder getrocknet, der Rückstand mit 40 ccm kochender, konzentrierter Salpetersäure versetzt, aufgekocht und im übrigen der entstehende kleine Niederschlag genau wie die Hauptmenge in der oben angegebenen Weise behandelt; schließlich bringt man ihn auf das bereits mit etwas WO_3 belegte Filter, wäscht wie oben aus, spült erst jetzt den Hauptniederschlag aus der ersten Schale mit 5-prozentiger $(NH_4)NO_3$-Lösung auf dasselbe Filter und wäscht noch wenige Male aus. Der gesamte Niederschlag wird getrocknet, konstant geglüht, gewogen: $WO_3 + SiO_2$. Bei dem Glühen ist zu beachten, daß die reduzierende Flamme nicht den Tiegelinhalt bestreicht. Trotzdem hat das erhaltene Produkt oft eine grünliche Farbe.

Die mit HNO_3 versetzte Na_2WO_4-Lauge des weiteren direkt mehrmals einzudampfen und zu trocknen, ist unratsam, da die so erhaltene WO_3 für analytische Zwecke sich sehr schwer alkalisalzfrei auswaschen läßt. Die vereinten salpetersauren Filtrate und Waschwässer werden daher mit NH_3 von Al_2O_3 befreit, aus dem Filtrat durch Zusatz von NaOH der NH_3 verkocht, die resultierende Lösung mit HNO_3 bis eben noch schwach alkalisch reagierend abgestumpft und endlich hierin die letzten Anteile der WO_2 mit Merkuronitrat, wodurch die Lösung zugleich eben saure Reaktion annimmt, in bekannter Weise gefällt und bestimmt. Der so gefundene Teil der WO_3 ist fast SiO_2-frei und wird direkt zum obigen, den Rest der SiO_2 enthaltenden Hauptteil addiert. In Letzterer wird die SiO_2 am besten durch Anwendung der bereits früher beschriebenen Bisulfatschmelzmethode bestimmt. Das Abrauchen mit HF ist nicht zu empfehlen. Einzelheiten über andere Trennungsmethoden WO_3 von SiO_2 sind auf S. 132 nachzulesen.

δ. Methode L. Campredon:

Dieses Verfahren leidet an folgenden Übelständen:

1. Das Erz wird mit Königswasser aufgeschlossen.
2. Die Kieselsäure wird gleichzeitig mit der WO_3 abgeschieden, von letzterer aber durch Abrauchen mit HF getrennt.
3. Die Abscheidung der WO_3 beruht nur auf dem Eindampfen mit HCl, also ohne Zusatz von HNO_3 oder $(NH_4)NO_3$.

4. Das salzsaure Filtrat wird weder mit HNO_3 wiederholt eingedampft, noch geschieht dasselbe nach vorherigem Zusatz von NH_3.
5. Eine Reinigung der WO_3 von Fe und Mn findet nicht statt.
6. Eine Ausfällung der letzten ins saure Filtrat gegangenen geringen Mengen WO_3 mit Merkuronitrat ist nicht vorgesehen.

Die Campredonsche Methode ist daher der typische Vertreter der einfachsten, ältesten, aber höchst mangelhaften und unzuverlässigsten Verfahren zur Untersuchung von Wolframerzen. Nähere Einzelheiten dieser Methode erübrigen sich daher.

Alle Verfahren, bei denen die aufgezählten Nachteile 1. bis 6. im Sinne einer der vorhergehend beschriebenen Methoden nicht berücksichtigt sind, verlieren den Anspruch auf Zuverlässigkeit.

ε. Methode M. F. Jean (vollständige Analyse):

1 g feinst gepulvertes Erz wird im Platintiegel mit 1 g $CaCO_3$ und ½ g NaCl aufgeschlossen. Man behandelt 1 St. lang mit kochendem H_2O, dann mit verdünnter HCl, setzt weiter Wasser zu, filtriert und wäscht aus. Das Filtrat wird mit wenig $KClO_3$ oxydiert, gekocht, mit Ammoniak gefällt, der Niederschlag Fe_2O_3 abfiltriert und ausgewaschen. Das Filtrat versetzt man mit etwas Schwefelammonium, läßt 6 St. absetzen, filtriert, löst den Niederschlag in HCl, verkocht den H_2S, fällt heiß mit Soda, kocht auf, filtriert, wäscht heiß aus, trocknet, glüht und wägt; das gefundene Gewicht mal 0,7210 = Mn. Das Schwefelmanganfiltrat wird eingedampft, mit HCl angesäuert, nochmals zur Trockne verdampft, der Rückstand mit Wasser aufgenommen, die Lösung aufgekocht, die Kieselsäure abfiltriert und ausgewaschen. Im Filtrat hiervon bestimmt man endlich in bekannter Weise CaO und MgO.

Der oben erhaltene, in verdünnter HCl unlösliche Schmelzrückstand wird mit Ammoniak behandelt, die Lösung 6 St. stehen gelassen, die SiO_2 — das hier ermitelte Gewicht ist zu dem oben erhaltenen zu addieren — abfiltriert und ausgewaschen, das ammoniakalische Filtrat in tarierter Platinschale trocken verdampft, der Rückstand mit HNO_3 befeuchtet, geglüht und als WO_3 gewogen.

Loys Desvergnes (Ann. chim. analyt. appliq. 1904, Bd. IX, S. 321; Stahl u. Eisen XXV, S. 221) hat vorstehendes Verfahren wie folgt modifiziert:

5 g Erz werden mit 5 g $CaCO_3$ und 2.5 g NaCl geschmolzen. Das erhaltene Produkt kocht man 1 St. mit Wasser, verdampft mit

überschüssiger HCl und späterem Zusatz von HNO_3 zur Trockne ein, nimmt den Rückstand mit salzsäurehaltigem Wasser auf und filtriert. Das Unlösliche wird mit kochendem salpetersäurehaltigem Wasser behandelt, die Lösung filtriert, der hierbei bleibende Rückstand mit 10 ccm Ammoniak und 20 ccm Wasser aufgenommen und die so erhaltene Flüssigkeit durch das zuerst benutzte Filter gegossen. Das Filtrat samt Waschwasser verdünnt man auf 100 ccm, neutralisiert 25 ccm davon mit HNO_3, setzt zu der kochenden Flüssigkeit eine HgO enthaltende Merkuronitratlösung und filtriert vom ausgeschiedenen Quecksilberwolframat ab. Durch Glühen des Niederschlags wird reine WO_3 erhalten.

Verfasser konnte mit vorstehendem Verfahren keine brauchbaren Werte erhalten.

2. Methoden für reinen oder unreinen Wolframit.

Das unter α. erwähnte Verfahren stammt von P. Nicolardot (Vortrag Acad. des sciences, 2. XI. 1908); es nimmt speziell auf Verunreinigungen wie Arsen, Schwefel, Molybdän und Zinn Rücksicht. Diese Methode gibt keine befriedigenden Resultate; vorzuziehen wäre höchstens die Modifikation β., die sich insbesondere durch Anwendung der Chloroformmethode zur Trennung der WO_3 von SiO_2 auszeichnet.

α. Das feinst gepulverte Erz wird im Silbertiegel mit Alkali geschmolzen, die erhaltene Masse mit lauwarmen Wasser behandelt, die alkalische Flüssigkeit filtriert, der Ablauf samt Waschwasser mit Bromwasser oxydiert und dann mit HNO_3 neutralisiert. Durch Zusatz von Weinsäure bleibt bei der nachfolgenden Behandlung mit Schwefelwasserstoff zwecks Abscheidung von Arsen, Zinn und Molybdän alles WO_3 gelöst. Hierauf wird das Filtrat mit überschüssigem NH_3 versetzt. Man leitet wieder H_2S ein und fällt durch Ansäuern mit HCl braunes Wolframsulfid, das abfiltriert, nach dem Waschen mit verdünnter HNO_3 getrocknet und durch Glühen in WO_3 übergeführt wird. Im Filtrat bestimmt man Eisen und Phosphor. Das Filtrat hiervon, bezw. die beiden letzten Niederschläge sollen absolut wolframfrei sein.

β. 1 g Erz wird mit 8 g Soda und 2 g Kalisalpeter bestens gemischt, im Platintiegel geschmolzen und die Schmelze in Wasser gelöst. Man oxydiert die Lösung mit Brom, filtriert einen entstehenden Niederschlag ab, wäscht diesen aus, neutralisiert das Filtrat fast völlig mit HCl, kocht auf und filtriert abermals. Filtrat und Waschwasser werden jetzt mit HCl angesäuert, der als SO_3 gelöste Schwefel mit Chlorbarium als $BaSO_4$ gefällt, das Filtrat, wie unter α. angegeben.

zwecks Entfernung von As, Sn und Mo mit Schwefelwasserstoff behandelt und im Filtrat der überschüsisge H_2S verkocht. Nun setzt man — ausgeschiedener Schwefel ist vorher durch Filtration zu entfernen — konz. HNO_3 zu, verdampft zur Trockne, behandelt den Rückstand nach 2 St. bei 120 Grad C., nimmt ihn mit wenig Wasser und etwas HNO_3 auf, filtriert ab, wäscht das Unlösliche mit wenig säurehaltigem Wasser aus, trocknet, verascht, glüht den Rückstand und wägt als $WO_3 + SiO_2$. Dieses Gemisch wird bei 500 Grad C. mittels mit Luft gemischter Chloroformdämpfe behandelt. Alle WO_3 verflüchtigt sich, nur SiO_2 bleibt zurück. Dieses wird gewogen. Aus der Differenz ergibt sich der Wert für reine WO_3.

3. Unreiner Wolframit außer Wolframzinnerz.

Je nachdem auch die Verunreinigungen quantitativ mitbestimmt werden sollen oder nicht, ändert sich das anzuwendende Aufschlußverfahren. In letzterem Falle kann man direkt nach einer der unten 1., A) bzw. B) erwähnten Methoden das Wolfram bestimmen. Da aber in diesem Falle die WO_3 nicht rein ausfällt, ist eine nachträgliche Trennung derselben von den Verunreinigungen vorzunehmen. Als solche kommen fast nur in Frage: SnO_2, As_2O_5, MoO_3, P_2O_5 und SiO_2. Die Trennung derselben von der WO_3 kann direkt nach den unter D, II und III bzw. den auf S. 157 — Verfahren Bullnheimer — gemachten Angaben ausgeführt werden.

Da bei unreinen Erzen die Kenntnis der Menge der Verunreinigungen nicht nur erwünscht, oftmals vielmehr unbedingt nötig ist, so soll ein vollständiger quantitativer Untersuchungsgang eines unreinen Erzes wiedergegeben werden. Das Erz sei mit Sn, Mo, Mn, Cu, Bi, S, P, As, Al, Nb, Ta, Sc, Ti und SiO_2 verunreinigt. Tatsächlich ist aber der Fall, daß ein Erz mit sämtlichen erwähnten Bestandteilen zur Untersuchung gelangt, sehr selten.

Aufschluß des Erzes: Je nach Unreinheit des Erzes entweder mit nur Soda nach C) γ. auf S. 147 oder besser mit Sodasalpeter nach B) α. auf S. 144 oder, falls insbesondere Sn, P, As, Mo zugegen sind, nach 1. auf S. 157. Bei ungenügendem Aufschluß sind die Schmelzoperationen zu wiederholen.

a. Bestimmung von SnO_2:

α. Geschieht nach den unter D, IV, 7. auf S. 163 angegebenen Methoden.

β. Man schließt eine besondere Probe entweder mit NaOH im Silber- oder mit Sodasalpeter im Platin- oder mit $Na_2O_2 +$ Soda im Eisen-, bzw. Nickeltiegel auf. Die Schmelze wird in Wasser gelöst, nach Oxydation mit H_2O_2 das Filtrat heiß 2 St. mit CO_2 gesättigt und der ev. blei-, tonerde- und kieselsäurehaltige Niederschlag in bekannter Weise weiter behandelt.

b. Bestimmung von Niob- und Tantalsäure:

5 g fein gepulvertes Erz werden mit HCl behandelt, der man ¼ ihres Volumens HNO_3 zusetzt, und mehrere Stunden auf dem Wasserbad digeriert, bis der Rückstand rein gelb erscheint. Hierauf filtriert man, wäscht mit salzsäurehaltigem Wasser eisenfrei aus, behandelt den Rückstand mit NH_3, filtriert und behandelt den Rest nochmals mit Königswasser usw. wie beschrieben. Der schließlich WO_3- und mineralfreie Rückstand wird geglüht, gewogen, durch Abrauchen mit HF und H_2SO_4 von der SiO_2 befreit, der Rückstand im Porzellanschiffchen im H_2-Strom geglüht, ev. entstandenes metallisches Zinn mit HCl extrahiert und das nunmehr unlöslich Gebliebene nach dem Waschen, Trocknen, Glühen als $Nb_2O_5 + Ta_2O_5$ gewogen.

Man kann auch wie folgt verfahren:

Das Erz wird mit Ammoniumbisulfat geschmolzen; man löst in Wasser auf und digeriert das Unlösliche mit Ammoniak oder Schwefelammonium. Ta_2O_5 bleibt zurück. Man filtriert ab und wäscht aus. Die noch etwas WO_3 enthaltende unlösliche Ta_2O_5 wird mit Schwefelsoda geschmolzen und dann mit Wasser behandelt. Es bleibt jetzt nur Ta_2O_5 zurück. Nb_2O_5 verhält sich ebenso, ist aber in NH_3 und Schwefelammonium etwas mehr löslich. Sind beide Erdsäuren gleichzeitig vorhanden, so trennt man sie nach erfolgter Abscheidung, wie vorstehend für nur Ta_2O_5 angegeben, nach Kapitel D., III. auf S. 138.

c. Bestimmung von Titan:

Vergl. auch hier S. 139; ferner Mennicke, „Metallurgie des Wolframs“, S. 118 ff., spez. S. 120.

Zur analytischen Bestimmung fällt man die TiO_2 meist als Metasäure H_2TiO_3, da $TiO_2 \cdot 2H_2O$ leicht durchs Filter geht. Diese Fällung ist nur dann quantitativ, wenn man die Lösung zirka zwei Stunden lang im Kochen erhält, die freie Säure möglichst neutralisiert und das verdampfte Wasser beständig ersetzt. Geringe Mengen von TiO_2 bleiben aber auf diese Weise trotzdem noch gelöst, auch wird bei der Fällung leicht Fe und Al mitgerissen. Man kann auch mit Schwefelammonium fällen und anhaltend SO_2 einleiten, wodurch nur reine $TiO(OH)_2$ erhalten wird.

Die beste quantitative Bestimmung von Titan in reinen Erzen besteht im Schmelzen letzterer mit der vierfachen Menge an Fluorkalium-Fluorhydrat, wodurch das schwerlösliche K_2TiFl_6 entsteht, oder durch Aufschluß der Erze mit dem sechsfachen Gewicht $KNaCO_3$, wobei man erst schwach, dann bis zum ruhigen Fluß erhitzt, die Schmelze in kaltem Wasser abschreckt und Salzsäure, danach Schwefelsäure zugibt; dann dampft man bis zur Entwicklung von SO_3-Dämpfen ein, läßt erkalten, löst mit kaltem Wasser soweit angängig auf, filtriert von der Kieselsäure ab, wäscht aus, stumpft die Lösung mit NH_3 bis zum schwachen Niederschlag ab, säuert wieder mit Essigsäure an, sättigt mit SO_2-Gas, kocht eine Stunde, ersetzt das verdampfte Wasser durch eine wässerige SO_2-Lösung, filtriert die $TiO_2 \cdot H_2O$ ab, wäscht aus, trocknet, glüht und wägt als TiO_2. Reine Titansäure ist weiß; bei Verunreinigung von Eisen hat sie eine schwach graue oder gelbliche Farbe.

Man kann auch die Alkalischmelze mit kaltem Wasser auslaugen, das unlöslich gebliebene $KNaTiO_4$ mit Bisulfat aufschließen, die erkaltete Schmelze mit 10 ccm Salzsäure und 50 ccm mit SO_2 gesättigten Wassers aufnehmen, schwach erwärmen, filtrieren, waschen, die klare Lösung mit 20 g essigsaurem Natron und etwas Essigsäure aufkochen, die gefällte Titansäure abfiltrieren, mit essigsaurem Wasser waschen, trocknen und glühen.

d. Bestimmung von Skandium:

Vergl. S. 218, sowie Mennicke, „Metallurgie des Wolframs“ [1]), S. 111, 114, 129 und 130.

Das Wesen der Abscheidung des Skandiums besteht im Aufschließen des Erzes mit Soda, Auslaugen der Schmelze mit Wasser, Behandeln des Rückstandes mit überschüssiger HCl 1.16, Abstumpfen bis zur noch schwach sauren Reaktion, Fällen mit H_2SiFl_6 1.06, anhaltendes Kochen, Eindampfen bei mäßiger Temperatur, Abfiltrieren des Niederschlages, Zersetzen mit konz. H_2SO_4 in einer Platinschale, Verdampfen mit Wasser und Fällen mit Oxalsäure. Glühen des so erhaltenen Niederschlags gibt Sc_2O_3, das aber noch durch Thorium und seltene Erden verunreinigt sein kann. In diesem Falle wird die Reinigung des Rohskandiums nach Meyer & Winter (Ztschr. anorg. Chem. 1910, Bd. 67, S. 405; vergl. auch Mennicke, „Metallurgie des Wolframs“ [1]), 1911, S. 117 bis 118) vorgenommen.

e. Bestimmung von Schwefel und Phosphor:

Nach P. Nicolardot (Compt. rend. 144, S. 859) schließt man 3 g des Erzes mit NaOH oder KOH auf, löst die Schmelze

[1]) Verlag M. Krayn-Berlin.

in Wasser, oxydiert das Filtrat mit Bromwasser, neutralisiert mit HNO_3, säuert mit Weinsäure schwach an, fällt den Schwefel durch $Ba(NO_3)_2$ als $BaSO_4$, filtriert, wäscht, trocknet und glüht in bekannter Weise, während aus dem Filtrat der Ueberschuß an Ba-Salz durch H_2SO_4 entfernt wird. Das Filtrat dampft man trocken ein, schmilzt den Rückstand mit $KHSO_4$, löst die Schmelze in H_2O, behandelt das Filtrat mit H_2S, macht das Filtrat hiervon alkalisch, sättigt von neuem mit H_2S, dampft mit HNO_3 zwei- bis dreimal zur Trockne ein, nimmt dann den Rückstand mit verdünnter HNO_3 auf, filtriert, wäscht aus, versetzt das Filtrat mit überschüssigem Ammoniummolybdat, löst den nach längerem Stehen abfiltrierten Niederschlag in NH_3 auf und fällt schließlich die Phosphorsäure in bekannter Weise mit Magnesiamischung. Die erwähnten einzelnen Operationen sind nötig, um die aus dem Erz stammenden Fremdmetalle sowie die WO_3 selbst erst abzuscheiden.

Hinsichtlich der S-Bestimmung vergl. auch γ., S. 142 ff. sowie „Ledebur", 1911, IX. Aufl., S. 49 bis 51, und betr. der P-Bestimmung ebendaselbst S. 46, bei Gegenwart von Titan S. 47.

f. Bestimmung von SiO_2 und Al_2O_3:

Erstere allein ermittelt man am sichersten in besonderer Einwage nach dem unter C) γ. auf S. 147 angegebenen Verfahren. Für die SiO_2-Bestimmung insbesondere ist es sehr wichtig, sich zu überzeugen, daß der Erzaufschluß quantitativ war, indem der wasserunlösliche Aufschlußrückstand in HCl völlig löslich sein muß. SiO_2 und Al_2O_3 dadurch zu bestimmen, daß man die WO_3 in der Alkalisalzlösung mit Merkuronitrat fällt und in diesem Niederschlag eine Trennung WO_3—SiO_2—Al_2O_3 vornimmt, gibt für beide Letztere viel zu niedrige Werte. Da ferner nach Kehrmann (Ztschr. anorg. Chem. 1892, I, S. 428) beim Eindampfen alkalischer, SnO_2-, SiO_2-, MoO_3-, P_2O_5- und As_2O_5-haltiger Lösungen, ohne Zusatz von Ammonnitrat (vergl. S. 158, Fußnote), von Aufschlüssen unreiner Erze stammend, mit HCl und HNO_3 auch schwerlösliche Phosphor- und Arsenwolframate sowie Arsenmolybdate zurückbleiben, so ergibt sich auch hieraus, daß die Abscheidungsmethode der WO_3 mit Säuren keine genauen Resultate geben kann und die Bestimmung der SiO_2 durch Eindampfen mit nur Säuren allein nicht statthaben darf. Der Sicherheit halber kann der nach C) γ. auf S. 147 ff. erhaltene gewogene Niederschlag aus $WO_3 + SiO_2$ nochmals mit Bisulfat geschmolzen und durch Lösen in Ammonkarbonat usw. der wahre Wert an SiO_2 ermittelt werden.

Den Tonerdegehalt des Erzes ermittelt man daher, indem die wässrige abfiltrierte Lösung der vollkommen durch Schmelzen mit Alkalien aufgeschlossenen Erzprobe nach Oxydation mit Na_2O_2 und Filtration mit HNO_3 eben angesäuert und dann mit überschüssigem Ammonbikarbonat versetzt wird. Man erwärmt mehrere Stunden auf dem Wasserbad, so daß sich die Lösung gleichzeitig dabei etwas konzentriert, läßt erkalten und filtriert erst nach 12 Stunden ab. Ausgewaschen wird mit Ammonnitrat. Der Filterrückstand besteht aus Al_2O_3 und SiO_2, letztere nicht quantitativ. Nach Auswaschen, Trocknen, Veraschen, Glühen und Wägen wird der Niederschlag mit Bisulfat geschmolzen, die Schmelze in Wasser gelöst und entweder im Filtrat die Al_2O_3 mit Ammoniak in bekannter Weise gefällt oder die in Wasser unlöslich zurückgebliebene SiO_2 zur Wägung gebracht. In beiden Fällen ergibt sich direkt oder aus der Differenz der Wert für reine Al_2O_3.

Endlich ist zu berücksichtigen, daß auch der wasserunlösliche Soda- oder Aetznatronaufschlußrückstand sehr oft geringe Mengen Al_2O_3 enthält, die dann noch zu ermitteln und zum bereits erhaltenen Wert zu addieren sind.

Die Bestimmung von Al_2O_3 kann in derselben Einwage wie der zur Ermittlung des Gehaltes an Mn und WO_3 geschehen. Da Al_2O_3 meist nur in geringer Menge vorkommt, nimmt man größerer Genauigkeit halber 2 g Erz in Arbeit; der wasserunlösliche Sodaschmelzrückstand dient zur Bestimmung von Fe und Mn (vergl. unter g.), das Filtrat wird auf 500 ccm aufgefüllt; 250 ccm entsprechend 1 g Erz dienen zur Bestimmung der Al_2O_3, 125 ccm gleich 0.5 g Erz für die der WO_3. (Vergl. ferner den Abschnitt: Trennung WO_3 von Al_2O_3 im Kapitel D. IV. d. 3. auf S. 199 u. 201 ff.).

g. Bestimmung von Eisen und Mangan:

Hierzu wird der vorstehend erwähnte wasserunlösliche Aufschlußrückstand verwendet. Derselbe kann neben Fe und Mn aber noch Bi, Cu, Pb usw. enthalten. Die störende Anwesenheit von Pt (vergl. die Anm. S. 156) fällt weg, wenn das Erz ohne Salpeterzusatz aufgeschlossen wurde. Diesenfalls löst man ihn in verdünnter HCl, leitet Schwefelwasserstoff ein, filtriert ab und wäscht aus. Bei der Auflösung in HCl darf kein unlöslicher Rückstand (Erz, SiO_2, Gangart) bleiben, sonst war der Aufschluß ungenügend oder fehlerhaft. Besteht er *nur* aus SiO_2 und Gangart, so muß in dem Falle, daß SiO_2 quantitativ bestimmt werden soll, der Aufschluß bis zur völligen Zerlegung der Erzprobe und Überführung der SiO_2 in wasserlösliches Silikat wiederholt werden. Diese Lösung oder die bei Anwesenheit von nur Eisen und Mangan durch Auflösen obigen Rückstandes in HCl direkt erhaltene Flüssigkeit dienen nun zur Bestimmung und Trennung der beiden Metalle, die nach bekanntem Verfahren ausgeführt werden. Nach völligem Verjagen des Schwefelwasserstoffs und Verdünnen der Lösungen auf 250 ccm bestimmt man z. B. in 125 ccm entspr. 1 g urspr. Substanz durch Reduktion mit Zink und Titration mit Permanganat noch Zusatz von Manganosulfatlösung das Eisen (vergl. auch unter „Ferrowolfram" bei η., S. 205) und in den anderen 125 ccm das Magnan nach Volhard-Wolff.

Anmerkung: Wird das Erz mit Salpetersoda im Platintiegel geschmolzen, so geht stets etwas Platin in die Schmelze und findet sich hier beim Fe und Mn wieder. Ueber deren Trennung in solchen Fällen vergl. unter „Ferrowolfram" auf S. 201 unten und S. 202.

h. Bestimmung von Molybdän.

Es kann u. a. folgende Methode angewandt werden: Das Erz wird durch Schmelzen mit Alkalien aufgeschlossen, die klare wässrige Auflösung mit Chlorbarium gefällt, der Niederschlag abfiltriert und mit verdünnter HCl behandelt. Es löst sich nur Bariummolybdat. Man filtriert wieder ab und ermittelt in der so erhaltenen Flüssigkeit den Molybdängehalt nach irgend einem der früher unter Kap. B. J. erwähnten Verfahren.

i. Bestimmung von Schwefel:

3 g Erz werden im Platintiegel mit 3 g eines Gemisches von 15 Teilen Soda und 1 Teil Salpeter aufgeschlossen, wodurch aller S in Schwefelsäure übergeführt wird. Über die weitere Behandlung des wässrigen Extraktes, die übrigens keine besondere Abweichung von der bekannten Fällung der SO_3 durch $BaCl_2$ bildet, vergl. u. a. „Ledebur", Leitfaden, IX. Aufl., S. 50.

k. Bestimmung von Arsen nach Jannasch und Seidel (Ber. Deutsch. Chem. Ges. 1910, S. 1218).

5 g des feinst zerriebenen Erzes werden mit etwa 3 g Kaliumchlorat gemischt; das Gemenge bringt man in ein Becherglas, fügt 75 ccm HCl 1.19 hinzu und erwärmt anfangs gelinde, später stärker bis zum fast völligen Verschwinden des Chlorgeruches. Diese Lösung wird in einen Destillierkolben von etwa ½ l Inhalt gebracht, in den bereits 1 g KBr und 3 g schwefelsaures oder salzsaures Hydrazin eingetragen waren. Enthielt das betreffende Erz nur wenig Eisen (Molybdänit, Scheelit, Hübnerit), setzt man noch Eisenchlorür oder Eisenoxydulsulfat bzw. Mohrsches Salz zu. An dem Hals des Kolbens sitzt ein unter einem Winkel von 45 Grad nach unten

gerichtetes Ausgangsrohr, das mit einem Kühler verbunden ist, und dessen unteres Ende in einen darunter gestellten geräumigen Erlenmeyerkolben führt. Auf den Boden des Destillierkolbens bringt man zur Vermeidung des Stoßens beim Sieden eine Schicht Glasperlen oder kleiner Porzellanscherben.

War nun im Becherglas ein Rückstand (WO_3, MoO_3 usw.) geblieben, so spült man ihn mit 20 ccm HCl 1.124 in den Destillationskolben; vorausgesetzt wird, daß der Erzaufschluß vollkommen war, andernfalls muß der Rückstand nochmals wie oben mit 10 ccm HCl 1.19 behandelt werden. In den Kolben gibt man ferner 75 ccm HCl 1.19, schließt dann den Apparat und bringt den Inhalt durch einen untergestellten Kronenbrenner zum Sieden. Man destilliert bis auf etwa 20 ccm ab. Das Destillat wird mit einem Tropfen einer Methylorangelösung 1 : 1000 versetzt und nach G y ö r g y (Ztschr. analyt. Chemie 1893, S. 415) mit einer $\frac{n}{10}$-K-Bromatlösung titriert. Der Vorgang hierbei ist:

$$2\,KBrO_3 + 2\,HCl + 3\,As_2O_3 = 2\,KCl + 2\,HBr + 3\,As_2O_5.$$

Die Kaliumbromatlösung bereitet man durch Lösen von 2.7852 g des bei 100 Grad bis zur Gewichtskonstanz getrockneten Salzes in 1 Liter Wasser; 1 ccm = 0.003 748 g Arsen. Aus der Anzahl der verbrauchten Kubikzentimeter Kaliumbromatlösung berechnet sich der Arsengehalt.

Natürlich kann im Destillat das As auch gewichtsanalytisch nach einer der bekannten Methoden bestimmt werden; doch ist dieses Verfahren zeitraubender und trotzdem nicht genauer.

I. B e s t i m m u n g v o n W o l f r a m :

Hierzu ist das Verfahren von F r. B u l l n h e i m e r (Chem.-Ztg. 1900, Nr. 81, S. 870), Aufschließen mit Natriumsuperoxyd und Ätznatron im Nickeltiegel, sehr zu empfehlen. D i e s e S c h m e l z m e t h o d e w e i s t g r o ß e V o r t e i l e a u f, g i b t g e n a u e R e s u l t a t e u n d w i r d s e h r h ä u f i g a n g e w a n d t. Nachteilig wirkt der starke Verschleiß der Tiegel und daß man beim Aufschluß ziemlich beständig rühren muß. Das B u l l n h e i m e r s c h e Verfahren berücksichtigt die Gegenwart von SiO_2, MoO_3, P_2O_5, As_2O_3 und SnO_2.

1 g des feinst gepulverten Erzes erwärmt man im Nickeltiegel nach innigster Mischung mit etwa 4 g Na_2O_2 und 3 g NaOH erst gelinde, bis diese weich geworden ist, dann mit voller Flamme unter beständigem Umrühren bis zum dünnen Fluß. Man löst die erstarrte, aber noch heiße Schmelze mit Wasser auf; ist sie durch Manganat

grün bis violett gefärbt, so setzt man bei Siedehitze Natrium- oder Wasserstoffsuperoxyd tropfenweise bis zur Entfärbung zu, läßt erkalten, filtriert in einen Meßkolben, setzt zur Hälfte entspr. 0.5 g Erz etwas NH_3 sowie 20 g Ammonnitrat [1]) zu, läßt dieses sich auflösen und die Kieselsäure — samt ev. etwas $Al_2O_3 + SnO_2$ — ruhig absetzen. Nun erst wird mit Magnesiumnitratlösung in genügender Menge unter Umrühren ev. vorhandene As_2O_5 und P_2O_5 gefällt. Nach 6 bis 12 stündigem Stehen filtriert man ab, wäscht den Niederschlag erst mit NH_3, dann mit H_2O aus. Dann nimmt man die Abscheidung der WO_3 mit Merkuronitrat vor, indem das mit HNO_3 unter Benutzung von Methylorange als Indikator fast neutralisierte, eben noch schwach saure, kalte Filtrat mit Quecksilbernitratlösung [2]) versetzt wird, bis keine weitere Fällung mehr entsteht; nach einigen Stunden stumpft man wieder mit NH_3 bis zur noch eben schwach sauren Reaktion ab, läßt vollständig klar absetzen, filtriert, wäscht den Niederschlag mit merkuronitrathaltigem Wasser sorgfältig aus, trocknet, glüht bis zum konstanten Gewicht und wägt als WO_3.

Immerhin ist, was Bullnheimer allerdings nicht erwähnt, die so erhaltene WO_3 noch meist etwas kieselsäurehaltig und daher nochmals durch Schmelzen mit Bisulfat auf SiO_2 und ev. auch Al_2O_3 zu prüfen; sind diese vorhanden, so muß man sie nach früheren Angaben bestimmen und in Abzug bringen. Bei Gegenwart von Mo als MoO_3 hat zwecks deren Austreibung das Glühen der unreinen WO_3 unter Zusatz von Chlorammon zu geschehen.

m. Bestimmung von Kupfer und Wismut:

Ist nur Bi vorhanden, so können 5 g des gebeutelten Erzes wie vorstehend nach Bullnheimer oder mit Soda aufgeschlossen werden. Den ausgewaschenen wasserunlöslichen Rückstand behandelt man mit heißer verdünnter HNO_3, stumpft mit NH_3 ab, fällt mit H_2S und bestimmt im sulfidischen Niederschlag auf bekannte Weise das Bi. Ist dieses neben Cu zugegen, schmilzt man 2 bis 3 g des gebeutelten Erzes mit dem bekannten Pottascheschwefelgemisch, laugt mit H_2O aus, konzentriert die Lösung, erwärmt längere Zeit, damit kein Cu in Lösung bleibt, filtriert ab, wäscht aus, löst den Rückstand in verdünnter HNO_3, fällt mit H_2S und trennt die beiden Metalle nach der bekannten Ammonbikarbonatmethode. Der Bi-Niederschlag wird nochmals in HNO_3 gelöst und wiederum gefällt. Im Filtrat ist Cu.

---

[1]) Bei Gegenwart dieser Menge Ammoniumsalz bleibt nach Kehrmann (Ber. Deutsch. Chem. Ges. 1887, XX, S. 1813) alle P_2O_5 und As_2O_5 gelöst.

[2]) 200 g Merkuronitrat, 20 ccm konz. HNO_3, mit Wasser zu 1 l gelöst.

Da einmal ein Platintiegel nicht verwendet, zum anderen ohne Salpeterzusatz geschmolzen wird, kommt eine Trennung Wismut—Kupfer—Platin nicht in Frage.

4. Schnellmethoden bezw. weniger genaue Verfahren zur Bestimmung des Wolframgehaltes in Wolframerzen.

α. Methode E. Schleiff (Erzbergbau 1909, Bd. V, S. 262):

Das Erz muß vor der Analyse äußerst fein (150 Maschen) zerkleinert werden. Man bringt 0.4 bis 0.5 g in ein Becherglas, gießt 8 bis 12 g Königswasser auf und erhitzt zum Sieden, wobei das Erz am besten gleichmäßig über dem Boden verteilt wird. Ist die Säure verdampft, so gießt man nochmals auf, dampft wieder ziemlich ab, verdünnt und dekantiert durch ein Filter. Dann wäscht man in derselben Weise noch 4 bis 5 mal mit salzsäurehaltigem Wasser aus und stellt das Filtrat zum Absetzen etwa durchgegangener Wolframsäure über Nacht beiseite. Die auf dem Filter befindliche Wolframsäure löst man mit chlorammonhaltigem Wasser auf und läßt die Lösung auf den Niederschlag im Becherglas tropfen, bis dieser auch in Lösung gegangen ist. Die gelöste Wolframsäure filtriert durch dasselbe Filter in einen Porzellantiegel. Bleibt im Becherglase noch unaufgeschlossenes Erz zurück, so muß der Aufschluß mit Königswasser wiederholt werden. Die Flüssigkeit im Porzellantiegel wird verdampft, der Tiegel geglüht und gewogen.

β. Methode H. W. Hutchin und F. J. Tonks, spez. für wolframarme Erze (Eng. and Min. Journ. 1909, Bd. 87, S. 1141; Canad. Min. J. 1909, S. 395; Stahl und Eisen 1909, S. 1533):

Man wägt 5 g Erz oder mehr ein, digeriert in einer Porzellanschale auf dem Wasserbade mit 20 ccm einer 25-prozentigen Natronlauge (chlorfrei) ½ bis ¾ St. lang, verdünnt, setzt etwas Natriumsuperoxyd zur Oxydation eventl. vorhandener Sulfide zu und füllt in einem Kolben auf 250 ccm auf. Nun filtriert man, säuert 200 ccm des Filtrates mit Salpetersäure an, macht dann ammoniakalisch, kocht auf, filtriert und wäscht aus. Das Filtrat wird mit Salpetersäure schwach angesäuert, dann mit Merkuronitrat im Überschuß und hierauf noch mit einigen Tropfen verdünnten Ammoniaks versetzt. Man erwärmt, rührt um, läßt absetzen, filtriert, wäscht den Niederschlag mit schwacher Merkuronitratlösung aus, verascht im Porzellantiegel (oder bei Abwesenheit von Arsen im Platintiegel) und wägt die Wolframsäure. Die Probe muß sehr fein gerieben sein. Für etwa 0.4 g WO_3 reichen 20 ccm einer 25-prozentigen Natronlauge aus.

Zur Herstellung der Merkuronitratlösung erhitzt man 60 bis 90 g Quecksilber mit 25 ccm HNO_3 (1.4) und 75 ccm Wasser 1½ St. fast zum Kochen, läßt über Nacht warm stehen und verdünnt mit 400 ccm H_2O. 20 ccm dieser Lösung reichen für obige Fällung aus. Der Wolframsäureniederschlag kann noch zuletzt mit Flußsäure behandelt werden.

Bessere Resultate werden erzielt, wenn man den Aufschluß unter Druck vollzieht.

Anmerkung des Verfassers: Beide vorstehenden Methoden enthalten zweifellos eine Reihe von Mängeln, zu denen in erster Linie der meist unquantitative Aufschluß mit Königswasser oder Natronlauge gehört. Wäre das nicht der Fall, würde sich iusbesondere das zweite Verfahren sehr als Schnellmethode eignen.

5. Scheelit.

A) VOLLSTÄNDIGER GENAUER ANALYSENGANG.

α. Im allgemeinen ist mit der Untersuchung reinen oder unreinen Wolframits kein wesentlicher Unterschied zu machen, da auch Scheelite in den Handel kommen, die mehr oder weniger Wolframite bezw. dieselben Verunreinigungen wie diese enthalten. Der Arbeitsgang gestaltet sich daher wie folgt:

Von dem fein gepulverten, bei 110 Grad getrockneten Mineral wird 1 g mit der 8 bis 12 fachen Menge Na_2CO_3 bzw. $NaKCO_3$ 1½ bis 2 St. im Platintiegel geschmolzen (½ g Erz mit 6 bis 8 g 1½ St. lang). Die Schmelze kocht man mit Wasser aus, filtriert die Lösung und wäscht den Rückstand solange mit Wasser oder sehr verdünnter Sodalösung aus, bis sich das Filtrat mit HCl nicht mehr trübt. Der Rückstand wird nochmals mit etwa 5 g Soda geschmolzen. Im vereinten Filtrat ist SnO_2, Al_2O_3, WO_3, SiO_2, As_2O_5 und P_2O_5; auf dem Filter verbleiben die Karbonate bzw. Oxydule von Ca, Mg, Fe, Mn usw., sowie ev. auch noch Al_2O_3. Molybdän kommt im Scheelit sehr selten vor. Sind jedoch Mo und Sn vorhanden, schließt man mit Sodasalpeter [vgl. S. 144 unter B) α.], nicht aber mit dem von Bullnheimer für unreine Wolframite vorgeschlagenen Na_2O_2 . NaOH - Gemenge (S. 157) auf.

β. Bestimmung von WO_3:

Auf das Filtrat wendet man entweder direkt das auf S. 157 beschriebene Bullnheimersche Verfahren an, wonach vor der Fällung der WO_3 mit Merkuronitrat erst Al_2O_3, SnO_2, SiO_2, As_2O_5 und P_2O_5 abgeschieden werden und die erhaltene WO_3 zwecks Bestimmung und Abzug noch vorhandenen Verunreinigungen wiederum mit Bisulfat geschmolzen wird, oder man fällt direkt mit Merkuronitrat und nimmt nach früheren Angaben (Kap. D., III.) mit der erhaltenen unreinen WO_3 eine Trennung derselben von SnO_2, SiO_2, Al_2O_3, P_2O_5 und As_2O_5 vor. Der erstere Weg ist entschieden einfacher und genauer.

γ. Bestimmung von Eisen, Mangan, Kalk, Magnesia, Tonerde:

Hierzu wird der nach α. erhaltene, ausgewaschene, wasserunlösliche Rückstand verwendet. Man behandelt ihn mit heißer verdünnter HCl bis zur völligen Lösung. Sollte er noch etwas unaufgeschlossene SiO_2 (Gangart) enthalten, so muß diese erst abfiltriert und die in Lösung gegangene SiO_2 vor der weiteren Verarbeitung der salzsauren Flüssigkeit durch wiederholtes Eindampfen derselben mit HCl abgeschieden werden. Im übrigen trennt man die Basen in bekannter Weise; z. B. werden zuerst Eisen und Tonerde nach der Azetatmethode abgeschieden, im Filtrat hiervon fällt man Mangan, dann weiter Kalk und Magnesia. Auch volumetrische Methoden können angewandt werden. Von der Tonerde befindet sich der Rest, und zwar der Hauptteil in dem nach β. zu verarbeitendem Filtrat.

δ. Bestimmung von Tonerde, Arsen, Phosphor, Zinn und Kieselsäure:

Vergl. die diesbezgl. Angaben unter IV., a., 3. (S. 154 ff.) und IV., a., 1., B) (S. 144, 145).

ε. Direkte schnelle Bestimmung von nur Eisen, Mangan, Kalk und Magnesia:

2 g höchst fein gepulvertes Erz werden mit HNO_3 völlig zersetzt; man dampft ein und trocknet den Rückstand während 24 Stunden bei 100 Grad. Dann wird mit HNO_3 aufgenommen und filtriert; hierauf wäscht man mit HNO_3-haltigem H_2O aus, kocht den Rückstand mehrere Stunden mit Königswasser, filtriert, wäscht mit kochendem sauren Wasser aus, vereint die salpetersauren Lösungen, dampft wieder zur Trockne ein, trocknet mehrere Stunden bei 150 bis 160 Grad, nimmt mit H_2O und $(NH_4)NO_3$ auf, filtriert, wäscht mit gesättigter $(NH_4)NO_3$-Lösung aus und fällt, verunreinigt durch etwas SiO_2 im Filtrat CaO mit oxalsaurem Ammon. Im Filtrat hiervon bestimmt man MgO, während alles Fe und Mn sich im in $(NH_4)NO_3$ unlöslichen Rückstand vorfinden, mithin in HCl gelöst, von SiO_2 nach nochmaligem Eindampfen und Filtrieren getrennt und in bekannter Weise einzeln bestimmt werden können.

B) SÄUREMETHODE nach M. Gin (P. Truchot, „Les Petits Métaux“):

Dieses Verfahren führt zwar oft schnell zum Ziele, ist aber weniger zu empfehlen, da sich nicht alle Scheelite durch

Säuren bzw. Königswasser quantitativ zersetzen lassen. Die Methode A) ist daher für genaue Untersuchungen stets vorzuziehen.

Ausführung: 4 g feinst gepulvertes Erz werden im bedeckten Becherglas unter Erwärmen mit konz. HNO_3 behandelt. Die Lösung spült man in eine Porzellanschale über und erwärmt den Rückstand während 24 St. auf fast 100 Grad Celsius. Er wird dann mit heißer verdünnter Lösung aufgenommen, aufgekocht und die Lösung filtriert. Den Rückstand wäscht man aus, kocht ihn mehrere Stunden mit Königswasser, verdünnt die Lösung etwas mit Wasser, filtriert sie, wäscht den Rückstand mit wenig heißem Wasser aus, behandelt ihn mit warmem Ammoniak, filtriert in eine Platinschale, dampft das Filtrat samt dem ammoniakalischen Waschwasser zur Trockne ein, glüht den Rückstand und wägt ihn als WO_3.

Die obigen salpeter- bzw. salpetersalzsauren Filtrate werden vereint und in einer Porzellanschale eingedampft. Den Rückstand trocknet man, bei 150 bis 180 Grad C., nimmt ihn erst mit Wasser, dann mit einer gesättigten Ammoniumnitratlösung auf, spült die Flüssigkeit in ein Becherglas, kocht auf, filtriert — dieser Niederschlag enthält u. a. Eisen und Mangan —, wäscht aus, setzt zum Filtrat Schwefelammonium — es fällt der Rest Mangan —, filtriert wieder und bestimmt endlich in dieser Lösung nach Zerstörung des überschüssigen Schwefelammoniums Kalk und Magnesia. Der eisenmanganhaltige Rückstand dagegen wird mit HCl behandelt und aus dieser Lösung nach Zusatz überschüssigen Ammoniaks das Eisen samt dem Mangan durch Wasserstoffsuperoxyd bei Siedehitze gefällt.

6. Wolframit mit Molybdänglanz.

α. W. Trautmann (Ztschr. angew. Chem. 1911, Bd. XXIV, S. 2141) schlägt zur Bestimmung von nur WO_3 und Trennung von MoO_3 folgende Methode vor:

Man röstet die feingepulverte Substanz (1 g) im Platintiegel gelinde, bis der Geruch nach schwefliger Säure verschwunden ist, zieht den Tiegelinhalt 3 bis 4 mal mit verdünntem, warmem Ammoniak aus, wobei fast alles Molybdän in Lösung geht, filtriert, wäscht mit ammoniumnitrathaltigem Ammoniakwasser aus, verascht das Filter und führt den Aufschluß des Rückstandes mit reiner Soda im Platin- oder Nickeltiegel bei höchstzulässiger Temperatur aus.

β. Bestimmung von nur Molybdän:

1 g Erz wird im Porzellantiegel mit 5 bis 10 g Schwefelsoda (1 Tl. S, 1 Tl. Na_2CO_3) in bekannter Weise bei nicht zu hoher Tem-

peratur geschmolzen. Die filtrierte, wässrige Auflösung der Schmelze wird mit HCl angesäuert, mit überschüssiger Weinsäure versetzt und in einer Druckflasche mit Schwefelwasserstoff gesättigt. Der abfiltrierte ausgewaschene Niederschlag wird mit mäßig konz. HCl gekocht, die erhaltene Lösung mit etwas Wasser verdünnt, wieder überschüssige Weinsäure bis zum völligen Verschwinden der gefällten WO_3 zugegeben und dann die mit Schwefelwasserstoff gesättigte Lösung in einer Druckflasche auf dem Wasserbad erwärmt. Der entstandene Niederschlag ist ein Gemisch von MoS_3 mit S, welches nach früheren Angaben in MoS_2 übergeführt und als solches gewogen wird.

γ. Methode Müller (vergl. C. B. 1912, I, S. 224).

7. Wolframzinn- bzw. Zinnwolframerz.

α. Methode H. Angenot (Ztschr. angew. Chem. 1904, XVII, S. 74, 521; 1906, XIX, S. 140):

1 g der fein gepulverten Erzprobe wird in einem kleinen eisernen Tiegel mit 8 g Natriumsuperoxyd gemischt und etwa 15 Min. über einer Bunsenflamme zum Schmelzen erhitzt. Bornträger schließt durch einstündiges Schmelzen mit Soda auf. Nach dem Erkalten weicht man die Schmelze mit Wasser auf, fällt gelöstes Mangan mit etwas Wasserstoffsuperoxyd, spült das ganze in einen 250 ccm-Kolben — bei Gegenwart von Blei leitet man noch einige Minuten lang Kohlensäure durch die Lösung —, füllt bis zur Marke auf und filtriert nach dem Mischen durch ein trocknes Filter zweimal je 100 ccm ab.

a) Zur Bestimmung der WO_3 wendet Angenot das Verfahren von H. Bornträger (Ztschr. analyt. Chem. 1900, XXXIX, S. 361) an: 100 ccm des obigen Filtrats werden in eine Mischung von 15 ccm konz. HNO_3 und 45 ccm konz. HCl gegossen; die Lösung dampft man in einer Porzellanschale zur Trockne ein, behandelt den Rückstand mit 50 ccm einer Auflösung von 100 g Chlorammonium in 100 g konz. HCl und 1000 ccm Wasser, filtriert und wäscht mit der vorstehend angegebenen Flüssigkeit aus. Der Rückstand enthält außer WO_3 noch SnO_2 und SiO_2. Man löst ihn auf dem Filter in warmem NH_3, wäscht damit aus, läßt die ammoniakalische Lösung nochmals in eine Mischung von 15 ccm konz. HNO_3 und 45 ccm konz. HCl. fließen, dampft abermals trocken ein, nimmt mit der oben erwähnten salzsauren Salmiaklösung auf, filtriert durch einen Gooch-Neubauer-Platintiegel, wäscht mit verdünnter HNO_3 aus, trocknet und glüht. Die so erhaltene WO_3 soll frei von SiO_2 und SnO_2 sein.

b) Bestimmung von Zinn: Hierzu verwendet man die zweite 100 ccm-Probe des obigen alkalischen Filtrats. Sie wird mit 40 ccm konz. HCl versetzt, wobei WO_3 ausfällt. Nun fügt man 2 bis 3 g reines Zink zu, wodurch die WO_3 zu blauem Oxyd, das gelöste Zinn zu metallischem Zinn reduziert wird. Man läßt das ganze 1 St. bei 50 bis 60 Grad ruhig stehen. Das Zinn geht dann als Zinnchlorür in Lösung, während der größere Teil des W als blaues Oxyd ungelöst bleibt. Man filtriert ab, wäscht aus und hat neben etwas W-oxyd, das aber weiter nicht stört, das gesamte Sn in saurer Lösung. Der Rückstand wird in verdünntem warmem NH_3 gelöst, um sich zu vergewissern, daß kein metallisches Sn mehr auf dem Filter zurückblieb; ist dies doch der Fall, spritzt man die Partikel ab, löst in wenig HCl auf und fügt die Lösung der Hauptmenge hinzu. Diese wird mit Wasser verdünnt, das Zinn mit Schwefelwasserstoff gefällt, das SnS abfiltriert, mit sehr verdünnter Ammonacetatlösung ausgewaschen, getrocknet, verascht, dann vorsichtig bei bedecktem Tiegel abgeröstet und zuletzt nach Entfernung des Deckels heftig bis zur Konstanz geglüht. Zweckmäßig gibt man nach dem Erkalten ein kleines Stückchen Ammonkarbonat in den Tiegel, deckt zu, erhitzt und glüht zuletzt über gutem Teklubrenner wieder bis zur Gewichtskonstanz.

Die Lösung, aus der durch Schwefelwasserstoff das Sn als SnS gefällt werden soll, muß möglichst abgestumpft sein, da SnS in zu saurer Lösung leicht unvollständig ausfällt. Das feuchte, ausgewaschene SnS kann auch in KOH gelöst und in bekannter Weise elektrolytisch abgeschieden werden.

Anmerkung des Verfassers: Die Vorschrift Angenots, bei Gegenwart von Blei zur Entfernung desselben in die alkalische Schmelzauflösung erst einige Minuten Kohlensäure einzuleiten, ist mit Vorsicht aufzufassen, da sehr leicht Zinnoxyd mit ausfällt. Auch die Bornträgersche Trennungsmethode der WO_3 von SnO_2 durch Behandeln des die beiden Metallsäuren enthaltenden Rückstandes mit NH_3 ist nicht einwandfrei. Die Zinnbestimmungsmethode gibt gute Resultate.

β. Einfacher und eben so genau sind folgende Verfahren:

Das Mischerz wird zunächst, wie oben angegeben, durch Schmelzen mit Na_2O_2, Aetzkali oder Salpetersoda aufgeschlossen. Aus der wässrigen filtrierten Lösung wird entweder nach Bullnheimer (vergl. S. 157) erst das Zinn gefällt, dann die durch immer noch etwas SiO_2 verunreinigte WO_3 mittels Merkuronitrat abgeschieden und in bekannter Weise zur Wägung gebracht; das Bisulfatreinigungsverfahren schließt sich wie üblich an. Oder man fällt direkt mit Merkuronitrat und verarbeitet den geglühten und gewogenen Niederschlag nochmals zwecks Trennung WO_3—SiO_2—SnO_2 nach den auf S. 131 bis 136 gemachten Angaben. Oder endlich wird die so erhaltene, verunreinigte WO_3 nach 7. α., S. 163 nochmals geschmolzen und die Auflösung nach der Filtration nach 7. α., a) und b) auf S. 163 u. 164 weiter behandelt. Dieser Weg ist allerdings umständlicher.

Die vorstehenden, mit Ausnahme der Bullnheimer-Methode, unter β. erwähnten Verfahren ergeben nur für WO_3 quantitative Werte. Soll auch der Gehalt an SnO_2 ermittelt werden, empfiehlt sich folgende schnelle Arbeitsweise:

In die Hälfte der wie oben angegeben erhaltenen, auf ein bestimmtes Volumen aufgefüllten Wolframatstannatlauge wird 1 St. lang bei fast Siedehitze CO_2 eingeleitet. Die andere Hälfte dient zur W-Bestimmung nach obigen Angaben. Dann läßt man erkalten und absetzen: es fällt nur Zinn- und Kieselsäure aus, die gegebenenfalls durch etwas Al_2O_3 und PbO verunreinigt sein können. Man filtriert und wäscht mit Ammoniumnitratlösung aus. Der so erhaltene Niederschlag kann nach verschiedenen bekannten Methoden auf seinen Zinngehalt untersucht werden. Als schnelle Betriebsanalyse eignet sich insbesondere der Weg, die unreine hydratische Zinnsäure in HCl unter Zugabe einiger Körnchen $KClO_3$ zu lösen, diese Flüssigkeit zu erwärmen, nach entsprechender Verdünnung mit Zink oder Aluminium im Kohlensäurestrom zu reduzieren und das nunmehr als $SnCl_2$ gelöste Zinn volumetrisch mit Eisenchlorid bzw. Permanganat- oder Jodlösung zu bestimmen.

γ. Methode Ed. Donath und Fr. Müllner (Wiener Monatshefte 1887, VIII, S. 647; A. Classen, Ausgew. Methoden der analyt. Chem., I. Bd., S. 225):

Sie beruht darauf, das Zinnoxyd durch ein viertelstündiges Glühen mit Zinkpulver oder Zinkfeile im bedeckten Porzellantiegel zu reduzieren und aus der erkalteten Masse das schwammförmige Zinn durch Behandeln mit warmer HCl (1 : 2) im Becherglas in Lösung zu bringen, was erreicht ist, sobald sich kein Wasserstoff mehr entwickelt.

Dieses Verfahren ist kürzer wie das von Angenot und gibt bei einiger Uebung gute Resultate, insbesondere für Zinn. Ferner ist die Abscheidung der WO_3 mit HNO_3 und Ammoniumnitrat (vergl. S. 147 ff. noch genauer als jene Methode, WO_3 nach einer der früher erwähnten Methoden[1]) zusam-

[1]) Vergl. die weiter unten erwähnte Arbeit von J. Preußer.

men mit SnO_2 und ev. SiO_2 abzuscheiden und in dem geglühten, gewogenen Gemenge eine Trennung vorzunehmen.

Die besten Resultate, sowohl zur Bestimmung von Zinn als auch von WO_3 in Zinnwolframerzen gibt das unter β. (S. 163 u. 164) erwähnte Verfahren der Fällung mit CO_2; dann folgt für Zinn das Verfahren von Angenot (S. 164) und für WO_3 das nachstehend beschriebene von Donath-Müllner.

Letzteres gestaltet sich weiter wie folgt: Die oben erhaltene, unfiltrierte, salzsaure Lösung wird nach Erkalten vorsichtig mit einer entsprechenden Menge gepulverten Kaliumchlorats versetzt, bis das blaue Wolframoxyd zu gelber WO_3 oxydiert ist und die Flüssigkeit absolut nicht mehr blau gefärbt erscheint. Die nun mit dem mindestens anderthalbfachen Volumen Wasser (S. 154) verdünnte Flüssigkeit wird 24 St. stehen gelassen, die ausgeschiedene Wolframsäure abfiltriert, zuerst mit durch Salpetersäure angesäuertem Wasser und schließlich mit einer angesäuerten, verdünnten heißen Lösung von Ammoniumnitrat gewaschen, da mit Wasser allein stets trübe Filtrate erhalten werden. Der getrocknete Niederschlag wird geglüht und die Wolframsäure gewogen. Im fast neutralisierten Filtrat, das fast frei von Wolfram ist, wird das gesamte Zinn als Sulfid durch Schwefelwasserstoff in der Kälte gefällt und im oxydiertem H_2S-freiem Filtrat der kleine Rest der WO_3 nach der Merkuromethode noch ermittelt.

Da man oft Wolframsäure und Zinnsäure in der Regel gemeinschaftlich abgeschieden erhalten kann — vergl. auch J. Preußer (Ztschr. analyt. Chem. 1889, S. 74; Ztschr. angew. Chem. 1906, S. 473) —, so ist es nach deren Gewichtsfeststellung möglich, nur die WO_3 auf die oben angegebenen Arten zu bestimmen und das SnO_2 aus der Gewichtsdifferenz zu berechnen. Diese Arbeitsweise kann auch empfohlen werden.

δ. Methoden von Ad. Würtz:

1. Von diesen hat hinsichtlich der WO_3-Bestimmung das erste der unten beschriebenen Verfahren große Aehnlichkeit mit dem von Angenot (vergl. S. 163). Ein bemerkenswerter Unterschied besteht aber darin, daß Würtz das Erz, ohne es durch oxydierendes Schmelzen mit Alkalien aufzuschließen, direkt mit Königswasser behandelt. Diese Arbeitsweise hat jedoch ihre großen Bedenken, da mit Königswasser häufig genug ein unquantitativer Aufschluß erzielt und durch bloßes Eindampfen mit Salpetersäure die gesamte WO_3 nicht quantitativ abgeschieden wird. Ein anderer Nachteil ist

der, falls das Erz noch Fremdmetalle wie Cu, Bi, Pb usw. enthält, letztere mit in das mineralsaure Filtrat laufen und von dem Rest der WO_3 getrennt werden müssen, oder von vornherein beim Abscheiden und Abfiltrieren der WO_3 bzw. Auslaugen derselben mit Ammoniak in mehr oder weniger großen Mengen zurückbleiben und dieselbe verunreinigen, so daß sich eine abermalige Trennung — z. B. Schmelzen mit Soda, Fällen der WO_3 mit Merkuronitrat im wässrigen, filtrierten Auszug — nötig macht. Diese Methode ist daher nicht zu empfehlen.

Würtz verfährt wie folgt:

5 g Erz werden warm mit Königswasser behandelt, dann drei mal mit je 25 ccm HCl und 4 ccm HNO_3 trocken eingedampft, um das Erz vollständig zu zersetzen und alle WO_3 abzuscheiden. Der Rückstand wird mit verdünnter HCl aufgenommen, die Lösung aufgekocht, filtriert, ausgewaschen, der Rückstand mit Ammoniak behandelt, ausgewaschen, filtriert, die Lösung eingedampft und der Rückstand als WO_3 geglüht und gewogen: Das Unlösliche besteht aus SnO_2 und SiO_2 bzw. Gangart. Die Trennung SnO_2-SiO_2 kann auf verschiedene Weise erfolgen: empfehlenswert ist u. a. das Schmelzen mit Schwefelsoda und Auslaugen mit Wasser: Im Filtrat wird das Zinn mit verdünnter Säure als Sulfid abgeschieden, dieses abfiltriert, dann nochmals in wenig konz. HCl gelöst, die erhaltene Flüssigkeit abermals nach Zusatz von genügend Wasser filtriert und in dieser Lösung das Zinn endgültig mit Schwefelwasserstoff als SnS_2 gefällt. Dieses wird in bekannter Weise in SnO_2 übergeführt und als solches gewogen. Endlich ist noch der mit dem Eisen, Mangan usw. ins salzsaure Filtrat gegangene Anteil WO_3 zu ermitteln und zum oben erhaltenen Hauptteil zu addieren. Oder man behandelt $SnO_2 + SiO_2$ bei Glühhitze in H_2-Strom, löst in HCl usw. und bestimmt das Sn volumetrisch.

Wie ersichtlich eignet sich das Würtzsche Verfahren insbesondere nur für reine Wolframzinnerze. Enthalten diese aber noch Cu, Bi, Pb usw., was sogar recht häufig vorkommt, so wird die Methode noch komplizierter und damit ungenauer, da sich diesenfalls weitere Trennungen erforderlich machen: bei Vorhandensein von Cu geht dieses u. U. mit in den ammoniakalischen WO_3-extrakt zumeist aber findet es sich neben Bi und Pb in der salzsauren, den Rest der WO_3 enthaltenden Lösung.

G. L. Mackenzie (Eng. and Min. Journ. 1904, Bd. 77, S. 928 und Chem.-Ztg. Rep. 1904, XXVIII, S. 195) gibt ein fast gleiches Verfahren an.

2. Würtz schlägt ferner vor, die Erzprobe mit Soda zu schmelzen, dann mit Wasser auszulaugen, das Filtrat mit HCl anzusäuern, im Filtrat das Zinn mit Schwefelwasserstoff zu fällen und das Filtrat hiervon mit HCl zwecks Abscheidung der WO_3 einzudampfen. Dieses Verfahren ist aus mehrfachen Gründen gar nicht zu empfehlen.

ε. Als schnelle und hinreichend genaue Betriebsmethode leistet jedoch das folgende Verfahren gute Dienste:

Das feinst gepulverte Erz wird im Porzellantiegel oder in einer Röhre unter Durchleiten von Wasserstoff auf Rotglut erhitzt; nach Erkalten extrahiert man den Glührückstand mit derart verdünnter HCl, daß das Wolframerz nicht mit angegriffen wird. Aus der salzsauren Zinnchlorürlösung wird das Sn mit Schwefelwasserstoff gefällt und dieser Niederschlag in SnO_2 übergeführt; sollten Metalle wie Cu und Bi im Erz vorhanden und daher mit dem SnS zusammen ausgefallen sein, so muß noch eine Trennung eingeschoben werden. Den in der verdünnten HCl unlöslichen Rückstand trocknet man, oxydiert mit HNO_3, glüht bei Luftzutritt und behandelt ihn zur WO_3-Bestimmung nach einer der unter Abschnitt „Analyse reiner Wolframerze" (S. 140) angegebenen Methoden.

ζ. Verfahren Talbot:

Man schmilzt 5 g fein gepulvertes Erz mit 20 g Cyankali, laugt mit Wasser aus und filtriert die Lösung. Der unlösliche Rückstand enthält das Zinn als Metall. Im Filtrat befindet sich alles Wolfram als Wolframat; es wird in bekannter Weise abgeschieden, muß aber noch von beigemengter Kieselsäure nach früher erwähnten Methoden getrennt werden. Den obigen wasserunlöslichen Rückstand behandelt man mit mäßig konz. HCl und fällt das Zinn aus der erhaltenen $SnCl_2$-lösung in bekannter Weise. Enthielt das urspr. Erz noch Pb, Cu, Bi usw., so ist eine Trennung des Sn von diesen Metallen nötig; oder man wendet volumetrische Methoden an.

η. Sonstige Literaturangaben:

Wells und Metzger (Journ. Am. chem. Soc. 1901, XXIII, S. 356). H. F. Watts (Chem. News Bd. 95, S. 19; Metallurg. u. Chem. Eng. 1911, IX, S. 414).

b. Wolframmetall.

1. Bestimmung von Wolfram:

α. 2 g Substanz werden unter wiederholter Befeuchtung mit HNO_3 bis zur völligen Oxydation über gewöhnlicher Bunsenflamme geglüht, die erhaltene WO_3 mit Soda geschmolzen und im wässrigen, mit H_2O_2 behandelten und filtrierten Extrakt in bekannter Weise mit Merkuronitrat gefällt. Die gewogene unreine WO_3 wird nochmals durch Schmelzen mit Bisulfat gereinigt (S. 132). Bei Gegenwart von Al, As und P scheidet man diese vor der Fällung der WO_3 nach der Methode von Bullnheimer (S. 157) ab.

Anstatt das Metall erst zu oxydieren, kann man es auch direkt durch Schmelzen mit Sodasalpeter oder Natriumsuperoxyd aufschließen.

β. J. Preußer (Ztschr. anlyt. Chem. XXVIII, S. 173) und E. Kuklin rösten das Wolframpulver in Porzellanschälchen oder Platintiegeln, setzen zur Erzielung einer vollständigen Oxydation noch gut entwässertes Ammoniumnitrat zu, glühen bei voller Bunsenflamme und schmelzen das auf diese Weise oxydierte Produkt mit Natriumkaliumkarbonat (vergl. auch Ziegler, Chem.-Ztg. XIII, S. 1060; Mon. scient IV, S. 486, 600; J.-B. 1890, S. 2455). Weiß und Martin (Ztschr. anorg. Chem. 1910, LXV, S. 287) schmelzen das Metall direkt mit einer Mischung von Natriumkaliumkarbonat und etwas Salpeter.

γ. Schnelle Bestimmung des Wolframs neben SiO_2, Fe, Mn, Al, Cu, Ca und Alkali:

a) Es wird das Chloroformluftstromdestillationsverfahren angewandt.

1 g des in einer Achatschale möglichst fein zerriebenen Wolframpulvers wird in einem Porzellan- oder Quarzschiffchen abgewogen und in einem Quarzrohr auf Rotglut erhitzt, wobei ein langsamer Chloroformluftstrom durchgeleitet wird. Dabei verflüchtigt sich nur W als Oxychlorid. Man wägt den Rückstand und extrahiert aus ihm die Alkalien mit heißem Wasser. Die Gewichtsabnahme entspricht dem Gehalt an Alkali. Den nunmehr verbleibenden Rückstand schmilzt man mit Soda oder Bisulfat und trennt im un- sowie löslichen Teil nunmehr Al, Fe, Mn, Ca, Cu und SiO_2 in bekannter Weise. Das in der Destillationsvorlage gelöst befindliche W wird in üblicher Weise bestimmt (vergl. auch d. 10 auf S. 135 ff.).

b) Man kann auch das Wolframpulver, wie oben unter α. angegeben, oxydieren und die früher beschriebene Salzsäuregasdestillationsmethode anwenden (vergl. d. 6 und 9 auf Seite 134 und 135).

c) Oder man schließt nach β. durch Schmelzen mit Sodasalpeter oder dergl. auf, löst in Wasser, oxydiert bei Siedehitze mit etwas Wasserstoffsuperoxyd, filtriert, wäscht aus und bestimmt im unlöslichen Rückstand Fe, Mn, Cu und Ca, im Filtrat die WO_3; letztere wird nochmals in bekannter Weise durch Schmelzen mit Bisulfat gereinigt.

2. Direkte Bestimmung von Kieselsäure:

2 g Substanz werden nach α. oder β. möglichst vollständig zu WO_3 oxydiert, dann mit Bisulfat aufgeschlossen, die Schmelze mit Ammonkarbonatlösung digeriert, das Unlösliche abfiltriert, gewaschen, geglüht und die SiO_2 gewogen. Enthält das Wolframmetall jedoch noch Fe, Mn und Al, so muß der gewogene Rückstand nochmals getrennt werden, indem man abermals mit Bisulfat schmilzt, diesmal aber in Wasser löst, die unlösliche SiO_2 abfiltriert, auswäscht, glüht, wägt und im schwefelsaurem Filtrat in bekannter Weise Fe, Al und Mn trennt und bestimmt.

3. Bestimmung von Molybdän:

1 bis 2 g Substanz werden mit Sodasalpeter im Platintiegel geschmolzen, in wenig Wasser gelöst und das Filtrat nach Zusatz stark überschüssiger Salzsäure gekocht. Zum Filtrat gibt man genügend Weinsäure, sättigt anhaltend und wiederholt mit Schwefelwasserstoff und führt den Niederschlag in MoS_2 oder MoO_3 über, als welcher er gewogen wird (vergl. S. 18).

Oder man dampft die sodahaltige Lösung wiederholt mit HCl ein, trocknet den Rückstand bei 120 Grad C., digeriert ihn heiß mit verdünnter HCl, filtriert, wäscht aus und fällt im Filtrat das Molybdän wieder mit H_2S usw. Ersteres Verfahren verdient den Vorzug.

4. Bestimmung von Schwefel:

Vergl. die unter Kap. „Wolframstähle" bei D, IV., c., A) 2. auf S. 171 angegebenen Methoden; oder man wendet das mit der C-Bestimmung kombinierte Verfahren von E. Müller u. B. Diethelm an (vergl. S. 7).

Weniger zu empfehlen, dabei auch nicht schneller, ist die Methode, 2 g mit 12 g einer Mischung von 6 Teilen Soda und 1 Teil $KClO_3$ oder 3 Teilen Soda und 1 Teil KNO_3 zu schmelzen, die erkaltete Masse in Wasser zu lösen, bei Siedehitze einige Tropfen H_2O_2 zuzusetzen, zu filtrieren, die Hälfte des mit dem Filtrat vereinten Waschwassers anzusäuern, mit HCl bis zur Vertreibung der HNO_3 einzudampfen, den Rückstand bei 100 Grad C. zu trocknen, mit verdünnter Salzsäure aufzunehmen, das Filtrat von der WO_3 mit eben hinreichender Menge $BaCl_2$ in bekannter Weise zu fällen usw. und das schließlich gewogene $BaSO_4$ auf S umzurechnen.

5. Bestimmung von Phosphor und Silicium.

Es werden die im Kapitel D. unter „Wolframstahl" bei c., A).

3. bzw. 6. (S. 171 u. 180) bzw. unter „Ferrowolfram“ bei d., 3., A) δ. (S. 203) angegebenen Methoden angewandt. Vergl. ferner S. 136 unter e.

6. Bestimmung von Kohlenstoff:

Sie geschieht am sichersten und genauesten nach Müller-Diethelm (vergl. das betreffende Sonderkapitel A. (S. 7). Angewandt werden 1.5 g bei unreineren, 2.5 g bei besseren Handelsqualitäten. Ferner vergl. Brearley, Chem. N. LXXXI, S. 91.

c. Wolframstähle und -eisen.

A) **GEWÖHNLICHER WOLFRAMSTAHL** (chrom-, vanadin- und molybdänfrei).

1. Bestimmung von Kohlenstoff:

Vergl. hierzu das besondere Kapitel A. (S. 7) über „Kohlenstoffbestimmung in Stahl und Ferrolegierungen.“

2. Bestimmung von Schwefel:

Entweder ebenfalls, wie auf S. 7 ff. angegeben, gleichzeitig mit der C-Bestimmung nach der Methode Müller-Diethelm oder wie folgt:

5 g des soweit als angängig zerkleinerten Stahls werden im Porzellanschiffchen abgewogen und im reinen Sauerstoffstrom verbrannt. Man absorbiert die Gase im Kaliapparat, spült denselben nach der Verbrennung aus, oxydiert die vereinten Lösungen mit Brom und bestimmt nunmehr in der schwach angesäuerten Flüssigkeit die Schwefelsäure in bekannter Weise als $BaSO_4$ (W. Trautmann, Ztschr. analyt. Chem. 1910, Bd. 49, S. 360).

Oder man wendet die auf S. 189 und 191 unter „Chromhaltige Stähle“ von Mc. Kenna angegebene Methode an.

3. Bestimmung von Phosphor:

Die Stahlprobe wird nach Eindampfen mit HNO_3 durch Schmelzen mit Na_2O_2 aufgeschlossen und die Schmelze in H_2O gelöst; der Extrakt enthält sämtlichen P, eventuell auch das Cr. Man fällt mit Merkuronitrat, filtriert, glüht, wägt $WO_3 + P_2O_5 + Cr_2O_3$. Dieser Rückstand wird mit Na_2CO_3 geschmolzen, die wässerige Lösung filtriert und auf ein bestimmes Volumen aufgefüllt. Cr wird in einem aliquoten Teil titriert, in einem andern die P_2O_5 mit NH_3 und Magnesiamischung gefällt, dieser Niederschlag in HNO_3 gelöst und die P_2O_5 mit Ammoniummolybdatlösung nach Finkener gefällt.

4. Bestimmung von Wolfram:

Hierfür sind zahlreiche Methoden, so u. a. von Ledebur, Lunge, Hempel, Wdowiszewski, Herting und Mc. Kenna vorgeschlagen worden.

Einfach, schnell auszuführen, genau und deshalb sehr zu empfehlen ist

α. die von L. Wolter (Chem.-Ztg. 1910, Nr. 1, S. 2):

Diese Methode eigent sich speziell für hochprozentigen W-- Stahl, der sich nicht bohren oder feilen läßt. Würde man solchen in feine Pulverform überführen müssen, so könnte dies nur unter starker Beschädigung der Werkzeuge geschehen und die zu untersuchende Probe wäre zweifellos sehr verunreinigt. Grobes Stahlpulver löst sich aber nicht quantitativ in Säuren, wird auch durch die Sodasalpeter- oder Na_2O_2-Schmelze nicht völlig aufgeschlossen. Die Woltersche Methode gestattet es, von einem groben Pulver auszugehen, welches durch Zerstoßen des Stahles im Stahlmörser erhalten wird.

Ausführung: 0.2 bis 0.5 g der großpulvrigen Probe werden im 40 bis 45 ccm fassenden Platintiegel abgewogen und mit der 30-fachen Gewichtsmenge $KHSO_4$ geschmolzen. Diese Operation erfordert einige Aufmerksamkeit, da bei zu schnellem Erhitzen der Inhalt leicht übergeht. Am besten trägt man daher erst ein Drittel des anzuwendenden Bisulfats ein und erhitzt bei gut bedecktem, schiefstehendem Tiegel ganz langsam, bis weiße Dämpfe entsteigen. Jetzt vollzieht sich im Innern des Tiegels eine ziemlich lebhafte Reaktion, während deren man die Flamme entfernt. Sowie die Schmelzmasse etwas erkaltet ist, gibt man den Rest der Bisulfatmenge zu. Die Reaktion vollzieht sich ruhiger, und man erhitzt nun, bis der Tiegelboden anfängt rotglühend zu werden und sich reichlich schwere weiße Dämpfe entwickeln. Zuletzt wird die Temperatur bis zur vollen Rotglut des bedeckten Tiegels gesteigert. Nach etwa ¼ St. ist die Reaktion beendet; die Masse muß ruhig fließen, wenn man den Deckel lüftet, und dürfen in ihr keine schwarzen Partikelchen von unaufgeschlossenem Material mehr zu konstatieren sein. Nunmehr läßt man erkalten. Tiegel und Deckel werden in ein Becherglas mit insgesamt ca. 60 bis 70 ccm Wasser gegeben, ausgekocht, Tiegel und Deckel abgespült und zur Lösung 20 ccm konz. HCl gegeben. Dann kocht man, bis die ausgeschiedene Wolframsäure reingelb aussieht, und läßt sie ½ St. auf dem Wasserbad stehen. Nun wird durch ein kleines Filter filtriert, mit 10-prozentiger Ammonitratlösung ausgewaschen, der Niederschlag auf dem Filter in warmem, verdünntem NH_3 gelöst, das Filtrat in einem tarierten Platintiegel aufgefangen, das Filter mit Ammonnitrat ausgewaschen, die Ammonwolframatlösung auf dem Wasserbad zur Trockne verdampft, der Rückstand vorsichtig erwärmt, bis ein aufgelegtes Uhrglas sich nicht mehr beschlägt, dann über Bunsenbrenner stärker erhitzt und nach dem Erkalten gewogen. Man erhält so die Hauptmenge WO_3. Der Rest findet sich im salzsauren, ammonnitrathaltigen Filtrat. Man macht dieses ammoniakalisch, verdampt zur Trockne, wiederholt dieselbe Operation mehrmals mit Salpetersäure, erhitzt den Rückstand 1 bis 2 St. bei 120 bis 130 Grad C. im Trockenschrank, fügt etwas HNO_3 zu, kocht auf, filtriert, wäscht mit warmer, etwa 5-prozentiger HNO_3 oder HCl, hierauf mit 10-prozentiger Ammoniumnitratlösung aus, trocknet, verascht im Tiegel, der schon die Hauptmenge enthält, trocknet nach Befeuchten mit HNO_3, glüht und wägt. Dieser Wert ist die Gesamt-WO_3. Da diese aber fast durchweg mit etwas SiO_2, vom Si des Stahles stammend, sowie Fe verunreinigt ist, schmilzt man sie im selbigen Platintiegel mit etwas Bisulfat, laugt die erkaltete Masse mit etwa 40 Grad warmer Ammoniumkarbonatlösung aus, läßt 12 St. absetzen und filtriert. Der Rückstand wird mit Ammoniumnitratlösung ausgewaschen, getrocknet, verascht, geglüht und das erhaltene Gewicht von obigem abgezogen; die Differenz mal 0,7931 ist das im betreffenden Stahl wirklich enthaltene reine Wolfram.

β.

a) Auch die folgende von H. B a r t o n e c (Chem.-Ztg. Rep. 1909, S. 336; Österr. Chem.-Ztg. 1909, S. 114; Ztschr. analyt. Chem. 1911, S. 292) stammende Methode gibt bei Berücksichtigung der unter b), Absatz 1 (S. 174) erwähnten Punkte g u t e R e s u l t a t e und w i r d h ä u f i g a n g e w a n d t; sie läßt sich zudem ziemlich schnell ausführen:

1.5 bis 2 g Wolframstahl werden in einem Gemisch von 40 ccm konz. HCl und 10 ccm konz. HNO_3 bis zur Lösung erhitzt, die Lösung auf 10 bis 15 ccm eingeengt — nicht bis zur Trockne verdampft — und dann mit der vier- bis fünffachen Wassermenge verdünnt. Nach dem Erkalten und Filtrieren kann der Rückstand ($WO_3 + SiO_2$) auf zweierlei Weise behandelt werden. 1. G r a v i m e t r i s c h: Der Rückstand wird mit heißer verdünnter Salzsäure eisenfrei gewaschen, dann zwecks Auflösung der Wolframsäure mit Ammoniumkarbonat behandelt; diese Flüssigkeit dampft man im Platintiegel ein, glüht über Gebläseflamme und wägt. Arbeitsdauer 6 bis 7 Stunden. 2. T i t r i m e t r i s c h: Der Filterrückstand wird mit heißer verdünnter HCl und dann mit heißer 5-prozentiger $NaNO_3$-Lösung chlorfrei gewaschen, die Wolframsäure in gemessener $\frac{n}{10}$-Natronlauge gelöst und der Laugenüberschuß mit $\frac{n}{10}$-H_2SO_4 zurücktitriert (Indicator Phenolphtalein). Bei der Berechnung wird die dem verbrauchten Natriumhydroxyd entsprechende, in g ausgedrückte Menge Na mit 4 multipliziert (W : Na = 184 : 46,1), woraus sich die Wolframmenge in g ergibt.

b) Modifiziertes Bartonec-Verfahren:

Man verfährt nach β. a) 1. Bei dieser gravimetrischen Methode ist das Filtrat jedoch nochmals auf WO_3 zu prüfen. Ferner bleibt trotz besten Auswaschens meist noch etwas Fe bei der WO_3 zurück. Man muß dann letztere nochmals entweder mit Soda schmelzen und in Wasser lösen — Fe bleibt beim Filtrieren zurück —, oder es wird mit Bisulfat geschmolzen und mit Ammonkarbonat digeriert; wieder bleibt Fe zurück. In beiden Fällen bestimmt man es als Fe_2O_3 und zieht diesen Wert von der unreinen WO_3 ab. Die Trennung derselben von Fe nach v. Knorre (Stahl und Eisen 1906, II, 1891; Leiser, S. 94) auszuführen, ist weniger zu empfehlen. Dagegen kann man zweckmäßiger die Stahlprobe direkt oxydierend mit Sodasalpeter oder Natriumsuperoxyd schmelzen; durch Lösen in Wasser erhält man sofort alles Fe im Rückstand und die WO_3 im Filtrat.

Die Bartonec-Methode hat aber den großen Nachteil gegen das Woltersche Verfahren, daß sie eine äußerst fein gepulverte Substanz als Ausgangsmaterial erfordert. Bei dieser Vorbereitung wird die Probe sehr leicht verunreinigt. Eine gleiche Genauigkeit wie das Woltersche Verfahren, allerdings unter Aufwand einer größeren Zeitdauer, erreichen solche Methoden, nach denen zuerst die Stahlprobe mit Säure behandelt und dann der Rückstand nochmals durch verhältnismäßig kurzdauerndes Schmelzen mit Alkalien aufgeschlossen wird. Typische Vertreter derselben sind die vor- und nachstehend unter β. b) und γ. erwähnten Verfahren, bei denen die Probe dann auch nicht den höchsten Grad von Feinheit aufzuweisen braucht; es genügt ein mäßig grobes Pulver. Hierdurch wird einer Verunreinigung der Substanz durch Mörser- und Werkzeugbestandteile vorgebeugt. Neben dem unter δ. erwähnten v. Knorreschen Verfahren sind daher nächst der Methode von Wolter insbesondere die von Bartonec [modifizierte Form, oben unter b)] und Fieber zu empfehlen.

γ. R. Fieber (Chem.-Ztg. 1901, XXV, S. 1038) umgeht die zeitraubende Arbeitsweise von Fresenius, nämlich die Wolframstahl- bzw. -eisenprobe mit Königswasser zu behandeln, dann mit Wasser zu verdünnen, 2 bis 3 Tage stehen zu lassen und die WO_3 abzufiltrieren, indem er wie folgt verfährt:

5 g des in Spanform vorhandenen Stahls werden in starker HCl gelöst und gekocht. Hierauf filtriert man die konzentrierte Lösung,

schließt den Rückstand unter Zusatz von Kalium-Natriumkarbonat auf und fügt die mit Wasser aufgenommene Schmelze zu dem sauren Filtrate hinzu. Sodann wird die Gesamtlösung in einer Porzellanschale zur Trockne eingedampft und im Trockenschranke auf 120 Grad erhitzt. Nachdem man mit Salzsäure aufgenommen und die Flüssigkeit in ein Becherglas übergespült hat, kocht man drei Stunden lang. Das Wolfram fällt als Wolframsäure aus; Spuren von Eisen und Chrom — falls solches vorhanden war —, sowie die Gesamtkieselsäure werden mitgerissen. Hat man diese Lösung, die nur soweit verdünnt wird, daß das Filter nicht durchreißt, filtriert, so kocht man das Filtrat nochmals drei Stunden lang und gießt auf dasselbe Filter auf. Zur Vorsicht kann man die Operation noch einmal wiederholen. Der am Filter bleibende Rückstand wird nach dem Veraschen des Filters mit Natrium-Kaliumkarbonat aufgeschlossen und die Schmelze in heißem Wasser gelöst. Eisen und Chrom scheiden sich als Oxyde ab, daher muß man nochmals filtrieren. Das Filtrat wird jetzt in bekannter Weise behandelt, nämlich unter Zusatz von Salpetersäure neutralisiert und das Wolfram mit Quecksilberoxydulnitrat gefällt. Vorher ist die Lösung jedoch solange zu kochen, bis alle Kohlensäure entwichen ist, und dann ganz genau zu neutralisieren, was man sehr deutlich daran erkennt, daß sich die Flüssigkeit schwach gelb-grün färbt. Setzt man zu viel Salpetersäure zu, so fällt das Wolfram nicht vollständig oder auch gar nicht, hat man zu stark angesäuert und neutralisiert nun mit Ammoniak, so fällt das wolframsaure Quecksilberoxydul rotbraun oder schwarz. Der ausgewaschene Niederschlag wird geglüht und durch Abrauchen mit Flußsäure von der anhaftenden Kieselsäure befreit.

δ.

a) Methode G. v. Knorre (Stahl und Eisen 1906, XXVI, S. 1489 und 1891.).

Das auf S. 120 beschriebene Verfahren zur W-Bestimmung durch Fällung der WO_3 mit Benzidinchlorhydrat kann auch direkt bei der Analyse von Wolframstahl verwendet werden: Enthält dieser bis 1 % W, so nimmt man 7 bis 10 g, bei 2 bis 3.5 % W 4 bis 7 g, bei Stählen mit mehr als 3.5 % bis 25 % W 2 g zur Analyse. In letzterem Falle wird die Probe im offenen, schräggestellten oder mit Trichter bedecktem Erlenmeyerkolben bei Luftzutritt unter Erwärmen in 20 bis 25 ccm verdünnter HCl gelöst und der Überschuß von Säure durch Zusatz von Sodalösung vorsichtig so weit neutralisiert, daß die Flüssigkeit nur noch schwach sauer reagiert. Dies wird durch die Tüpfelprobe mit Lackmuspapier festgestellt und zwar, bis die

Rötung derselben eben noch sichtbar ist. Ohne Rücksicht auf die noch ungelösten Anteile der Probe versetzt man nun mit etwas freier Schwefelsäure (z. B. 10 ccm $\frac{n}{10}$-H_2SO_4) oder Alkalisulfat und 40 bis 60 ccm der klaren Benzidinlösung, welche durch Auflösen von 5 g techn. Benzidin in 300 bis 400 ccm Wasser unter Zusatz von 25 ccm rauchender Salzsäure (1.19) und Verdünnung auf 1 l hergestellt wird. Man erhitzt nun zum Sieden. Hat die Flüssigkeit nach vollständigem Erkalten 15 bis 20 Min. gestanden, so filtriert man den alles Wolfram (als Metall und Benzidinwolframat) enthaltenden Niederschlag ab und wäscht ihn mit einer verdünnten Benzidinlösung (die obige wird mit der fünf- bis zehnfachen Menge Wasser verdünnt) aus. Filter und Niederschlag werden im Platintiegel noch feucht verascht, die noch eisenhaltige WO_3 mit der drei- bis vierfachen Menge Soda aufgeschlossen, die Schmelze mit warmem Wasser ausgelaugt, das Eisenoxyd abfiltriert und ausgewaschen. Das Filtrat wird mit Salzsäure bei Verwendung von Methylorange als Indikator, bis eben Rosafärbung eintritt, neutralisiert, 10 ccm $\frac{n}{10}$-H_2SO_4 zugefügt, die Wolframsäure mit 40 bis 60 ccm Benzidinlösung gefällt, die Lösung aufgekocht, erkalten gelassen und das abfiltrierte und ausgewaschene Benzidinwolframat durch Glühen in reines Trioxyd übergeführt. Ein Phosphor- und Siliciumgehalt ist ohne Einfluß auf das Resultat.

Bei genauen Analysen muß man die abgewogene Menge des Wolframstahls bei Luftabschluß sowohl in HCl oder H_2SO_4 lösen, als auch das ungelöst bleibende W abfiltrieren, auswaschen und durch Glühen im Platintiegel in eisenhaltige WO_3 überführen. Diese schmilzt man mit Soda, laugt mit Wasser aus, filtriert ab, säuert mit HCl nach Zusatz von Methylorange als Indikator eben an und fällt dann mit Benzidin. Bei einiger Übung des Analytikers gibt diese Methode genaue Resultate.

b) Sollte gleichzeitig auch Chrom im Stahl enthalten sein, so ist der auf obige Weise gewonnene Glührückstand stets mit etwas Cr_2O_3 verunreinigt (Stahl und Eisen 1908, S. 984 und D. Chem. Ges.-Ber. 1905, XXVIII, S. 783). In diesem Falle verfährt man wie oben bei a) unter Verwendung von Methylorange als Indikator bis zur Ansäuerung der nach der Sodasalpeter-, bzw. Sodaschmelze erhaltenen, filtrierten Lösung mit HCl. Diese Flüssigkeit wird 2 Min. lang gekocht, völlig erkalten gelassen, die Chromsäure durch schweflige Säure reduziert und nun die Fällung mit Benzidinchlorhydrat nach Zusatz von etwas H_2SO_4 wie oben beschrieben vorgenommen. Der Zusatz der $\frac{n}{10}$-H_2SO_4 darf nur dann unterlassen werden, wenn der

Stahl viel Chrom enthält, weil dann infolge Oxydation der SO_2 durch die vorhandene Chromsäure bereits genügend H_2SO_4 gebildet worden ist.

Anmerkung des Verfassers: Das Verfahren ist zwar umständlich, gibt aber genaue Resultate.

ε. Die folgenden Methoden leiden entweder darunter, daß sie unbedingt eine äußerst fein zerriebene Stahlprobe für einen quantitativen Aufschluß benötigen, anderenfalls die als Lösemittel dienenden Säuren die Substanz überhaupt nicht total zersetzen, oder daß Wolframstahl, wenn er nicht in denkbar feinster Pulverform vorliegt, durch direktes, nur halbstündiges Schmelzen mit Sodasalpeter, Natriumsuperoxyd oder dergleichen nicht völlig aufgeschlossen wird. Da zudem durch die Bearbeitung der Probe in Stahlmörsern stets Verunreinigungen in die Analyse eingeschleppt werden, so ist der Befund meist sehr ungenau. Aus diesen Gründen sind die folgenden Verfahren nicht zu empfehlen:

a) Methode Blair (nach Ad. Carnot, „Méthodes d'analyse des fontes, des fers et des aciers"):

1 bis 10 g werden in HNO_3 1.20 gelöst. Man verdampft zur Trockne und nimmt mit HCl auf. Dann wird etwas Wasser zugefügt und die Lösung gekocht. Man filtriert und wäscht mit schwach salzsaurem heißem Wasser, zuletzt mit wässrigem Alkohol aus. Der Filterrückstand wird im Platintiegel verascht und die mit der WO_3 zusammen zurückgebliebenen SiO_2 durch Abrauchen mit wenigen Tropfen H_2SO_4 und überschüssiger HF entfernt. Zwecks Trennung von u. U. bei der WO_3 noch verbliebenen TiO_2 und Fe_2O_3 wird der Tiegelinhalt mit dem gleichen Gewicht Soda geschmolzen, die erhaltene Masse in Wasser gelöst, filtriert, der Rückstand mit sodahaltigem Wasser ausgewaschen, das Filtrat mit Salpetersäure neutralisiert, zum Sieden erhitzt, erkalten gelassen, eben mit HNO_3 schwach sauer gemacht, die WO_3 durch basisch salpetersaures Quecksilber gefällt, der Niederschlag abfiltriert, mit heißem Wasser ausgewaschen, getrocknet, verascht, geglüht und als WO_3 gewogen.

b) Methode Hempel (Ztschr. anorg. Chem. 1893, Bd. III, Seite 193):

Die Stahlprobe wird durch Schmelzen mit 4 Teilen Na_2O_2 im Silbertiegel aufgeschlossen, die Schmelze in Wasser gelöst und die WO_3 durch Eindampfen mit HNO_3 abgeschieden.

c) Methode Lunge („Lunge-Bökmann", Chem.-techn. Untersuchungsmethoden 1904 bis 1905, II. Bd., S. 624):

Der Aufschluß geschieht mit Sodasalpeter; die Schmelze wird in Wasser gelöst. Der Vorteil dieses Verfahrens soll darin bestehen, daß die Stahlprobe in Spänen vorliegen kann; grobe Stücke müssen jedoch fehlen. Der Nachteil der Methode liegt in der erforderlichen langen Schmelzdauer, nämlich 2 bis 3 Stunden. Sieht man hiervon und ferner von dem Übelstand ab, daß die Platintiegel durch das mehrstündige Schmelzen zu sehr angegriffen werden, so wäre allerdings dieses Verfahren nächst der unter α. (S. 172) beschriebenen Wolterschen Methode zu empfehlen.

Die wässrige Auflösung der Schmelze wird filtriert, der Rückstand ausgewaschen und im Filtrat die WO_3 mit Merkuronitrat gefällt.

Anmerkung des Verfassers: In der Regel lassen sich jedoch Späne durch einmaliges Schmelzen, auch bei 2 bis 3 St., keinesfalls quantitativ aufschließen.

d) Methode Wdowiszewski (Stahl und Eisen 1895, Bd. XV, S. 675):

Die Stahlprobe muß in allerfeinster Pulverform vorliegen, wird aber selbst bei mehrstündigem Schmelzen mit dem vorgeschriebenen Gemisch von 3 Teilen Kaliumnatriumkarbonat und 2 Teilen Boraxglas nur sehr schwer völlig aufgeschlossen.

e) Methode Ledebur („Lunge-Bökmann", 1904 bis 1905, Bd. II, Seite 623):

Die Probe wird in Bromsalzsäure oder Königswasser gelöst. Der Aufschluß ist nur dann vollkommen, wenn der Stahl vorher zu denkbar höchster Feinheit gerieben wird. Die salzsaure Lösung dampft man zur Trockne ab, nimmt den Rückstand mit HCl auf, wäscht ihn mit salzsäurehaltigem Wassr aus, trennt ihn dann durch Behandeln mit HF von der Kieselsäure, trocknet, glüht und wägt den Rückstand als WO_3.

Anmerkung des Verfassers: Die gegen die Abscheidung der WO_3 mit nur HCl und ihre Trennung von der Kieselsäure mit HF zu erhebenden Einwände wurden bereits an anderer Stelle näher erörtert.

f) Methode Ziegler (Dingl. polyt. Journ., Bd. 274, S. 510):

2 g der Probe, die höchstens 10% W enthalten darf, werden solange mit 30 bis 35 ccm warmer HNO_3 (1.18) behandelt, bis sich auch beim Kochen der Rückstand nicht mehr ändert. Bei Gegenwart größerer Stücke ist der Aufschluß in der Regel nicht quantitativ; hierauf dampft man nach Zusatz von 60 ccm H_2SO_4 (1 : 5) bis zur Entwicklung weißer Dämpfe ein, verdünnt den Rückstand mit Wasser, erwärmt ihn zur Lösung

eventuell ausgeschiedener Eisensalze, filtriert, wäscht den Rückstand mit salzsäurehaltigem Wasser aus, bis das Filtrat frei von Eisen ist (Rhodankaliumreaktion!), trocknet, glüht und wägt den Rückstand als WO_3. Diese wird zwecks Entfernung der beigemengten Kieselsäure mit HF und konz. H_2SO_4 behandelt, die rückständige WO_3 wieder geglüht und gewogen. Da diese nach Auchy (Journ. Amer. Chem. Soc. 1899, Bd. XXI, S. 239) trotzdem stets noch eisenhaltig ist, so wird sie nochmals mit Soda geschmolzen, die filtrierte, wässrige Auflösung mit HNO_3 eingedampft, der Rückstand mit Ammoniumnitratlösung aufgenommen, abfiltriert, ausgewaschen und zuletzt mit Ammoniak behandelt. Diese Lösung wird in einer tarierten Platinschale eingedampft. Der geglühte Rückstand ist reine WO_3.

Anmerkung des Verfassers: U. a. ist die Trennung der WO_3 von SiO_2 mit HF zu beanstanden.

g) Der Vollständigkeit halber seinen noch die Methoden Schöffel (Chem. News XXXXI, S. 31) und E. Kuklin (Stahl und Eisen 1904, Bd. XXIV, S. 27; Chem.-Ztg. Rep. Nr. 3, 13. II. 1904) erwähnt:

Ersterer schließt 5 g der zerkleinerten Stahlspäne mit einer Auflösung von 50 g Kupferammoniumchlorid in 100 ccm Wasser und 50 ccm konzentrierter HCl auf, indem ½ St. unter häufigem Umrühren im Sieden erhalten wird. Den Niederschlag filtriert man ab, wäscht mit verdünnter HCl aus, glüht und wägt ihn als WO_3. Zur Entfernung von Beimengungen, wie Kieselsäure, Eisen und Chrom, wird erst mit HF abgeraucht und der Rückstand mit Soda geschmolzen. Bei Gegenwart von viel Chrom versagt das Aufschlußverfahren.

h) Kuklins volumetrische Methode:

Man löst 2 g Stahl in einem Gemisch aus gleichviel H_2SO_4 (1.84) und Phosphorsäure (1.70) mit der dreifachen Wassermenge, setzt jeweilig 3 ccm Permanganatlösung zu, so daß immer eine Rosafärbung bestehen bleibt, erwärmt und versetzt die Hälfte der erkalteten Lösung mit 200 ccm Schwefelsäure (1 : 3) und 40 g Zinkspänen. Dann erwärmt man. Die Wolframsäure wird durch überschüssiges Zink zu WO_2 reduziert, welches man dann durch $KMnO_4$ nach

$$5WO_2 + Mn_2O_7 = 5\,WO_3 + 2\,MnO$$

oxydiert. Ist die Farbe wie Portwein geworden, so läßt man im Kohlensäurestrome erkalten, filtriert und titriert. Man findet so den Verbrauch von Permanganat für Eisen und Wolfram zusammen. In der anderen Hälfte bestimmt man nach Reinhardt oder mit $SnCl_2$ und Jod das Eisen. Die Differenz ergibt das für Wolfram verbrauchte

Permanganat. Der Eisentiter mal 2.0754 gibt den Wolframtiter.[1])

5. Bestimmung von Mangan nach G. v. Knorre (Stahl und Eisen 1907, XXVII, S. 380.):

Das von v. Knorre in Ztschr. angew. Chem. 1901, XIV., S. 1149 und 1903, XVI., S. 905 angegebene Persulfatverfahren gibt bei Gegenwart von W ungenaue Resultate; hierauf weist insbesondere H. Lüdert (Ztschr. angew. Chem. 1904, Bd. 17, S. 422) hin. Man verfährt daher wie folgt (vergl. auch Stahl und Eisen 1907, S. 27 und Chem.-Ztg. Rep. 1907, S. 203):

2 bis 10 g der chromfreien Stahlprobe (je nach dem Mn-Gehalt) werden bei Luftabschluß in verdünnter H_2SO_4 gelöst, und zwar wird durch Zusatz von gesättigter Natriumbikarbonatlösung zur verdünnten H_2SO_4 erst die Luft durch CO_2 völlig verdrängt; dann erst schüttet man die Probe ein. Es wird dabei der von R. Jahoda in der Ztschr. angew. Chem. II, 1899, S. 87 beschriebene Apparat benutzt. Man erwärmt nun gelinde, erhitzt schließlich bis zum Sieden, läßt erkalten, filtriert möglichst schnell vom ungelöst gebliebenen metallischen Wolfram ab, wäscht zwei- bis dreimal mit schwach schwefelsaurem Wasser aus und fällt im Filtrat das Mangan mit Persulfat, indem man von einer Persulfatlösung, die im Liter 120 g $(NH_4)_2S_2O_8$ enthält, zu der mit Ammoniak abgestumpften, dann mit 20 bis 25 ccm H_2SO_4 (1 : 5) versetzten Lösung erst soviel allmählich zusetzt, bis alles $FeSO_4$ oxydiert ist, dann noch 25 bis 40 ccm zugibt, auf 400 bis 500 ccm verdünnt, längere Zeit, etwa 40 Min., erhitzt, erkalten läßt, den Niederschlag abfiltriert, auswäscht, glüht und als Mn_3O_4 wägt. Oder der Niederschlag wird nur drei- bis viermal mit warmem, schwefelsäurehaltigem Wasser gewaschen, samt Filter in eine titrierte, stark schwefelsaure Ferrosulfatlösung (55 bis 60 g krist. Eisenvitriol in 1000 ccm Wasser + 10 ccm konz. H_2SO_4) gebracht, gelöst und der Überschuß an $FeSO_4$ mit $KMnO_4$ zurücktitriert. Aus der Differenz der $KMnO_4$-Menge, welche nur der zugesetzten Ferrosulfatlösung — man bringt das gleiche Quantum in ein Becherglas, setzt 20 ccm verd. H_2SO_4 (1 : 5) und 200 ccm H_2O zu und titriert bis zur Rotfärbung — entspricht, und den gesamten tatsächlich verbrauchten Kubikzentimetern der $KMnO_4$-Lösung läßt sich der Gehalt an Mn berechnen. Der Eisentiter mal 0.492 ist gleich Mn.

6. Bestimmung von Si nach Bagley und Brear-

[1]) Betr. der Methoden von Mc Kenna und Herting vergl. unter η. und τ. auf Seite 189 ff. und 191 ff.

l e y (Chem. News, Bd. 82, S. 67; Ztschr. angew. Chem. 1900, S. 1186; 1901, S. 549):

2 g Stahlspäne werden auf dem Wasserbad mit Königswasser behandelt und zweimal mit HNO_3 eingedampft. Den Rückstand trocknet man bei 120 Grad C., nimmt ihn mit verdünnter HNO_3 auf, filtriert ab, wäscht mit gleicher Säure aus, verascht Filter samt Rückstand, schmilzt diesen im Platintiegel mit etwas Soda, löst in Wasser, filtriert und wäscht das unlöslich Gebliebene gut aus. Die Hauptmenge SiO_2 befindet sich im Filtrat, der Rest im Rückstand **R.** Ersteres wird mit HNO_3 angesäuert, zweimal mit HNO_3 eingedampft, der Rückstand nach scharfem Trocknen mit verdünnter HNO_3 aufgenommen, abfiltriert und gut ausgewaschen. Es hinterbleiben WO_3 und SiO_2 (I), die man trocknet. Der oben erhaltene Rückstand **R** wird in konz. HCl und etwas $KClO_3$ gelöst, in kleiner Porzellanschale zur Trockne verdampft, der Rückstand bei 120 Grad C. getrocknet, dann mit etwas HCl befeuchtet, erwärmt, mit heißem Wasser aufgenommen, abfiltriert, ausgewaschen und getrocknet (II). Nun werden die Niederschläge (I und II) vereint, verascht, bis zur Gewichtskonstanz geglüht und gewogen. Hierauf schmilzt man in demselben Platintiegel in bekannter Weise mit Bisulfat, laugt die Schmelze mit Ammonkarbonatlösung aus, filtriert usw. und wägt den ausgewaschenen, geglühten Niederschlag schließlich als SiO_2. Die Auswage wird auf Si umgerechnet.

7. Bestimmung von Arsen:

Lösen sich wolframhaltiges Eisen bezw. Stahl nur unvollkommen in konz. HNO_3, so schließt man die betreffende Probe durch Schmelzen mit Sodasalpeter auf, löst die Schmelze in HCl und verfährt dann weiter nach der auf S. 156 angegebenen Methode von Jannasch und Seidel; oder man bestimmt das Arsen von vornherein wie auf S. 203 für Ferrowolfram beschrieben (Bromsalzsäureaufschlußverfahren).

Wird aber das zu untersuchende Material vollständig durch HNO_3 aufgeschlossen, so wählt man folgende Arbeitsweise:

5 g werden vorsichtig in 60 ccm HNO_3 gelöst; dann spült man die Lösung in eine Porzellanschale, dampft auf dem Sandbade zur Trockne ein, erhitzt mindestens ½ St. auf einer glühenden Platte, läßt die Schale samt Inhalt abkühlen, fügt 80 ccm HCl 1.19 zu, erwärmt damit längere Zeit unter öfterem Umrühren und Zusatz kleiner Mengen Kaliumchlorat und verfährt im übrigen genau weiter wie auf S. 156 für „Erze“ angegeben.

B) CHROMWOLFRAMSTAHL (vanadin- und molybdänfrei).

1. Wolframfreier Stahl.

α. Ammoniumpersulfatmethode:

2.5 g des feinst zerkleinerten Chromstahles werden in 25 ccm verdünnter H_2SO_4 (1 Vol. konzentrierte Säure + 3 Vol. Wasser) gelöst, indem man zuerst gelinde erwärmt, zum Schluß zum Sieden erhitzt, und zwar in einem Erlenmeyer von 500 bis 600 ccm Inhalt. Nach beendeter Lösung wird mit gewöhnlichem Wasser auf etwa 200 ccm verdünnt; dann setzt man 100 ccm einer 6-proz. Ammoniumpersulfat zu und erhitzt zum Sieden, welches etwa ¾ St. fortgesetzt wird. Bei ausfallendem Mangansuperoxydhydrat ist die Flüssigkeit zu filtrieren. Sollte jedoch die Flüssigkeit infolge Bildung von Übermangansäure rötlich gefärbt sein, so kann man durch Zusatz weniger Tropfen HCl zur heißen Lösung die Übermangansäure reduzieren, muß dann aber noch einige Minuten zur Vertreibung des Chlors erhitzen.

Die nach beendigtem Kochen abgekühlte Lösung wird je nach dem Chromgehalt mit 20 bis 50 ccm Eisenvitriollösung versetzt. Man rührt um und titriert nun mit Permanganat, wie später bei der Methode von Hinrichsen (S. 183), angegeben.

β. Hinsichtlich der trocknen Oxydationsmethode nach dem Verfahren Philips vergl. „Ledebur", 9. Aufl., 1911, S. 139 bis 140 und S. 55 bis 57.

2. Chromarmer Wolframstahl.

Methode v. Knorre:

1 g der möglichst fein zerkleinerten Stahlprobe wird mit Salpetersoda im Platintiegel geschmolzen, die wässrige Auflösung kochend mit etwas Wasserstoffsuperoxyd versetzt und das mit dem Waschwasser vereinigte klare Filtrat tropfenweise mit HCl versetzt, bis gerade mit Methylorange Rotfärbung eintritt. Dann gibt man 8 bis 10 ccm $\frac{n}{10}$-H_2SO_4 und 0.4 g gelöstes Hydroxylaminchlorhydrat zu, schüttelt schnell um, fällt sofort mit stark überschüssiger Benzidinlösung, läßt 20 Minuten in der Kälte stehen, da Benzidinwolframat in heißem Wasser etwas löslich ist, filtriert, trocknet, glüht im Platintiegel und wägt.

Der einzige Nachteil dieser Methode ist jedoch die zweimalige Fällung mit Benzidinchlorhydrat. Die Resultate sind brauchbar.

Oder es werden nach Hinrichsen (Stahl und Eisen XXVII, S. 1418) Cr + W zusammen mit Quecksilbernitrat gefällt und gewogen, der Glührückstand Chromoxyd + WO_3 mit $NaKCO_3$ + etwas KNO_3 aufgeschlossen und das Cr mit Jodkalium und Salzsäure bezw. Thiosulfat titriert. Aus der Differenz berechnet sich der Gehalt an W.

3. Normaler und chromreicher Chromwolframstahl.

Nach F. W. Hinrichsen geben die Verfahren mit der Fällung des Wolframs durch Benzidin gemäß den Angaben von v. Knorre bei Gegenwart von Chrom ungenaue Resultate [vergl. unter b), S. 176], da in diesem Falle die zur Wägung gebrachte WO_3 meist noch Chromoxyd [1]) und Kieselsäure enthält.

α. FÜR GENAUE BESTIMMUNGEN VON CHROM UND WOLFRAM

kommen daher insbesondere die Methoden von F. W. Hinrichsen und L. Wolter (Stahl u. Eisen 1907, XXVII, S. 1418; Chem.-Ztg. Rep. 1907, S. 572; Ztschr. angew. Chem. 1908, XXI, S. 2072) in Betracht.

a) 2 g der feinst zerteilten Stahlprobe oder 2 g Stahlspäne werden in einer Porzellanschale mit verdünnter HNO_3 aufgeschlossen und die Lösung wiederholt eingedampft. Man trocknet den Rückstand, glüht und schmilzt ihn dann im dickwandigen Eisen- oder Nickeltiegel in bekannter Weise mit Natriumsuperoxyd (12 g). Die erkaltete Schmelze wird mit heißem Wasser behandelt, über Asbest filtriert, das Unlösliche sorgfältig ausgewaschen und das Filtrat samt Waschwasser auf etwa 150 ccm eingedampft. Man filtriert abermals über Asbest, wäscht aus, füllt das Filtrat auf 250 ccm auf und erhitzt zunächst 50 ccm entspr. 0.4 g urspr. Substanz nach Zugabe von etwa 50 ccm Wasser zum Sieden. Dann werden 15 ccm gesättigte Merkuronitratlösung und tropfenweise 10-proz. Ammoniaklösung hinzugesetzt, bis der Niederschlag eine schwarzbraune Färbung annimmt. Oder man fällt ohne NH_3 direkt in neutraler bzw. schwach alkalischer Lösung. Man läßt nun absetzen, filtriert, wäscht mit heißem Wasser aus, trennt den Niederschlag nach dem Trocknen vom Filter, verascht dieses besonders und zersetzt die Merkurosalze durch Erhitzen, worauf das zurückbleibende Gemisch von Wolframsäure und Chromoxyd 5 Min. scharf geglüht wird (**R**). In anderen 50 ccm bestimmt man das Chrom allein jodometrisch, wobei die Gegenwart von

[1]) Stahl u. Eisen 1908, S. 986.

Wolfram nicht stört. Der Wert desselben ergibt sich aus der Differenz der beiden Befunde.

Anmerkung des Verfassers: Zur Erzielung genauester Resultate ist es nötig, in allen Fällen, hier wie bei sämtlichen Spezialstählen überhaupt, sobald diese quantitativ bestimmbare Mengen Si, P und As enthalten, unbedingt das gewogene Gemisch der Wolframsäure mit Chromoxyd oder dergl. nochmals mit Bisulfat zu schmelzen, mit Ammonbikarbonatlösung aufzunehmen, zu erwärmen, zu filtrieren und den Rückstand auf SiO_2, As_2O_5, P_2O_5 und Al_2O_3 zu prüfen. Sind diese vorhanden, so ist es von größter Wichtigkeit, diese quantitativ zu bestimmen (vergl. Abschn. D, III) und als Korrektur in Abzug bzw. vor der Fällung mit Merkuronitrat zur Abscheidung zu bringen (vergl. S. 157, Bullnheimer-Methode). Diese Reinigung des WO_3-Cr_2O_3-Niederschlags wird in der Regel übersehen.

b) Ein anderer Weg ist der folgende: Der nach a) erhaltene Rückstand **R** wird im Nickel- oder Eisentiegel mit Natriumsuperoxyd oder im Platintiegel mit $KNaCO_3$ unter Zusatz geringer Mengen Salpeter geschmolzen. Die erhaltene Masse wird mit Wasser ausgelaugt und die alkalische Lösung zunächst mit Natriumphosphat, damit bei dem nachfolgenden Ansäuern die WO_3 in Lösung bleibt, zuletzt mit 10 bis 15 ccm H_2SO_4 (1 : 1) versetzt. Nun läßt man aus einer Bürette 15 ccm einer Eisenvitriollösung (50 g krist. $FeSO_4$ + 200 ccm konz. H_2SO_4, mit Wasser zu 1 Liter verdünnt), die nach Verdünnen mit 200 ccm H_2O gegen $KMnO_4$ wie für die Eisenbestimmung eingestellt ist, zufließen, rührt um und titriert mit derselben Permanganatlösung, bis die Flüssigkeit einen Stich ins Rötlich-Violette zeigt. Nach $2\,CrO_3 + 6\,FeO = Cr_2O_3 + 3\,Fe_2O_3$ wird die Chromsäure zu Chromoxyd reduziert. War viel Cr zugegen, so gilt bei der Titration der Zeitpunkt, wo sich die ursprünglich grüne Farbe ändert. Wurden z. B. zur Oxydation der 15 ccm $FeSO_4$-lösung erst x ccm, jetzt x + 5 ccm $KMnO_4$-Lösung gebraucht, so entsprechen 5 ccm derjenigen Eisenmenge, welche durch die Chromsäure aus dem Oxydul ins Oxyd umgewandelt wurde. Da der Eisentiter der $KMnO_4$-Lösung mal 0.310 gleich dem Titer auf Cr ist, so läßt sich in obiger Probe der Gehalt an Chrom berechnen; aus der Differenz gegen den bereits gewichtsanalytisch erhaltenen Wert für $WO_3 + Cr_2O_3$ ergibt sich der für Wolfram allein (vergl. auch „Ledebur", Leitfaden f. Eisenb.-Lab. 1911, 9. Aufl., S. 55 bis 57, Abschnitt i).

β. BESTIMMUNG VON PHOSPHOR.

Die meisten der in der Literatur beschriebenen Verfahren zur Trennung von P_2O_5 und WO_3 in Wolframstählen versagen. Auf Grund der Arbeiten von Hinrichsen, Wolter und Diekmann

(Stahl u. Eisen 1909, XXIX, S. 1276; Chem.-Ztg. Rep. 1909, S. 560; Ztschr. angew. Chem. 1909, XII, S. 1237) dürfte die folgende Methode die genaueste sein; sie ist allerdings etwas umständlich:

Der Chromwolframstahl wird mit HNO_3 aufgeschlossen, die Lösung eingedampft und der Rückstand mit Natriumsuperoxyd geschmolzen. Die durch Auslaugen mit Wasser und Filtration gewonnene Lösung füllt man auf ein bestimmtes Volumen auf; sie enthält neben dem gesamten Wolfram und Chrom auch den gesamten Phosphor. In der einen Hälfte dieser Lösung werden diese in bekannter Weise durch Merkuronitrat zusammen abgeschieden, abfiltriert, ausgewaschen, geglüht und gewogen. Diesen Niederschlag schmilzt man im selbigen Platintiegel mit Na_2CO_3, löst in Wasser, neutralisiert die Flüssigkeit mit HNO_3, macht deutlich ammoniakalisch und fällt nach Jörgensen („Ledebur" 1911, 9. Aufl. S. 46) heiß mit Magnesiamischung als Magnesiumpyrophosphat. Der entstehende Magnesiumammoniumphosphatniederschlag wird abfiltriert und auf dem Filter mit HNO_3 gelöst. Nach dem Auswaschen des Filterrückstandes fällt man erst jetzt die P_2O_5 mit Molybdatlösung nach Finkener.

In der andern Hälfte der oben erhaltenen alkalischen Aufschlußlösung wird das Chrom volumetrisch bestimmt. Auf diese Weise lassen sich die Werte für W, Cr und P einwandfrei ermitteln.

Es sei ferner erwähnt, daß außer dieser zeitraubenden Methode nach Hinrichsen noch die Reduktion der WO_3 in salzsaurer Lösung und nachfolgende Titration mit Eisenchlorid, sowie die unmittelbare Fällung der P_2O_5 mit Ammoniummolybdat bei Gegenwart von Weinsäure in Betracht kommen kann.

γ. DIE CHROMBESTIMMUNG INSBESONDERE.

a) Vergl. unter δ., b) auf S. 176.

b) Die Methode von G. v. Knorre (Stahl u. Eisen 1907, XXVII, S. 1251; 1908, XXVIII, S. 984; ferner hier, S. 172 ff.) ist ebenfalls zu empfehlen, doch muß dem Aufschluß mehr Sorgfalt als wie bei a) zugewandt werden, da er sonst leicht nicht quantitativ verläuft. Auch verlangt das Ausgangsmaterial eine feinere Zerkleinerung als bei dem Verfahren von Hinrichsen-Wolter. In dieser Hinsicht ist das v. Knorresche Verfahren unterlegen, gibt sonst aber genaue Resultate.

1 g des zu untersuchenden Stahls wird in 20 ccm verdünnter H_2SO_4 (1 Vol. konz. Säure + 3 Vol. Wasser) vollständig gelöst, d. h.

bis sich kein Wasserstoff mehr entwickelt, worauf man mit 5 ccm HNO_3 (1.2) oxydiert, so daß als ungelöster Rückstand nur WO_3 bleibt. Nach dem Erkalten gibt man vorsichtig konzentrierte Kali-- oder Natronlauge bis zur alkalischen Reaktion zu, so daß die WO_3 sich löst, darauf noch 10 ccm Natriumphosphatlösung, wodurch die Lösung auch bei weiterem Zusatz von 25 ccm verdünnter H_2SO_4 (1 Vol. + 3 Vol.) infolge Bildung löslicher Phosphorwolframsäure klar bleibt. Endlich gibt man 100 ccm 6-prozentige Ammoniumpersulfatlösung oder 6 g festes Salz zu, verdünnt auf 250 ccm, erhitzt zum Sieden, kocht anhaltend ½ bis ¾ St., um überschüssiges Persulfat zu zerstören, filtriert vom ev. ausgeschiedenen Mangandioxydhydrat ab, das ausgewaschen, getrocknet, geglüht und gewogen werden kann — eine rötliche Lösung muß, wie unter B) 1. α. auf S. 182 oben beschrieben, mit wenigen Tropfen HCl reduziert, sodann noch wenige Minuten gekocht werden —, läßt die Flüssigkeit erkalten, setzt wieder eben überschüssige Eisenvitriollösung zu und titriert das Chrom mit $KMnO_4$-Lösung nach dem unter B) 3. α. b) auf S. 184 beschriebenen Verfahren.

c) Schnelle und dabei genaue Methode von H. Wdowiszewski und Bogoluboff:

Dieses Verfahren ist eine Modifikation der vorstehend beschriebenen v. Knorreschen Arbeitsweise, jedoch einfacher und in nur 2 St. ausführbar.

1 bis 2 g Späne schüttet man in einen 500 bis 600 ccm fassenden Erlenmeyerkolben, begießt zuerst mit 10 bis 15 ccm (auf 1 g Späne bezogen) einer Natriumphosphatlösung, die in 1 Liter 150 g festes Salz enthält, und setzt dann 7 bis 8 ccm (auf 1 g Späne) Schwefelsäure (1.65) und 5 ccm Wasser hinzu. Die Späne fangen sogleich an sich zu lösen; bei mäßigem Erwärmen ist die Lösung nach ¼ St. erfolgt. Man erwärmt dann etwas stärker und fügt 2 ccm HNO_3 (1.4) hinzu. Es treten jetzt gleichzeitig zwei Reaktionen ein, indem nämlich zunächst das zuerst ausgeschiedene metallische Wolfram einer Oxydation durch die Salpetersäure unterliegt; da aber phosphorsaures Natrium zugegen ist, so wird die entstandene Wolframsäure gleichzeitig in lösliche Phosphorwolframsäure verwandelt und gelöst. Auf diese Weise erhält man sogleich eine vollständig klare Flüssigkeit, die mit 300 bis 500 ccm heißem Wasser verdünnt, mit 3 bis 5 g festem Ammoniumpersulfat versetzt und weiter mäßig gekocht wird. Sobald der Ueberschuß des Sauerstoffs entfernt und das Persulfat vollständig zersetzt ist, wird die Lösung nach dem Erkalten in bekannter Weise

mit Mohrschem Salz und Permanganat titriert. Zweckmäßigerweise setzt man vor der Titration noch einige Kubikzentimeter H_2SO_4 zu.

δ. SONSTIGE ABER WENIGER EMPFEHLENSWERTE METHODEN ZUR WOLFRAM- UND CHROMBESTIMMUNG.

a) Methode Bazin:

1.5 g Späne werden im Nickeltiegel mit 4 g Natriumsuperoxyd und 3 g Ätznatron geschmolzen und zwar erst vorsichtig später bei Rotglut. Die erkaltete Schmelze löst man in Wasser, oxydiert mit H_2O_2, filtriert und wäscht den Rückstand aus. Die Hälfte des auf ein bestimmtes Volumen aufgefüllten Filtrates versetzt man mit 10 g Ammonnitrat, läßt absetzen, filtriert die Kieselsäure ab, gibt zum Ablauf eine genügende Menge Magnesiumnitrat, läßt 12 St. stehen, filtriert, wäscht den Niederschlag mit verdünntem Ammoniak aus, säuert das Filtrat eben mit HNO_3 an, fällt mit Merkuronitratlösung und verfährt weiter wie im letzten Teil von a) S. 183 unten angegeben.

b) Technische Schnellverfahren von Brearley und Ibbotson:

1) 5 g Stahlspäne werden mit 50 bis 100 ccm konz. HCl schwach gekocht; dann setzt man nach und nach HNO_3 bis zur völligen Lösung zu und erhitzt weiter, bis die WO_3 sich abzuscheiden beginnt, worauf das doppelte Volumen Wasser zugesetzt wird. Man kocht nochmals auf und läßt an einem warmen Orte absetzen. Der Niederschlag wird abfiltriert, ausgewaschen, getrocknet, geglüht, gewogen, mit HF abgeraucht und wieder gewogen. Der Befund ist $WO_3 + Cr_2O_3$, die Differenz gibt den Wert für SiO_2 an. Der noch eisenhaltige Glührückstand wird mit Soda geschmolzen, die Masse in Wasser gelöst, das Unlösliche ausgewaschen, geglüht und wieder gewogen. Dieser Befund, von dem des unreinen Gemenges von WO_3 und Cr_2O_3 abgezogen, gibt den wahren Wert für $WO_3 + Cr_2O_3$. In dem sodaalkalischen Filtrat bestimmt man mit Eisenoxyldulsalz und Permanganat das Chrom volumetrisch. Aus der Differenz gegen obige Summe ergibt sich der Wolframwert.

2) Man verfährt wie vorstehend, nur daß zur Lösung der Stahlprobe HNO_3 (1.2) verwendet, trocken eingedampft, der Rückstand mit konz. HCl aufgenommen, etwas Wasser zugegeben, einige Zeit gekocht, absetzen gelassen, hierauf zuerst mit heißem, schwach salzsaurem Wasser, dann mit verdünntem Alkohol dekantiert, der Rückstand getrocknet und verascht wird.

c) Methode E. Bagley und H. Brearley (Chem. News Bd. 82, S. 270):

5 g Substanz werden mit einer Lösung aus 50 g Kupferammoniumchlorid, 100 ccm heißem Wasser und 50 ccm konz. Salzsäure behandelt; nach dem Abfiltrieren und Waschen mit verdünnter Salzsäure glüht man und verflüchtigt mittels Flußsäure die Kieselsäure. Der Rückstand wird gewogen, mit Soda geschmolzen, mit Wasser ausgelaugt, filtriert und wieder gewogen. Das in Lösung gegangene Chrom wird titrimetrisch bestimmt und als Cr_2O_3 in Rechnung gebracht. Ist weniger Wolfram als 1 Proz. vorhanden, so kocht man nur mit einer Lösung, die 10 Proz. Salzsäure enthält. Da ein Teil des Siliciums gelöst wird, so kann die Menge desselben nicht aus der Gewichtsabnahme beim Behandeln mit Flußsäure ermittelt werden.

ε. BESTIMMUNG VON MANGAN.

Methode Thos. C. Waters (Metallurg. Chem. Eng. 1911, IX, S. 244; Ztschr. angew. Chem. 1911, Heft 45, S. 2173), die sehr genaue Resultate gibt:

Man löst 2 g Späne in 20 ccm Schwefelsäure (1.2) und setzt nach und nach genügend Wasser zu, um die Sulfate in Lösung zu halten. Zur Lösung gibt man 5 ccm Salpetersäure (1.42), raucht bis zum Auftreten von Schwefelsäuredämpfen ab, verdünnt mit Wasser, bringt durch Kochen alles Ferrisulfat in Lösung, spült in einen 500 ccm-Kolben, setzt Sodalösung zu, bis eben ein Niederschlag entsteht, der sich nur schwer löst, und gibt noch eine Emulsion von Zinkoxyd hinzu. Man füllt auf, läßt absetzen, nimmt 250 ccm (= 1 g Substanz) heraus, filtriert, säuert mit 25 ccm Salpetersäure (1.42) an, gibt 1 g Natriumwismutat zu, schüttelt, filtriert mit der Pumpe durch Asbest, wäscht mit Waser und verdünnter Salpetersäure nach, setzt im Becherglase eine eingestellte Ferrosulfatlösung im Überschuß zu und titriert mit Permanganat zurück. Man nimmt für Stahl mit wenig Mangan eine Permanganatlösung mit 1 g $KMnO_4$ im Liter, die man gegen Eisen einstellt und mit Ferrosulfatlösung vergleicht. Eisentiter mal 0,1968 gibt Mangan.

ζ. SCHNELLMETHODE ZUR BESTIMMUNG VON WOLFRAM, CHROM UND SILICIUM

von S. Zinberg (Stahl und Eisen 1908, Bd. XXVIII, S. 1819):

1 g Chromwolframstahl wird bei Luftzutritt mit 60 ccm verdünnter Salzsäure (1 : 4) in der Wärme behandelt. Das dabei ausgeschiedene metallische Wolfram enthält Chromcarbide und Eisen beigemengt. Durch vorsichtiges Hinzufügen von 2 bis 3 ccm konz. Salpetersäure (1.40) wird in wenigen Minuten Wolfram als WO_3

ausgefällt, Eisen und Chrom aber gehen in Lösung. Man verdünnt mit Wasser, läßt absetzen, filtriert und wäscht mit verdünnter Salzsäure (1 : 10) gut aus. Die durch Veraschen des Niederschlages im Platintiegel erhaltene Wolframsäure enthält nur etwas Eisenoxyd, aber weder Chrom noch Silicium. Durch zweimaliges Verdampfen des Filtrates mit Salzsäure zur Trockne, Behandeln des Rückstandes mit Wasser, Filtrieren und Auswaschen erhält man sämtliches Silicium als Kieselsäure. Im Filtrat von dieser wird das Chrom wie folgt bestimmt: Man versetzt die heiße Lösung mit Ammoniak, kocht auf, filtriert den Chrom- und Eisenniederschlag ab, wäscht mit heißem Wasser gut aus, löst in konz. Salpetersäure, setzt 4 bis 5 g Kaliumchlorat zu, dampft ein, verdünnt, läßt abkühlen und fällt mit Merkuronitratlösung. Man läßt absetzen, filtriert, wäscht mit merkuronitrathaltigem Wasser aus, verascht und glüht im Platintiegel.

Anmerkung des Verfassers: Die Methode eignet sich nicht für sehr genaue Analysen, da einmal meist etwas WO_3 ins erste salzsaure Filtrat mitgeht und dann beim Eindampfen mit HCl bei der SiO_2 zurückbleibt. Es müßte deshalb die gewogene unreine SiO_2 nochmals mit Bisulfat geschmolzen, die nach Auslaugen mit Ammonkarbonat unlöslich gebliebene SiO_2 gewogen, aus der Differenz die WO_3 berechnet und der so gefundene WO_3-Wert zum Hauptbefund addiert werden. Da aber auch beim Abfiltrieren des nach Eindampfen mit HCl erhaltenen, mit Wasser aufgenommenen WO_3-Rückstandes etwas WO_3 ins chromhaltige Filtrat wandert, so fällt im ganzen der WO_3-Befund etwas zu niedrig und der Chromwert dementsprechend zu hoch aus.

η. GLEICHZEITIGE BESTIMMUNG VON W, Cr, Fe, Mn, C, Si, P UND S.

Methode von McKenna (Eng and Min. Jour. 1900, LXX, S. 124; Chem. News LXXXII, S. 67; Ztschr. angew. Chem. 1900, S. 1186; Chem.-Ztg. 1900, Rep. No. 28; vgl. auch hier S. 192 ff; die Originalarbeit steht in den Proceedings of the Engineers Society of Western Pennsylvania):

0.3 g der im Stahlmörser zerkleinerten Probe werden in eine 500 ccm fassende Gasentwicklungsflasche gebracht, 30 ccm heißes Wasser und ebensoviel konz. HCl (1.19) zugesetzt und die sich entwickelnden Dämpfe in Kadmiumchloridlösung aufgefangen. Man unterstützt die Zersetzung durch Erwärmen. Hat sich der Stahl gelöst, wird noch 1 bis 2 Min. gekocht.

Im Destillat wird der Schwefel durch Titration mit Jod bei Anwendung von Stärke als Indikator bestimmt. Die Auflösung der Probe soll möglichst rasch erfolgen. Die vom „Verein Deutscher Eisenhüttenleute" eingesetzte Chemikerkommission hat für strittige Fälle die Bariumsulfat-, als Betriebsverfahren die jodometrische

Schwefelkadmiummethode vorgeschlagen. Über Einzelheiten dieses maßanalytischen Verfahrens selbst ist u. a. im „Ledebur“, 9. Aufl., S. 134 bis 136, nachzulesen.

Die rückständige Lösung wird erst mit 10 ccm HNO_3, dann mit 15 ccm HCl zur Trockne eingedampft, mit 20 ccm HCl und heißem Wasser aufgenommen, filtriert und der Rückstand mit 5-proz. HNO_3 ausgewaschen, verascht, geglüht und gewogen: $SiO_2 + WO_3$ (γ). Da dieser noch etwas Eisen enthält, schmilzt man ihn nochmals mit Soda, bestimmt das in Waser unlösliche Eisen als Fe_2O_3 (α), fällt im Filtrat $SiO_2 + WO_3$ (β) nach der Merkuronitratmethode, schmilzt den gewogenen Niederschlag mit Bisulfat (siehe Anmerkung), löst in Ammonkarbonat, filtriert, wäscht aus, verascht, glüht und wägt den Rückstand (δ). Dann ist (β) – (δ) = WO_3 (ε) und (γ) – [(δ) + (ε)] = SiO_2.

In der Regel fällt der Wert für WO_3 etwas zu niedrig aus, da geringe Mengen ins salpetersaure Filtrat gehen.

Letzteres dampft man ein, kocht mit 50 ccm HNO_3, bis alle HCl ausgetrieben ist, füllt mit HNO_3 bis auf etwa 200 ccm auf, setzt 10 g $KClO_3$ zu und dampft wieder auf 75 ccm ein. Mangan fällt hierbei als Superoxyd aus. Man filtriert heiß durch Asbest, wäscht mit verdünnter HNO_3 nach, löst den Rückstand in heißer HCl unter Zugabe von Kaliumnitrit, verjagt das Chlor durch Kochen, entfernt eventuelle Spuren von Fe mit NH_3 und Ammonazetat, fällt das Mangan im stark ammoniakalischen Filtrat durch Brom, filtriert den Niederschlag ab, wäscht ihn aus, verascht, glüht und wägt: Mn_3O_4.

Chrom befindet sich als Chromat im Filtrat. Man setzt überschüssige Eisenvitriollösung zu und titriert in bekannter Weise kalt mit Permanganat nach

$$2CrO_3 + 6FeO = 3Fe_2O_3 + Cr_2O_3$$

$$2KMnO_4 + 10FeO = K_2O + 2MnO + 5Fe_2O_3.$$

Vor der Titration muß die Lösung auf 500 ccm verdünnt und auf 20 Grad abgekühlt werden. Oder man titriert das Chrom in salpetersaurer Lösung nach der Oxydation zu Chromsäure mit chlorsaurem Kali.

Zur Phosphorbestimmung werden 5 g einer neuen Probe in einer Porzellanschale mit 60 ccm HNO_3, bei Chromgegenwart unter Zusatz von HCl gelöst, mehrmals eingedampft, der Rückstand mit Säure aufgenommen, $SiO_2 + WO_3$ abfiltriert und ausgewaschen, das Filtrat mit 35 ccm NH_3 versetzt, der Niederschlag wieder in HNO_3 gelöst und hierzu 100 ccm Molybdatlösung gegeben.

Man rührt sorgfältig um, filtriert den Niederschlag ab, wäscht ihn mit 1-proz. HNO_3 aus und wägt ihn; er enthält 1.63 % P.

Kohlenstoffbestimmung: 1.5 g der Probe werden in 100 ccm 33-proz. Kupferkaliumchloridlösung gelöst, nach ½ St. setzt man 5 ccm HCl zu, verbrennt den abfiltrierten Kohlenstoff im Platin rohr im Sauerstoffstrom und fängt die gebildete CO_2 in Baytwasser auf, und zwar im Kugelapparat. Der Bariumkarbonatniederschlag mit 6,09 % C wird in üblicher Weise zur Wägung gebracht.

Anmerkung des Verfassers: Die vorstehenden Methoden weisen folgende Fehlerquellen bzw. Nachteile auf: Die Kohlenstoffbestimmung ist durch die direkte Verbrennung der Probe im Sauerstoffstrom im elektrischen Ofen (vgl. Kap. A.) überholt. Der Phosphor wird zweckmäßiger nach den unter A) 3. auf S. 171 bzw. unter β. auf S. 184 angegebenen Methoden bestimmt. Ferner ist die WO_3-Abscheidung beim Eindampfen der salzsalpetersauren Lösung meist nicht völlig quantitativ. Endlich sind die in Abschnitt τ, S. 191 gemachten Einwände von Herting zu berücksichtigen; sie sind berechtigt.

Mc Kenna hat zur Trennung der WO_3 von SiO_2 ursprünglich das Abrauchen mit HF vorgeschlagen. Da die Bisulfatschmelzmethode aber einwandsfreiere Resultate gibt, ist sie bereits bei der Wiedergabe der Mc Kennaschen Methoden berücksichtigt worden.

τ. BESTIMMUNG VON WOLFRAM, SILICIUM UND SCHWEFEL nach O. Herting (Ztschr. angew. Chem. 1901, XIV, S. 165).

Derselbe greift insbesondere die zur Bestimung von W, Si und S dienenden Methoden von Mc Kenna (vgl. S. 189 ff. unter η.) an und gibt folgende Vorschläge als Verbesserungen, bzw. Berichtigungen an:

Zum Aufschließen der Substanz muß, um Verluste an Si durch Bildung und Verflüchtigung von SiH_4 zu vermeiden, HNO_3 oder ein Gemisch dieser mit H_2SO_4 angewandt werden. Um nicht zu niedrige Werte für S zu erhalten, muß dem Absorptionsgefäß ein Verbrennungsrohr, welches zur Rotglut gebracht wird, vorgeschaltet werden. Ferner behauptet Herting, daß sich beim Glühen kieselsäurehaltiger WO_3 eine Silikowolframsäure bilde, welche beim Behandeln mit HF flüchtig ist.

Herting wendet seine Methode auch auf „Ferrowolfram“ an (hochprozentige Ferrowolframlegierungen werden aber durch HNO_3 oder Königswasesr nicht quantitativ aufgeschlossen: d. Verf.) und verfährt wie folgt:

a) 1 bis 3 g Probiergut (chromfrei) werden mit Königswasser zersetzt, auf dem Wasserbad zweimal mit HNO_3 eingedampft, der Rückstand bei 120 Grad getrocknet, mit verdünnter HNO_3 aufgenommen, filtriert und mit derselben verdünnten Säure ausgewaschen. Es bleiben $WO_3 + SiO_2$ nebst wenig Eisen unlöslich zurück. Zur Entfernung des Letzteren wird der unreine Rückstand mit Soda geschmolzen, in Wasser gelöst und das Eisen abfiltriert. Das Filtrat dampft man zweimal mit HNO_3 ein, nimmt mit salpetersäurehaltigem Wasser auf und filtriert; SiO_2 und WO_3 bleiben zurück **(R)**. Man wäscht wieder mit angesäuertem Wasser aus, verascht, glüht und wägt den Rückstand. Dieser wird zuletzt mit der fünffachen Menge $KHSO_4$ geschmolzen, die Schmelze mit einer schwachen Ammoniumkarbonatlösung digeriert, wobei nur die WO_3 sich löst; die zurückbleibende SiO_2 wird abfiltriert, geglüht und gewogen. Aus der Differenz ergibt sich der Wert für reine WO_3.

b) Zur Trennung WO_3 von SiO_2 empfiehlt Herting auch folgenden Weg:

Die noch nassen hydratischen Säuren werden mit Wasser aufgeschlämmt und mit Normalnatronlauge titriert; als Indikator dient Phenolphtalein. Zu diesem Zweck wird der nach oben erhaltene, ausgewaschene und aus WO_3 und SiO_2 bestehende Rückstand **R** auf dem Filter noch mit einer 5 bis 10-prozentigen Kalisalpeterlösung ausgewaschen, bis das Filtrat neutral reagiert. Dann durchsticht man das Filter, spritzt den Niederschlag mit heißem Wasser in einen Erlenmeyerkolben, verdünnt mit Wasser zu etwa 200 ccm, erhitzt zum Sieden, fügt Phenolphtalein zu und titriert bis zur deutlichen Rotfärbung; 1 ccm $\frac{n}{1}$-NaOH $= 0.116$ $WO_3 = 0{,}092$ g W (bei W $= 184$). Dagegen verwirft Herting die von van der Pfordten (Wagners Jahresberichte 1883, S. 433) stammende Zinkreduktionsmethode in salzsaurer Lösung mit nachfolgender Titration mit Permanganat.

Anmerkung des Verfassers: Das Eindampfen mit HNO_3 und Trocknen des Rückstandes bei Gegenwart von Alkalisalzen macht jedoch meist die WO_3 nicht vollständig unlöslich, geringe Mengen bleiben meist gelöst und verursachen daher zu kleine W-Befunde. Die Hertingsche Methode ist also auch nicht einwandfrei; es muß vielmehr noch im salpetersauren Filtrat von **R** der Rest der gelöst gebliebenen WO_3 nach der Merkuronitratmethode abgeschieden und bestimmt werden. Aufschließen mit Königswasser führt auch nicht immer zum Ziel. Für Chromwolframstahl (vergl. nächsten Abschnitt) wendet Herting allerdings auch die Schmelzaufschlußmethoden an.

c) Herting bezweifelt, daß es Mc Kenna so leicht gelingt, Chromwolframstahl mit Säuren ganz aufzuschließen. Bei Gegenwart von Chrom — als „Ferrowolfram“ oder „Wolframstahl“ — nimmt Herting daher stets eine Aufschlußschmelze mit Soda und Salpeter vor.

d) Vorstehende Behauptungen H e r t i n g s werden von M c. K e n n a teils bestritten, teils widerlegt (Ztschr. angew. Chem. 1901, XIV, S. 828), insbesondere, daß beim A u f l ö s e n d e r S t a h l p r o b e Silizium als Siliziumwasserstoff verloren ginge. Hinsichtlich der S c h w e f e l b e s t i m m u n g empfiehlt M c. K e n n a , da bei der üblichen Entwickelungsmethode tatsächlich ein Teil des S nicht absorbiert werde, die Jodlösung gegen eine ähnliche Eisen- oder Stahlprobe von genau bekanntem S-Gehalt einzustellen, um so den Fehler so viel als möglich zu verringern; bei Anwendung des Bariumsulfatverfahrens ist mit h e i ß e r Säure zu arbeiten. Was die T r e n n u n g d e r SiO_2 v o n d e r WO_3 betrifft, so verbleibt M c. K e n n a bei seiner früheren Behauptung, daß WO_3 bei dem Abrauchen eines Gemisches von WO_3 und SiO_2 mit HF nicht flüchtig ist außer bei Gegenwart von H_2SO_4. Er wird dabei von K. F. S t a h l , J. M. C a m p und J. A. M o h r unterstützt. Derselben Ansicht sind übrigens H. L. W e l l s und F. J. M e t z g e r (Journ. Amer. Chem. Soc. 1901, XXIII, S. 356), nur darf der Abdampfrückstand nicht über dem Gebläse geglüht werden. Was das Aufschließen des Chromwolframstahls betrifft, so sei es mit Säuren absolut quantitativ; auf „Ferrochrom“ oder „Ferrochromwolfram“ dürfte allerdings diese Säureaufschlußmethode nicht angewandt werden.

C) MOLYBDÄNWOLFRAMSTAHL*) (e v. c h r o m h a l t i g).

1. M e t h o d e n G. A u c h y (Journ. Amer. Chem. Soc. 1905, XXVII, S. 1240):

D i e b e t r e f f e n d e S t a h l p r o b e d a r f b i s 8 % C h r o m e n t h a l t e n , o h n e d a ß d e s s e n G e g e n w a r t b e i d e r A u s f ü h r u n g d e r f o l g e n d e n M e t h o d e s t ö r t. Soll es quantitativ bestimmt werden, so ist auf die S. 29 bis 31 gemachten Angaben Rücksicht zu nehmen. D a s f o l g e n d e V e r f a h r e n g i l t a u c h f ü r „r e i n e n M o l y b d ä n s t a h l“, „F e r r o m o l y b d ä n“ usw.

α.

a) Bei Stahlproben löst man 1.5 g, bei „F e r r o m o l y b d ä n“ 0.3 g in 20 ccm HNO_3, dampft zur Trockne ein, nimmt den Rückstand in 20 ccm HCl (1.19) auf, erhitzt zum Kochen, dampft abermals ein, löst wieder in 10 ccm HCl, verdünnt etwas mit Wasser, filtriert die WO_3 samt SiO_2 ab — beide werden wie wiederholt angegeben getrennt und bestimmt — und wäscht aus. Inzwischen werden in einem 300 ccm-Kolben für Stahl 10 g, bei „F e r r o m o l y b d ä n“ 20 g Ätznatron in 100 ccm Wasser gelöst. Zu dieser Lauge gießt man das oben erhaltene salzsaure Filtrat samt Waschwasser, verdünnt bis

*) Vergl. auch S. 43 ff.

zur Marke und schüttelt gut um. Hierauf wird durch ein trocknes Filter gegossen. Vom Ablauf nimmt man 200 ccm entsprechend 1 g Stahl bezw. 0.2 g Ferromolybdän, bringt sie in einen 600 ccm-Erlenmeyerkolben, setzt 10 g Zink und 100 ccm heiße verdünnte H_2SO_4 (1 : 5) hinzu und erhitzt 20 bis 25 Min. auf dem Sandbade, ohne jedoch die Lösung zum Sieden zu bringen: es entsteht $Mo_{12}O_{19}$. Dann filtriert man rasch durch ein Filter von etwa 10 cm Durchmesser, wäscht mit kaltem Wasser aus, bis das Filtrat farblos erscheint, und titriert schnellstens mit Permanganatlösung, bis die anfangs dunkle Lösung zunächst farblos und dann rosa gefärbt wird (Verfahren Emmerton, beschrieben zuerst in A. Blair, The chemical Analysis of iron, II. Ausg., S. 95). Der Vorgang vollzieht sich nach der Gleichung $5\,Mo_{12}O_{19} + 34\,KMnO_4 = 60\,MoO_3 + 17\,K_2O + 34MnO$.

Der Eisentiter der $KMnO_4$-lösung mal 0.605 ist gleich Molybdän. Das Zink (10 g) ist vorher auf Eisen zu prüfen und erforderlichenfalls eine Korrektur vom für Mo gefundenen Wert in Abzug zu bringen. Ist der Mo-Gehalt sehr gering, empfiehlt sich die Verwendung einer doppelt verdünnten $KMnO_4$-lösung.

b) Soll auch Chrom in derselben Probe bestimmt werden, ist die Methode Nr. 4 auf S. 45 anzuwenden.

β. Da dieses Verfahren b) von Cruser und Miller (vergl. auch S. 44) nicht ganz einwandsfrei ist, hat es auch Auchy später wie folgt modifiziert, in welcher Form es sehr gute Resultate geben soll:

0.8 g Stahl wird in HNO_3 gelöst, die Flüssigkeit zur Trockne verdampft, der Rückstand mit 25 ccm konz. HCl gekocht, die WO_3 samt SiO_2 abfiltriert und das Filtrat nach Zusatz von 10 ccm H_2SO_4 (3 : 1) bis zum Auftreten von Schwefelsäuredämpfen eingedampft. Den Rückstand nimmt man mit 50 ccm Wasser auf, gießt die erhaltene Lösung unter Umschwenken langsam in 100 ccm Natronlauge (453 g zu 2100 ccm gelöst), verdünnt auf 200 ccm, schüttelt um, filtriert, versetzt 100 ccm des Filtrats mit 15 ccm konz. H_2SO_4, reduziert mit Zink und titriert mit Permanganatlösung.

2. Methode J. Brakes (Journ. of the Soc. of chem. Ind. 1912, XXI, S. 832). Diese ist eine Modifikation des Koppschen Verfahrens:

5 g werden mit einem Gemenge von 20 ccm Salpetersäure und 20 ccm Salzsäure (Königswasser) behandelt; man dampft zur Trockne ein, löst den Rückstand in 10 ccm Salzsäure, filtriert von WO_3 und SiO_2 ab, wäscht aus, fügt zum Filtrat 20 ccm Schwefelsäure (1 : 1) hinzu und verdampft bis zum Auftreten von Schwefelsäuredämpfen.

Man erhitzt mit 400 ccm Wasser bis zur vollständigen Lösung, spült dieselbe in einen geaichten Literkolben, fügt 100 ccm Ammoniak (0.90) hinzu, schüttelt durch und kühlt durch einstündiges Stehen in kaltem Wasser ab. Man füllt zur Marke auf, mischt und filtriert durch ein trocknes Filter. 500 ccm des Filtrates werden mit 40 ccm verdünnter Schwefelsäure (1.60) versetzt, dann reduziert und titriert man mit eingestellter Kaliumpermanganatlösung nach Emmerton (Blair, II. Ausg., S. 95, hier S. 194). Auf Grund der unter α. a) auf S. 194 angegebenen Gleichung erhält man auch hier den Molybdänfaktor der Permanganatlösung durch Multiplikation des Eisenfaktors mit 0,605.

D) SPEZIALSTAHL MIT WOLFRAM, CHROM, MOLYBDÄN, VANADIN UND NICKEL.*)

1. Vergl. Philips (Stahl u. Eisen 1910, Bd. XXX, S. 965), der einen Auszug einer Arbeit von E. Pozzi-Escot wiedergibt.

2. Methode C. Svensson (Stahl u. Eisen 1908, Bd. XXVIII, S. 845; Ztschr. analyt. Chem. 1909, IIL, S. 776):

Für die Untersuchung benutzt man zwei Proben. Von Probe 1 werden zur Bestimmung von W, Cr und Ni 2 g Späne in 50 ccm konz. HCl in der Wärme gelöst und dann nach Zusatz von 5 bis 10 ccm Salpetersäure gekocht. Die Lösung verdampft man fast bis zur Trockne, kocht nach Zusatz von verdünnter Salzsäure (1 : 5) auf und filtriert. Die Wolframsäure bleibt nach Veraschen des Filters und Abrauchen der Kieselsäure mit Flußsäure zurück. Das eingeengte Filtrat versetzt man mit etwas konzentrierter Salzsäure und entfernt Eisen und Molybdän mit Äther nach dem Rotheschen Verfahren. Nach Entfernen des überschüssigen Äthers setzt man 20 ccm konz. Salzsäure zu, kocht, oxydiert mit chlorsaurem Kali, verdünnt mit 250 ccm Wasser, setzt 10 g Ammoniumchlorid hinzu, fällt heiß mit Ammoniak, filtriert und wäscht mit heißem Wasser aus. Im Filtrat bestimmt man Nickel titrimetrisch. Der Niederschlag, der alles Chrom und einen Teil des Vanadiums enthält, wird in Salzsäure gelöst, mit Wasser verdünnt, nach Zusatz von Ammonium- und Natriumphosphat gekocht, mit Ammoniak gefällt, filtriert und mit heißem Wasser ausgewaschen. Hierauf löst man den Niederschlag in 75 bis 100 ccm verdünnter Schwefelsäure (1 : 6), kocht, oxydiert mit Kaliumpermanganat und kocht bis zur vollständigen Zersetzung des Permanganatüberschusses weiter. Die Lösung kommt in einen 500 ccm-Meßkolben, wird abgekühlt, mit Wasser bis zur Marke aufgefüllt und durch ein

*) Vergl. auch S. 106.

trocknes Filter abgegossen. Zu 250 ccm des Filtrats setzt man überschüssige titrierte Ferrosulfatlösung, mißt mit Permanganat zurück und berechnet den Chromgehalt wie üblich. Dabei ist zu beachten: Bei Zusatz von etwas Wasserstoffsuperoxyd zu der titrierten Lösung erhält man bei etwa vorhandenem Vanadin eine rotbraune Färbung. Man muß beim Filtrieren solange Permanganat zugeben, bis das Vanadin vollständig zu Vanadinsäure oxydiert ist und eine dauernde Rotfärbung entsteht. Das Nickel wird nach der bekannten Methode durch Titrieren mit Zyankalium bestimmt.

Von der Probe 2 werden zur Bestimmung von Mo und V 4 g Späne in Salzsäure gelöst, mit Salpetersäure oxydiert und die Wolframsäure abfiltriert. Das Filtrat wird erhitzt, mit Natriumhydrat fast neutralisiert und die heiße Lösung in eine fast bis zum Kochen erhitzte Lösung von 10 g Natriumhydrat in 200 ccm Wasser unter Umrühren eingegossen. Die abgekühlte Lösung kommt in einen 550 ccm-Meßkolben, wird aufgefüllt und durch ein trocknes Filter filtriert. Chrom und Nickel werden mit dem Eisen gefällt, während alles Vanadin und Molybdän im Filtrate bleibt. 250 ccm desselben erhitzt man zum Kochen, macht die heiße Lösung mit Salzsäure schwach sauer, dann schwach ammoniakalisch, fügt 20 g Ammoniumchlorid zu, erhitzt zum Kochen und fällt, sobald die gelb gewesene Lösung wieder weiß geworden ist, die Vanadinsäure mit Manganchlorür. Nach dem Fällen des Manganvanadates läßt man die Lösung nebst Niederschlag über Nacht stehen, filtriert und wäscht 4 bis 5 mal mit lauwarmem Wasser aus. Das Filtrat benutzt man für die Molybdänbestimmung. Der Niederschlag wird samt dem Filter verascht, in etwas heißer Salzsäure gelöst, diese mit Schwefelsäure abgeraucht, die Lösung mit Wasser verdünnt, gekocht und mit Permanganat heiß titriert. Eisentiter mal 0, 9133 ist gleich Vanadintiter. Das Filtrat vom Vanadinniederschlag wird mit einem Überschuß von Salzsäure versetzt, gekocht, mit Ammoniak fast neutralisiert, mit Bleiazetat in kochender Lösung gefällt, noch mit 50 ccm einer konz. Ammoniumazetatlösung versetzt, einige Minuten gekocht und absetzen gelassen. Man filtriert, wäscht mit heißem Wasser aus, verascht und wägt das Bleimolybdat in bekannter Weise.

3. Im Metall. and Chem. Eng. 1912, Bd. L, S. 52 werden empfohlen zur Bestimmung von

Chrom: Oxydation mit $KMnO_4$ in schwefelsaurer Lösung;
Oxydation mit Kaliumchlorat in salpetersaurer Lösung;
Ätznatronmethode von Blair.

Vanadin: Verfahren von Johnson oder Blair;
Kolorimetrische Wasserstoffsuperoxydmethode;
Nickel: Kaliumzyanidtitration, Ausschüttelung mit Äther;
Wolfram: Verdampfen mit HCl und HNO_3.

d. Wolframlegierungen.

1. NICKELWOLFRAMLEGIERUNG.

Man übergießt 5 g Späne mit 50 bis 100 ccm konz. HCl, erhitzt fast zum Sieden, fügt hierauf vorsichtig einige Tropfen HNO_3 zu und läßt die Reaktion zu Ende gehen. Dann wird mit dem doppelten Volumen Wasser verdünnt und längere Zeit gekocht. Alles außer dem Hauptteil der WO_3 ist in Lösung gegangen. Je nach den vorhandenen anderen Metallen werden Rückstand und Lösung weiter behandelt und getrennt. Im Filtrat ist nach Abscheidung des Ni noch der letzte Rest WO_3 mit Merkuronitrat zu fällen.

2. NICKELMOLYBDÄNWOLFRAMLEGIERUNG.

Man löst 10 g in Königswasser, setzt konzentrierte Salzsäure zu, dampft ein, trocknet, befeuchtet mit NH_3, trocknet wieder, nimmt mit HCl auf, filtriert, wäscht mit verdünnter HCl, fällt Fe mit NH_3, filtriert, löst den Niederschlag wieder auf und fällt das Eisen zum zweiten Male mit NH_3. Filtrate und Waschwässer werden vereint und auf 1000 ccm aufgefüllt. In 100 ccm entsprechend 1 g Substanz wird Ni zyanometrisch bestimmt, wobei die Gegenwart von Mo nicht stört. In weiteren 100 ccm wird Mo durch Ausfällen mit H_2S ermittelt; gewöhnlich sind noch geringe Mengen WO_3 gelöst geblieben; diese müssen erst von Mo getrennt werden (Zusatz von Weinsäure, Fällen mit H_2S). Ist aber viel Fe da, so müssen bereits in der Aufschlußlösung W und Mo von Fe durch überschüssiges Ätznatron getrennt werden, da sonst bei der weiteren Ammoniakfällung Eisen teilweise als basisches Eisenmolybdänsalz oder Eisenwolframat ausfiele und zu niedrige W- und Mo-Befunde bedingen, bzw. zu hohe Fe-Werte geben würde.

3. FERROWOLFRAM.

A) Vollständiger und genauer Analysengang.

Die folgenden Methoden werden am häufigsten angewandt. Der Schmelzaufschluß mit Alkalien ist zwar umständlicher als die u. a. später beschriebene Auflösung in Bromsalzsäure, dafür aber um so sicherer. Die Überführung der Legierung in ein für die Analyse geeignetes Mehl läßt sich mit Stahlmörsern, wie sie für diese Zwecke

u. a. die Firma Krupp-Essen liefert, in einwandsfreier Weise erzielen. Hinsichtlich des Schmelzaufschlußmittels sind verschiedene Arten gebräuchlich, es werden u. a. benutzt: Sodasalpeter (Platintiegel) und Natriumsuperoxyd mit Ätznatron, bezw. Soda (Nickeltiegel). Sollen in derselben Einwage außer W noch andere Bestandteile der Legierung ermittelt werden, ist der Sodasalpeteraufschluß immer vorzuziehen, wie dieser überhaupt, auch wenn es sich um die Bestimmung von nur W handelt, am meisten angewandt wird. Der Aufschluß im Platintiegel bringt nur den Nachteil mit sich, daß der wasserunlösliche Schmelzaufschlußrückstand stets mehr oder weniger Platin enthält und diese Verunreinigung bei der Gesamtanalyse zu berücksichtigen ist.

α. BESTIMMUNG VON WOLFRAM.

α_1. 0.5 g Ferrowolfram feinster Mahlung wird im Platintiegel mit 6 bis 8 g einer Mischung von 4 Teilen Soda und ½ Teil Salpeter — beide müssen absolut frei von SiO_2, Al_2O_3 und Fe_2O_3 sein, wenn eine Gesamtanalyse vorgenommen werden soll; die Reagentien sind daher stets auf Reinheit zu prüfen — innigst gemischt und eine halbe Stunde bei bedecktem Tiegel über guter Bunsenbrennerflamme erhitzt. Die Schmelze muß ruhig fließen. Übermäßiges Glühen im Gebläsefeuer ist zwecklos und läßt den Tiegel mehr als unvermeidbar angreifen. Während des Schmelzens muß durch vorsichtiges Schwenken des Tiegels und entsprechende Tiegelstellungen dafür gesorgt werden, daß sich nicht Schmelzpartien an den oberen Tiegelwänden festsetzen und so u. U. geringe Mengen der Legierung einem völligen Aufschluß entgehen. Den erkalteten Tiegel samt Deckel legt man in ein Becherglas aus Jenaer Glas, in dem sich etwa 150 bis 200 Kubikzentimeter Wasser befinden und erwärmt auf dem Sandbad bis zur völligen Auflösung der Schmelze. Dann werden Tiegel und Deckel herausgenommen und quantitativ abgespült. Man setzt 2 Tropfen 30-proz. Wasserstoffsuperoxyd (Perhydrol) zu, kocht kurze Zeit, läßt absetzen und erkalten. Je länger und heftiger man beim Schmelzen die Hitze gehalten hatte, um so tiefbrauner und körniger ist der unlösliche Niederschlag, und um so schneller und besser zusammengeballt setzt er sich ab. Es ist sehr abzuraten Natriumsuperoxyd zu verwenden, da es sehr oft Verunreinigungen wie SiO_2, Al_2O_3, Fe_2O_3 usw. enthält. Ferner darf nicht zu lange gekocht und nicht zuviel H_2O_2 — höchstens 1 ccm — zugesetzt werden, da sonst selbst Jenaer Bechergläser deutlich angegriffen werden.

Man filtriert nun von Eisen und Mangan (platinhaltig!) ab und wäscht den Rückstand mit verdünnter heißer Sodalösung aus, andernfalls läuft das Filtrat leicht trüb durch. Es wird so der Rückstand **A** und die Lösung **B** erhalten. Letztere kann neben W auch Mo, Sn, As, Al, SiO_2, P_2O_5 und Cr enthalten. Wenn Cr und Mo tatsächlich vorliegen, so ist das zumeist auf einen absichtlichen Zusatz zur Ferrolegierung zurückzuführen. Man wendet dann zur Trennung eine der unter „Molybdänchromhaltige Stähle" (S. 45, No. 4), bzw. 4. auf S. 209 aufgeführten Methoden an. Gewöhnlich fehlen Mo und Cr, dafür sind aber Al, Si, As, P und häufig auch Sn zu berücksichtigen.

a) Bei Gegenwart wägbarer Mengen von Al, As, P, Sn und Si verfährt man zwecks Bestimmung von nur W entweder ohne weiteres nach b), muß dann aber im gewogenen unreinen WO_3-Niederschlag nach früher angegebenen Methoden nochmals eine Trennung Tonerde, Arsen-, Phosphor-, Zinn-, Kiesel- und Wolframsäure durchführen. Die so ermittelten Befunde entsprechen natürlich nur den einzelnen, im unreinen WO_3-Niederschlag enthaltenen Bestandteilen, nicht dem wirklichen Gehalt der ursprünglichen Legierung. Oder man verfährt mit der — wie unter α_1. beschrieben — erhaltenen Lösung besser und schneller nach Bullnheimer (S. 106), indem die fraglichen Verunreinigungen vor der Fällung der WO_3 erst durch Behandeln mit Ammonkarbonat, Ammonnitrat bzw. Magnesiamixtur entfernt werden.

b) Für gewöhnlich enthält gutes Handelsferrowolfram so geringe Mengen Sn, As, Si, P und Al, daß auf diese bei der Abscheidung der WO_3 nach der Merkuronitratmethode und zwar vor der Fällung, keine besondere Rücksicht genommen zu werden braucht. Man verfährt für diesen Fall, der am häufigsten vorkommt, wie folgt:

Die oben erhaltene alkalische Lösung **B** wird unter Verwendung von Methylorange als Indikator mit HNO_3 soweit neutralisiert, daß sie eben noch ganz schwach alkalisch reagiert und dann bis zur Vertreibung der Kohlensäure gekocht. Ein hierbei möglicherweise entstehender Niederschlag darf nicht abfiltriert werden. Man läßt die Lösung erkalten und überzeugt sich nochmals, daß sie nur eben schwach alkalisch reagiert. Sollte Al_2O_3 in wägbaren Mengen vorhanden sein, so wird die alkalische Auszugslösung mit Ammonkarbonat versetzt, längere Zeit bei Überschuß von Ammonkarbonat im schwachen Sieden gehalten, dann völlig erkalten und absetzen gelassen, filtriert, diese Flüssigkeit erst gekocht, bis aller Ammoniak ausgetrieben, und dann wie oben mit HNO_3 abgestumpft. Nun setzt man nicht zu saure Merkuronitratlösung zu, bis nichts mehr ausfällt, reduziert die Azidität durch Zugabe von Quecksilberasche oder Soda wieder soweit, daß die Lösung eben nur schwach sauer reagiert, erhitzt zum Kochen, erhält so etwa drei Minuten, rührt dabei um, läßt erkalten und absetzen. Bevor man hierauf an das eigentliche Filtrieren geht, dekantiert man den Niederschlag drei- bis viermal mit siedendem Wasser, filtriert nun erst ab und wäscht vollends mit heißem Wasser aus. Es ist nicht absolut nötig, eine stark verdünnte, merkuronitrathaltige, dann aber ganz schwach saure Lösung zu verwenden. Auf alle Fälle muß dieses Auswaschen ganz sorgfältig durchgeführt werden. Der noch nasse Niederschlag samt Filter kommt in einen tarierten Platintiegel und wird in bekannter Weise verascht, geglüht und gewogen. Das Glühen hat während 20 Minuten über starker Bunsenflamme bei halbbedecktem Tiegel zu geschehen. Ein längeres Glühen oder solches im Gebläsefeuer gibt bis zehntel Prozente zu niedrige Werte, da sich dann etwas WO_3 zu verflüchtigen scheint. Dieser Glührückstand ist jedoch in keinem Falle reine WO_3; er enthält stets etwas SiO_2 und Al_2O_3 — in diesem Falle weniger aus dem Metall als aus den Glasgefäßen und Reagentien stammend —, und zwar umsomehr, in je saurer Lösung die Fällung mit Merkuronitrat vorgenommen worden war. Durch die bereits wiederholt beschriebene Bisulfatschmelzmethode, die der Behandlung mit HF — nach dieser enthält die rückständige WO_3 immer noch Al_2O_3 — unbedingt vorzuziehen ist, ermittelt man die im Ammonkarbonat unlöslichen Verunreinigungen, indem man diesen Niederschlag abfiltriert, mit kaltem Wasser, dem etwas Ammoniumnitrat zugesetzt ist, auswäscht, verascht, glüht, wägt und das Gewicht von dem zuerst erhaltenen abzieht. Die Differenz ist reine WO_3. Aber auch dieser Befund ist nicht absolut einwandsfrei, da der Fällung mit Ammonkarbonat und dem nachfolgenden Auswaschen meist doch geringe Mengen der Verunreinigungen entgehen, somit der Wert der aus der Differenz gefundenen WO_3 meist noch etwas zu hoch ausfällt. Den Befund an WO_3 daher bis auf hundertstel Prozente anzugeben, ist eigentlich wertlos. Eine bessere Methode als das Bisulfatschmelzverfahren aber gibt es nicht.

Da auch bestes Ferrowolfram oft Hundertstel eines Prozentes Arsen enthält, so empfiehlt es sich *bei sehr genauen Analysen, das Arsen* nach späteren Angaben in einer besonderen Einwage *zu bestimmen* und den Befund vom WO_3-Wert in Abzug zu bringen. Ganz einwandsfrei ist das nicht, der auf diese Weise entstandene Fehler ist aber bei den Schwierigkeiten, welche die W-Bestimmung an sich hat, auch in den genauesten Fällen völlig zu übersehen.

Auf keinen Fall dürfen die durch die Bisulfatschmelze und nachfolgende Ammonkarbonatfällung ermittelten Werte für SiO_2 und Al_2O_3, selbst wenn diese vor der Fällung der WO_3 nicht besonders entfernt wurden, für Ferrowolfram geltend angesehen werden. Zudem ist zu berücksichtigen, daß SiO_2 und Al_2O_3 mit dem Quecksilberwolframat nicht immer völlig quantitativ mitgefällt wurden.

α_2. Man verfährt nach α_1, säuert aber die wässrige Auflösung der Schmelze direkt mit HCl stark an, setzt H_2SO_4 zu und dampft ein, bis dicke weiße Schwefelsäuredämpfe entweichen. Hierauf wird mit H_2O verdünnt, erwärmt, bis sich die Eisensalze wieder gelöst haben, filtriert, mit salzsäurehaltigem Wasser ausgewaschen, der Rückstand verascht, geglüht, mit Soda geschmolzen und weiter behandelt, wie im letzten Teil des Abschnitts f) auf Seite 178 angegeben. Das Verfahren α_1. ist vorzuziehen.

β. BESONDERE BESTIMMUNG VON EISEN, MANGAN, KALZIUM UND MAGNESIUM BEI ANWESENHEIT VON ALUMINIUM.

Hierzu wird der unter α_1. auf S. 199 erwähnte Rückstand **A** benutzt. Seine genaue Analyse macht insofern gewisse Schwierigkeiten, als er bei Anwendung der Sodasalpeteraufschlußschmelze im Platintiegel stets mehr oder weniger Platin enthält. Löst man den Rückstand **A** in HCl und versucht dann das Platin durch einfaches Einleiten von Schwefelwasserstoff zu fällen, so erhält man keinen quantitativen Niederschlag, und das darauf mit Ammoniak in üblicher Weise gefällte Eisen ergibt als Fe_2O_3 gewogen bedeutend zu hohe Werte. Die Fällung des Platins muß daher nach den folgenden Angaben ausgeführt und das Eisen, was auch schneller geht, volumetrisch bestimmt werden.

Das Filter mit dem ausgewaschenen Rückstand **A** wird in ein 300 ccm fassendes Becherglas gegeben und mit 30 ccm mäßig verdünnter HCl versetzt. Man erwärmt auf dem Sand- oder Wasserbad bis zur vollständigen Lösung. Darauf wird etwas Wasser zugesetzt, in einen Erlenmeyer filtriert und der rückständige Filterbrei mit Wasser tadellos ausgewaschen.

a) Mangan fehlt.

In die schwach salzsaure, eventl. abgestumpfte Lösung, die beständig auf fast Siedehitze erwärmt wird, leitet man etwa 20 Minuten lang Schwefelwasserstoff ein; Platin scheidet sich in braunen Flocken als Sulfid ab. Man filtriert wieder in einen Erlenmeyer, wäscht den Niederschlag mit ganz schwach salzsäurehaltigem Schwefelwasserstoffwasser aus, leitet ins Filtrat nochmals H_2S ein, erhält es etwa

½ bis 1 Stunde im Kochen und leitet solange dabei Kohlensäure durch, bis eine Prüfung mit Bleiazetatpapier die völlige Abwesenheit von H_2S in den Dämpfen beweist. Unter weiterem Einleiten von CO_2 läßt man erkalten, setzt nach Zugabe von Wasser reine Mangansulfatlösung zu und titriert kalt in bekannter Weise mit eingestellter Permanganatlösung, woraus sich der Eisenwert ergibt.

In derselben Lösung weiter Ca und Mg zu bestimmen, ist der vorhandenen Manganmengen wegen unzweckmäßig. Man schließt daher, wenn Ca und Mg mit W, Fe und Mn in derselben Einwage bestimmt werden sollen, statt 0.5 g, wie unter α. auf Seite 198 angegeben, 1 g Ferrowolfram auf, teilt die salzsaure Lösung des wasserunlöslichen Rückstandes **A** in zwei gleiche Teile und bestimmt in dem einen, wie vorstehend angegeben, das Eisen: in dem andern dagegen scheidet man zunächst wiederum das Platin ab und bestimmt im Filtrat nach erfolgter Oxydation der Lösung und Fällung des Eisens durch NH_3 oder Schwefelammonium neben wenig Chlorammon nunmehr in bekannter Weise Kalk und Magnesia.

b) Mangan ist zugegen.

Man geht von der oben nach β. zuletzt erhaltenen verdünnten salzsauren Lösung des Rückstandes **A** (vgl. S. 201) aus und scheidet nach β. a) erst das Platin, dann Fe und Mn mit Schwefelammonium ab. Letztere werden in den erhaltenen Niederschlag nach bekannten, z. B. volumetrischen Methoden bestimmt. Man kann also, wie im letzten Absatz unter β. a) angegeben, verfahren und dabei gleichzeitig im schwefelammoniakalischen Filtrat Ca und Mg bestimmen. Oder, was allerdings umständlicher ist, man verfährt bis zur Platinabscheidung zunächst wieder nach β. a), fällt im Filtrat aber Eisen als basisches Azetat und im Filtrat hiervon der Reihe nach Mn, Ca und Mg in bekannter Weise.

γ. BESTIMMUNG VON KOHLENSTOFF UND SCHWEFEL.

Sie geschieht nebeneinander in besonderen 1.5 g der mäßig fein gepulverten Probe — dieselbe braucht hierfür nicht feinst gepulvert zu sein — nach der vorn ausführlich beschriebenen und besonders behandelten Methode Müller-Diethelm (Kap. A. S. 7) durch Verbrennen im Sauerstoffstrom im elektrischen Röhrenofen.

Einige Laboratorien verwenden längere Ofen und ein weiteres Verbrennungsrohr als im Kap. A. angegeben; oft wird dem Ferrowolframpulver außerdem etwas Bleisuperoxyd als Sauerstoffüberträger beigemischt. Doch ist dies nicht unbedingt nötig.

δ. BESTIMMUNG VON PHOSPHOR UND SILICIUM.

2 g der allerfeinst zerriebenen Probe werden nach den entsprechenden auf S. 171, 180, 184, 188, 190, 191 ff. für „Wolfram- und Chromwolframstähle" angegebenen Vorschriften verarbeitet; vergl. ferner unter e., S. 136.

ε. BESTIMMUNG VON ARSEN.

a) 5 g fein zerriebenes Material werden mit 10 g $KClO_3$ gemischt und mit 50 ccm konz. HCl (1.19) versetzt. Nach Beendigung der Chlorentwicklung gibt man 10 ccm Brom hinzu und erwärmt 12 Stunden gelinde. Nachdem das überschüssige Brom verjagt ist, spült man in einen 250 ccm-Kolben, füllt bis zur Marke auf und filtriert durch ein trocknes Filter.

In 250 ccm des Ablaufs wird das Arsen nach der üblichen Abdestillation als Arsentrichlorid entweder volumetrisch oder gewichtsanalytisch als As_2S_3 bestimmt.

b) Diese Methode ist zwar umständlicher aber genauer als die vorstehende, bei vielen Stahlwerken eingeführte Arbeitsweise.

5 g Substanz werden im Platintiegel mit Salpetersoda oder im Nickelgefäß mit 8 g Na_2O_2 bzw. 15 g einer Mischung von Soda mit Na_2O_2 geschmolzen. Die wässrige oxydierte und filtrierte Auflösung wird erst mit Ammonkarbonat und -nitrat, hierauf das Filtrat mit Magnesiamixtur versetzt. Der zuletzt erhaltene Niederschlag wird abfiltriert, mit verdünntem Ammoniak ausgewaschen, dann in Salzsäure gelöst und nach Zugabe von Eisenchlorür oder Ferroammoniumsulfat der bekannten Destillation unterworfen. Die salzsaure Lösung der Vorlage wird ammoniakalisch gemacht, Magnesiamixtur zugegeben, der abfiltrierte Niederschlag in HCl gelöst, die Flüssigkeit mit schwefliger Säure reduziert, hierauf mit Ammoniumbikarbonat neutralisiert und schließlich das Arsen durch Titration mit Jodlösung bestimmt.

Dieses Verfahren gibt höhere Werte als die unter a) beschriebene Methode. Die Ursache ist wahrscheinlich in der bei der Arbeitsweise a) möglichen Bildung von Arsenwolframsäure zu suchen, die bei der Destillation nicht quantitativ zerlegt wird. Aus gleichem Grunde darf auch nicht die wässrige Auflösung der Aufschlußschmelze direkt mit Eisenchlorür destilliert werden. Es empfiehlt sich daher, für genaue Bestimmungen diese Methode b) auch bei Stählen, Erzen und reinem Wolfram anzuwenden, doch müssen, wenn Sn, Al und SiO_2 zugegen sind, diese, wie oben unter b) angegeben, mit Ammonkarbonat bzw. -nitrat erst entfernt werden. Wollte man die Aufschlußschmelzmasse direkt in HCl lösen und diese Flüssigkeit mit Eisenoxydulsalzen destillieren, müßte in der Vorlage die aus der Schmelze stammende HNO_3 mit berücksichtigt werden, d. h. man hat dann das Arsen erst mit H_2S abzuscheiden, den Niederschlag wieder zu lösen und in dieser Flüssigkeit erst das Arsen, wie oben angegeben, volumetrisch zu bestimmen. Ferner darf der erste Magnesianiederschlag niemals als $Mg_2As_2O_7$ direkt zur Wägung gebracht werden, da er auch $Mg_2P_2O_7$ enthalten kann; daher die nochmalige nachfolgende Destillation.

Die titrimetrische As-Bestimmung ist der gravimetrischen als As_2S_3 oder $Mg_2As_2O_7$ vorzuziehen. Wenn P und Sn wirklich völlig fehlen, so darf bereits der erste Magnesianiederschlag direkt in HCl gelöst und das Arsen als As_2S_3 mit H_2S gefällt werden; bei Gegenwart von Zinn nur dann, wenn dieses zuvor durch Ammonnitrat quantitativ abgeschieden war. Andernfalls muß der mit Schwefelwasserstoff erhaltene Niederschlag aus Arsen- und Zinnsulfür bzw. -sulfid in bekannter Weise erst getrennt werden.

ζ. BESTIMMUNG VON ALUMINIUM BEI GEGENWART VON Fe, Mn, Ca UND Mg:

Die Befunde für Al_2O_3 sind wegen der Unreinheit der Reagentien und Angreifbarkeit der Glasgefäße häufig recht zweifelhaft, und zwar fallen sie deswegen meist zu hoch aus.

Beim oxydierenden Schmelzaufschluß bleibt oft etwas Al_2O_3 im wasserunlöslichen Rückstand **A** zurück (vgl. S. 199 oben), der Rest, und zwar die Hauptmenge, befindet sich im alkalischen Filtrat. Von letzterer wird zunächst ein Teil durch eine der WO_3-Fällung mit Merkuronitrat vorausgehende Behandlung mit Ammonkarbonat und eventl. -nitrat, der Rest bei der Auflösung der mit Bisulfat geschmolzenen unreinen WO_3 in Ammonkarbonat ausgefällt, allerdings meist verunreinigt. Diese beiden Niederschläge werden abfiltriert, ausgewaschen, verascht, geglüht, gewogen und dann nochmals mit Bisulfat geschmolzen. Diese Schmelze löst man nur in wenig schwefelsaurem Wasser, wobei SiO_2 quantitativ unlöslich bleibt, Al_2O_3 jedoch in Lösung geht und im Filtrat mit NH_3 nochmals gefällt werden kann. Man braucht jedoch nur die SiO_2 zu wägen, um aus der Differenz den einen Teil Al_2O_3 zu finden. Sollten die obigen durch Ammonkarbonat bewirkten Niederschläge Zinn enthalten, so braucht man den letzten wässrigen Bisulfatextrakt nur mit einigen Tropfen HCl zu versetzen, um alles Sn in Lösung zu halten. Die SiO_2 bleibt dann zinnfrei; im Filtrat muß man dann aber erst das Sn mit H_2S fällen, bevor im ausgekochten Filtrat die Tonerde mit Ammoniak gefällt werden kann.

Nicht so einfach ist die Bestimmung der kleinen Al-Mengen im Rückstand **A**, da sie meist auf eine Trennung Fe-Mn-Al hinausläuft. Für diesen Fall nimmt man eine Änderung des gesamten Arbeitsganges β. (S. 201) vor, und zwar wird Rückstand **A** am zweckmäßigsten mit Bisulfat aufgeschlossen und die Schmelze in Wasser gelöste, dem man etwas Salzsäure zugesetzt hat. Man erhält so eine vollständig klare Lösung. Dieselbe befreit man wie bereits beschrieben von Pt und behandelt das Filtrat nach der Azetatmethode, z. B. nach dem von H. Borck (Ztschr. angew. Chem. 1912, Heft 15. S. 1911) angegebenen Verfahren; Eisen und Aluminium werden nach dem Veraschen und Glühen als $Fe_2O_3 + Al_2O_3$ gewogen — den Ammoniumazetatniederschlag glüht man direkt, wobei die Ammonsalze quantitativ weggehen —, dann in ein Quarzschiffchen gebracht und in einem Strom von Salzsäuregas und Luft bis zur Gewichtskonstanz geglüht. Man wägt den jetzt nur noch aus Al_2O_3 bestehenden Rückstand und berechnet Fe_2O_3 aus der Differenz. Das Glühen geschieht in einem 3 bis 5 cm weiten Porzellan- oder Quarzrohr, das in einen Verbrennungsofen eingeführt ist.

Mn, Ca und Mg werden wie üblich im Filtrat vom Ammoniumazetatniederschlag bestimmt.

η. SCHNELLE BESTIMMUNG VON NUR EISEN UND MANGAN.

Kommt es auf die Ermittelung von Al, Ca und Mg nicht an, oder fehlen diese, so kann man den Gehalt an Fe und Mn schnell wie folgt bestimmen: Es wird 1 g Substanz in Arbeit genommen. Der in gleicher Weise, wie unter α. angegeben, erhaltene Rückstand **A** (S. 199 oben) wird in Salzsäure gelöst und die Flüssigkeit zu 250 ccm aufgefüllt. 125 ccm entsprechend ½ g titriert man in bekannter Weise auf Mn nach Volhard-Wolff (vergl. u. a. „Ledebur", 1911, S. 31 u. 113, Eisentiter mal 0,2952 = Mn), die anderen 125 ccm nach Reduktion mit Zink unter Zusatz von Manganlösung kalt mit $KMnO_4$.

ι. SCHNELLMETHODE ZUR BESTIMMUNG VON NUR MANGAN nach P. Slawik (Chem.-Ztg. 1912, No. 12, S. 106):

1 g der fein gepulverten Substanz wird in einem Porzellantiegel mit der 10-fachen Menge Natriumsuperoxyd gut vermischt und über einer Flamme erhitzt; dabei erwärmt man, um den Tiegel vor

dem Zerspringen zu bewahren, anfangs gelinde und steigert die Flamme nach und nach bis zum Schmelzen des Inhalts. Die geschmolzene Masse hält man 2 bis 3 Minuten bei schwacher Rotglut, wodurch meistens alles aufgeschlossen wird. Nach dem Erkalten wird der Tiegel in ein Becherglas gelegt und mit Wasser übergossen; hat sich der Inhalt des Tiegels vollständig gelöst, so spült man alles heraus, säuert erst langsam mit Salzsäure an, setzt dann von letzterer einen größeren Überschuß hinzu und läßt etwa 15 bis 20 Minuten kochen. Die Flüssigkeit wird nun in einen Erlenmeyerkolben gebracht, mit Zinkoxyd in geringem Überschuß versetzt, aufgekocht und wie gewöhnlich mit Kaliumpermanganat titriert.

Dagegen liefert das Verfahren, 1 g der möglichst fein gepulverten Legierung im Nickeltiegel mit NaOH und etwas KNO_3 aufzuschließen, die Schmelze in Wasser zu lösen, zu filtrieren, im Filtrat das Mangan durch Zusatz von etwas Na_2O_2 abzuscheiden, abzufiltrieren, zu glühen, dann in HCl zu lösen, diese Flüssigkeit mit Wasser zu verdünnen, mit Zinkoxyd in geringem Überschuß zu versetzen und heiß mit $KMnO_4$ zu titrieren, zu niedrige Werte, da beim Auflösen der Schmelze in Wasser bereits Mangan ausfällt und der Titration des Filtrats entgeht.

Wohl aber ist es angängig, die wässrige Schmelzauflösung, ohne sie erst zu filtrieren, nach Zusatz weniger Tropfen H_2O_2 zu kochen und nun zu filtrieren, sowie den Rückstand, der nunmehr alles Mangan enthält, in HCl zu lösen und nach der Verdünnung mit Wasser und Zugabe von wenig überschüssigem Zinkoxyd heiß mit $KMnO_4$ zu titrieren.

NACHTRAG: Wie bereits erwähnt, enthält normales Handelsferrowolfram selten größere Mengen **Cr, Mo und Sn,** letzteres schon deswegen nicht, weil von den Stahlwerken ein höchstens Hundertstel eines Prozentes betragender Zinngehalt vorgeschrieben ist: denn Sn vermindert die Qualität eines Spezialstahls. Sind Chrom und Molybdän in mehr als ein Zehntelprozent vorhanden, so hat man es mit Ferrowolframchrom-,*) bzw. -molybdänlegierungen zu tun. In letzterem Falle verfährt man nach 4. auf S. 209. Zur Chrombestimmung wird die Legierung genau wie reines „Ferrowolfram" (S. 197 ff.) aufgeschlossen und in der erhaltenen alkalischen, nach Bullnheimer (S. 157) durch Ammonnitrat von Zinn befreiten Wolframchromlauge **B** (vgl. S. 199) die Trennung und Bestimmung von Cr. und W, z. B. nach 3. α. a) auf S. 183; 3. α. b) auf S. 184 oder 3. γ. b) auf S. 185 durchgeführt.

*) Vergl. auch das Verfahren von Auchy auf S. 193 ff.

Zinn wird erforderlichenfalls in einer besonderen größeren Einwage (2 bis 3 g) bestimmt. Der Aufschluß geschieht mit Sodasalpeter in gleicher Weise wie für reines „Ferrowolfram". Die Wolframatstannatlösung macht man eben salpetersauer, setzt dann überschüssigen Ammoniak zu, erhitzt zum Kochen, versetzt noch mit etwas festem Ammonnitrat, erhält längere Zeit in schwachem Sieden, filtriert, wäscht aus, löst den Niederschlag in HCl, engt durch Verdampfen ein, filtriert nötigenfalls nochmals und bestimmt in dieser Flüssigkeit das Zinn in bekannter Weise volumetrisch oder gewichtsanalytisch, letzterenfalls z. B. durch Fällen mit H_2S, Abrösten des abfiltrierten und getrockneten Niederschlags und Glühen zu SnO_2.

B) Schnelle, einfache und doch genaue Bestimmung von nur Wolfram.

Methode R. Fieber (Chem.-Ztg. 1912, Nr. 37):

0.5 g des äußerst fein gepulverten Ferrowolframs wird in einem Becherglas von etwa 250 ccm Inhalt zunächst mit 10 bis 15 ccm konz. Brom bei gelinder Wärme behandelt, wobei die Oxydation vollkommen ruhig vor sich geht. Nun werden 30 ccm konz. HCl hinzugefügt. Bleibt hierbei ein ungelöster Rückstand der Legierung, so fügt man weitere 5 bis 10 ccm Brom hinzu. Durch allmählich gesteigertes Erwärmen auf einer Asbestplatte wird das überschüssige Brom vertrieben und dann noch 1 bis 2 ccm konz. HNO_3 und 2 bis 3 Tropfen HF zugesetzt. Durch letztere wird ein Festsetzen der ausgeschiedenen WO_3 an den Becherglaswandungen vermieden. Man engt nun die Flüssigkeit durch Abdampfen weitgehendst ein, nimmt den Rückstand mit 40 ccm HCl (1 : 5) auf, erhitzt zum Kochen und läßt den Niederschlag absetzen. Nach einigen Minuten wird er auf einem Doppelfilter abfiltriert, abwechselnd mit heißem Wasser, dem man noch einige Tropfen Ammoniumnitrat zufügen kann, und verdünnter HCl gewaschen, mit Ammonnitrat befeuchtet, bei kleiner Flamme verascht, dann geglüht und gewogen. Die so erhaltene WO_3 befreit man durch Behandeln mit HF-H_2SO_4 von anhaftender SiO_2.

Anmerkung des Verfassers: Nach den Angaben Fiebers soll diese Methode nur 2 bis 2½ Stunden Zeit erfordern und sehr genaue Resultate geben.

Es kann nicht geleugnet werden, daß das unter A) α. (S. 198) beschriebene Verfahren zeitraubender, sowie bei Gegenwart von Al_2O_3 und Cr auch schwieriger ist. Ferner liefert die Fiebersche Methode tatsächlich eine eisenfreie WO_3, wie man sich durch eine Sodaschmelze überzeugen kann, nur ist anstatt des zur Entfernung von SiO_2 vorgeschlagenen H_2SO_4-Verfahrens die a. a. O. beschriebene Bisulfatschmelzmethode zu empfehlen. Weitere Vorzüge sind: Völliges Fehlen des Platins; im Filtrat der WO_3 befinden sich vorkommendenfalls quantitativ As, Sn, Cu, Sb, Bi sowie Al, Fe, Mn, Ni, Cr und P_2O_5, die weiter nach bekannten Methoden zu trennen sind (zunächst Fällen des Filtrats mit Schwefelwasserstoff).

Nach des Verfassers eigenen Erfahrungen hängt der quantitative Aufschluß des Ferrowolframs nach dem Fieberschen Verfahren völlig von einer dazu erforderlichen, denkbar höchst fein gepulverten Probe ab. Mit der Herstellung einer solchen geht nun soviel Zeit verloren, daß die Methode kein Schnellverfahren mehr ist. Ohne genügend feines Ausgangsmaterial versagt die Methode, und da es kein sicheres Anzeichen für den richtigen Feinheitsgrad der Probe gibt, bleibt das Verfahren immer unsicher und mangelhaft und ist daher für alle genauen Fälle die sichere Methode A) α. (S. 198) einzuschlagen.

C. Sonstige, weniger empfehlenswerte Verfahren zur Bestimmung von nur Wolfram.

α. Methode E. Kuklin (Stahl und Eisen 1904, XXIV, S. 27; Chem.-Ztg. Rep. 1904, Nr. 3; Ztschr. angew. Chem. 1904, Heft 21.):

0.5 g fein zerriebenes FeW wird in bei niederer Temperatur im Platintiegel schmelzendes Ammoniumnitrat eingetragen; hierauf erhitzt man stärker, bis die reinen Oxyde entstanden sind, welche dann mit $KNaCO_3$ geschmolzen werden. Die Masse löst man in Wasser, filtriert, versetzt das Filtrat mit einem Gemisch aus gleich viel H_2SO_4 (1.84) und Phosphorsäure (1.70) sowie der dreifachen Wassermenge und behandelt im übrigen genau weiter, wie S. 179 für W-Stahl nach der Kuklinschen Methode angegeben.

Man kann auch so verfahren, daß das Ferrowolfram 20 bis 30 Min. im Platintiegel mit entwässertem Natriumbisulfat geschmolzen wird. Tiegel und Schmelze bringt man dann in ein Becherglas mit Wasser, erhitzt ¼ Stunde, setzt Natriumkarbonatlösung zu, behandelt das entstandene Natriumwolframat mit dem Säuregemisch wie oben weiter und titriert zuletzt mit $KMnO_4$.

β. Methode aus „Ledebur" (1911, IX. Aufl., Seite 148.):

1 g der ganz fein zerkleinerten Probe wird mit 4.5 g Natriumkaliumkarbonat und 0.5 g Salpeter geschmolzen, der filtrierte wässrige Auszug mit HCl angesäuert, mit H_2SO_4 eingedampft, der Rückstand mit Wasser aufgenommen, erwärmt, bis sich alle Eisensalze gelöst haben, abfiltriert und ausgewaschen. Der Rückstand wird verascht und geglüht, hierauf mit HF und H_2SO_4 abgeraucht, geglüht und gewogen (vergl. auch unter A) α. α_2 auf S. 201).

γ. Kupferammoniumchloridmethode:

2 bis 5 g der sehr fein gemahlenen Probe werden mit 50 bis 125 ccm Kupferammoniumchlorid (340 g krist. Kupferchlorid, 214 g

Ammoniumchlorid und 1850 ccm Wasser) in der Wärme bis zur völligen Lösung behandelt und filtriert. Den Rüstand schmilzt man mit Soda, löst in Wasser, neutralisiert das Filtrat mit HNO_3, fällt die WO_3 mit Merkuronitrat, filtriert, wäscht aus, trocknet, verascht, glüht, wägt ($WO_3 + SiO_2$), schmilzt das Gemisch in bekannter Weise mit Bisulfat, bestimmt das Gewicht der SiO_2 und berechnet die WO_3 aus der Differenz. Bei Gegenwart von Chrom wird dieses mit der WO_3 zusammengefällt. Nach früheren Angaben (siehe Abschnitt „Chromwolframstahl" auf S. 182 ff.) trennt und bestimmt man WO_3-Cr_2O_3-SiO_2.

4. FERROMOLYBDÄNWOLFRAM.*)

α. Übliches Verfahren: Sowohl zur Bestimmung von Wolfram als auch der anderen Bestandteile der Legierung werden die unter 3. α. usw. (S. 198 ff.; spec. S. 207) angegebenen Methoden angewandt. Im wesentlichen kommt es nur auf eine Trennung von der in der nach S. 199 oben erhaltenen alkalischen Aufschlußlösung **B** befindlichen WO_3 und MoO_3 an, die am besten durch Zugabe überschüssiger Weinsäure zu **B**, Einleiten von Schwefelwasserstoff, Abfiltrieren des MoS_3 und Bestimmung des W im Filtrat (vgl. Abschnitt „Unreine Wolframerze", S. 151, 156, spec. No. 6. auf S. 162) geschieht.

β. Methode aus „P. Truchot" (Les Petits Métaux): 2 g der höchst fein zerriebenen Legierung werden mit warmer Bromsalzsäure aufgeschlossen, das Brom und die HCl mit überschüssiger HNO_3 verdampft und der getrocknete Rückstand mit mäßig konz. HNO_3 aufgenommen. Nach Erwärmen und Zugabe von etwas Wasser filtriert man von der WO_3 ab, wäscht diese in bekannter Weise aus, entfernt Eisen und Mangan, fällt in der scharf neutralisierten Lösung das Mo in bekannter Weise als Merkuromolybdat, führt dieses in MoO_3 über und wägt.

Nach einem anderen Vorschlag wird die MO_3 durch Behandeln und Eindampfen mit HCl abgeschieden, das salzsaure Filtrat mit schwefliger Säure reduziert, der Überschuß der letzteren verkocht, Mo durch Einleiten von H_2S gefällt und der Niederschlag abfiltriert. Im Ablauf bestimmt man Eisen und Mangan.

Schließlich kann auch in der salpeter- bzw. salzsauren Lösung nach Abfiltrieren der WO_3 eine Trennung Mo von Fe und Mn durch Behandlung mit Ammoniak und Schwefelammonium erzielt werden.

Zur Kohlenstoffbestimmung sollen nach den Angaben im „Truchot" 5 bis 10 g der Legierung im Chlorgasstrom behandelt

*) Vergl. auch das Verfahren von Auchy auf S. 193 ff., sowie S. 206.

werden, wobei sich W und Mo quantitativ verflüchtigen. Der gesammelte und ausgewaschene Rückstand mit dem Kohlenstoff wird dann im Sauerstoffstrom in bekannter Weise verbrannt.

Anmerkung des Verfassers: Das Verfahren β. gibt im allgemeinen zu niedrige W- und Mo-werte, da der Aufschluß meist nicht quantitativ ist. War er es aber, dann fällt der Befund für WO_3 zu niedrig, der für MoO_3 zu hoch aus, da der Abscheidung der WO_3 durch Säuren die früher besprochenen Fehler anhaften. Außerdem nimmt das Verfahren keine Rücksicht auf Verunreinigungen der Legierung wie As, Si, P, Cu, Al usw. Vor allem ist keine Reinigung der zweifelsohne unrein ausfallenden WO_3 (eisen- und siliziumhaltig) und MoO_3 vorgesehen. Die Methode ist daher ohne Abänderungen der im „Truchot" angegebenen Ausführung nicht zu gebrauchen.

5. FERROWOLFRAMCHROM.

Vergl. die Angaben auf S. 206 unten.

6. FERROWOLFRAMBRONZE.

Diese Legierung ist unter dem Namen „Mexico-" oder „Chinasilber" (Metalltechnik 1912, Bd. 38, S. 46) bekannt und enthält gewöhnlich 65 T. Fe, 23 T. Ni, 4 T. W, 5 T. Al, 5 T. Cu. Man schließt mit Sodasalpeter auf, verfährt dabei wie für „Ferrowolfram" angegeben und bestimmt, wie bereits früher erwähnt, im ausgewaschenen, wasserunlöslichen Anteil einmal Fe, Ni, Cu und Al, im Filtrat andererseits W neben SiO_2 und dem Rest Al_2O_3.

e. Wolframsalze und -präparate.

1. WOLFRAMBRONZEN.

α. Wolframarme Bronzen:

Man schließt nach Philipp (Ber. deutsch. Chem. Ges. 1882, XV, S. 500) mit ammoniakalischer Silberlösung auf, wobei sich unter Silberabscheidung die gesamte Substanz löst, und zwar das W als Alkali- bzw. Ammoniumwolframat. Man filtriert, schlägt in bekannter Weise das W mit Benzidinchlorhydrat oder durch Behandlung mit HNO_3 nieder, fällt im Filtrat das Silber als AgCl, filtriert und bestimmt im Ablauf das Alkali als Sulfat.

Soll nur W bestimmt werden, kann man die Bronzen auch durch Schmelzen mit Salpetersoda direkt in Wolframate überführen und nach dem Auflösen in Wasser das W nach einer der bekannten Methoden abscheiden.

β. Wolframreiche Bronzen:

Das folgende Verfahren gilt auch für den Fall α.

0.5 bis 1 g der fein gepulverten Substanz wird nach O. Brunner (Dissert., Zürich 1903) in einem Porzellantiegel mit 2 bzw. 4 g alkalifreiem Ammoniumpersulfat oder 1.5 bzw. 3 g Ammoniumsulfat und ebensoviel konzentrierter Schwefelsäure versetzt und unter öfterem Tiegelschwenken vorsichtig erhitzt. Die Zersetzung ist nahezu beendet, sobald die Gasentwicklung aufhört und Schwefelsäuredämpfe auftreten. Man vervollständigt den Aufschluß, indem nach Erkalten nochmals mit etwa 1 bis 2 g Ammoniumpersulfat und ebensoviel konzentrierter Schwefelsäure versetzt und wiederum bis zum Entweichen von Schwefelsäuredämpfen erhtizt wird. Nun laugt man die erkaltete Schmelze mit Wasser aus, neutralisiert die filtrierte Lösung, fällt die WO_3 nach einer der bekannten Methoden, z. B. mit Merkuronitrat, und verdampft das quecksilberhaltige Filtrat zur Trockne.

Soll auch das Alkali bestimmt werden, so muß zur Neutralisation vor der WO_3-Fällung Ammoniak verwendet und das zum Aufschluß verwendete Persulfat auf Alkali geprüft werden. Den getrockneten Rückstand glüht man, entfernt so die Quecksilbersalze und wägt das zurückbleibende Alkalisulfat. Dieser Rückstand wird zweckmäßigerweise nochmals in heißem Wasser gelöst, Schwefelwasserstoff eingeleitet und nun erst das Filtrat auf Alkalisulfat eingedampft. Für den Fall der Alkalibestimmung ist auch die Anwendung der WO_3-Fällung nach der v. Knorreschen Benzidinchlorhydratmethode zu empfehlen.

2. WOLFRAMSAURES NATRON.

α. Bestimmung von Feuchtigkeit (Kristall- und ungebundenes Wasser): Man trocknet 5 g im tarierten Porzellantiegel bei 200 Grad bis zur Konstanz. Bei Gegenwart von Soda wird der Tiegel über direkter Flamme erhitzt und der Inhalt bis zur Gewichtskonstanz eben in ruhigem Schmelzen erhalten.

β. Gleichzeitige Bestimmung von Kieselsäure und Wolframsäure:

3 g werden zwecks Abscheidung der Wolfram- und Kieselsäure, wie im Abschnitt „Wolframerze" (S. 147 und 154) angegeben, in Wasser gelöst und das Filtrat mit Salpeter- oder Salzsäure eingedampft. Den Rückstand nimmt man mit HNO_3 oder HCl auf, filtriert ab, wäscht aus, verascht und glüht ihn: $WO_3 + SiO_2$. Nach Gewichtsfeststellung der Summe beider Säuren trennt man diese nach einer der a. a. O. (vergl. u. a. S. 132) angegebenen Methoden. Es sei jedoch bemerkt, daß es für genaue Fälle nicht empfehlenswert ist, nach diesen Verfahren gleichzeitig die WO_3 zu bestimmen. Man wendet vielmehr entweder zur alleinigen Bestimmung von WO_3 die später unter γ. er-

wähnte Methode oder für die gleichzeitige Ermittelung von WO_3 und SiO_2 das folgende Verfahren an:

Die Auflösung von 2 g Substanz in heißem Wasser wird in eine Porzellan- oder besser Platinschale filtriert, mit 50 ccm konz. HNO_3 versetzt, 4 Stunden auf dem Wasserbad erhitzt, mit etwas Wasser verdünnt und filtriert; man wäscht den Rückstand mit verdünnter Säure aus, dampft das Filtrat vollständig ein, läßt erkalten, nimmt mit Wasser auf, übersättigt mit Ammoniak, verdampft zur Trockene, setzt HNO_3 zu, verdampft wieder zur Trockne, wiederholt diese letztere Operation mehrmals, filtriert schließlich nach Zugabe von verdünnter HNO_3 und wäscht mit solcher aus. Die beiden erhaltenen Rückstände werden vereint, getrocknet, verascht, geglüht und gewogen: Gesamt-WO_3 + SiO_2; Trennung wie oben unter β. angegeben.

γ. Bestimmung von nur Wolframsäure:

1 g Substanz wird in Wasser gelöst und im Filtrat, wie a. a. O. wiederholt beschrieben, die WO_3 nach der Merkuronitratmethode gefällt. Der erhaltene gewogene Niederschlag, der etwas SiO_2 — diese jedoch nicht quantitativ! — und u. U. Al_2O_3 enhält, wird nach der wiederholt beschriebenen Bisulfatmethode (vergl. u. a. S. 119 u. 132) gereinigt und die ausgewogenen Verunreinigungen in Abzug gebracht. Die Differenz ist reine WO_3.

δ. Bestimmung von Zinn:

Man löst 5 g in Wasser, sättigt das stark erwärmte Filtrat andauernd mit Kohlensäuregas, filtriert, wäscht den Niederschlag mit Ammonnitrat aus, trocknet, verascht, glüht und wägt ihn: SnO_2. Enthält das Präparat mehr als Spuren SiO_2, so ist im Glührückstand noch eine Trennung SnO_2 von SiO_2 vorzunehmen. Zu diesem Zwecke schmilzt man ihn mit wenig Alkali oder Na_2O_2 oder Sodasalpeter, löst die Schmelze in Wasser, säuert mit HCl an und fällt das Sn entweder in üblicher Weise mit H_2S — Überführen des Niederschlags durch Rösten in SnO_2 und Wägen —, oder man reduziert die salzsaure Lösung mit Al-Spänen, löst unter beständigem Einleiten von CO_2 in der Wärme den Zinnschwamm und evtl. noch vorhandenes Al wieder auf und titriert zuletzt das Sn mit Jod- oder $KMnO_4$-Lösung in bekannter Weise.

ε. Bestimmung von Gesamtalkali:

Das unter „Wolframreiche Bronzen" (S. 210) beschriebene Verfahren wird angewandt.

ζ. Bestimmung von Kohlensäure bzw. Soda:

2 g des Präparates werden in heißem Wasser gelöst. Das Filtrat versetzt man in eben hinreichender Menge mit klarem Barytwasser

und kocht auf. Der Niederschlag wird abfiltriert, ausgewaschen, getrocknet, im Platintiegel verascht, mäßig geglüht und gewogen: $BaWO_4 + BaCO_3$. Dann schmilzt man den Tiegelinhalt mit Soda, laugt mit Wasser aus, setzt Ammonkarbonatlösung zu oder digeriert die Schmelze direkt damit, filtriert, wäscht den Rückstand mit ammonkarbonathaltigem Wasser aus, trocknet ihn, verascht, glüht mäßig und wägt: $BaCO_3$. Durch Befeuchten mit H_2SO_4 und Abrauchen kann dieser Niederschlag erst noch in $BaSO_4$ übergeführt werden. Aus der Gewichtsdifferenz ergeben sich je die einzelnen Mengen an $BaCO_3$, die dem in der ersten Auswage erhaltenen $BaWO_4$ sowie dem im Präparat ursprünglich vorhandenen Sodagehalt entsprechen. Hieraus ergibt sich ferner das an CO_2 gebundene Natron, bzw. der Gehalt an CO_2 selbst. Die Differenz aus Gesamt- und dem an CO_2 gebundenen Alkali ergibt das als Wolframat vorhandene Natron, falls Sulfate, Nitrate, Silikate, Phosphate usw. fehlen.

Sind diese jedoch vorhanden, so kann vorstehendes Verfahren nicht ohne weiteres angewandt werden. In diesem Falle zersetzt man 5 g im Rundkolben durch Kochen mit verdünnter Schwefelsäure, saugt kohlensäurefreie Luft durch und leitet die Dämpfe genügend lange in Barytwasser. Der entstandene Niederschlag wird in $BaSO_4$ übergeführt und gewogen; umrechnen auf $BaCO_3$ bzw. CO_2.

Anmerkung des Verfassers: M. Tschilikin (Ber. Deutsch. Chem. Ges. 1909, XXXXII, S. 1302) hat vorgeschlagen, die WO_3 aus der Lösung des wolframsauren Natrons mit α-Naphtylaminchlorhydrat zu fällen und den entstandenen Niederschlag von der Zusammensetzung $2C_{10}H_9N \cdot 5WO_3, 3H_2O$ durch Glühen in WO_3 überzuführen. Verfasser konnte nach dieser Methode keine befriedigenden Resultate erhalten.

3. WOLFRAMSÄURE.

α. Bestimmung von Feuchtigkeit:

1 g Substanz wird im Platintigel bei mäßiger Rotglut bis zur Gewichtskonstanz geglüht. Der Deckel darf höchstens halb aufgelegt werden. Die Wolframsäure muß frei von Suboxyden sein.

β. Bestimmung von WO_3:

a) Handelt es sich um ein sehr reines Produkt, ist es zweckmäßig, die Verunreinigungen zu ermitteln und den Gehalt an WO_3 aus der Differenz zu berechnen. Bei unreinem Material schließt man 0.5 g durch Schmelzen mit Soda und Ätznatron auf, löst in Wasser und bestimmt im Filtrat die WO_3 nach der Merkuronitratmethode. Die gewogene WO_3 ist zwecks Reinigung nochmals mit Bisulfat zu schmelzen. Ferner hat der Fällung mit Quecksilbersalz eine Behandlung der Lösung mit Ammonkarbonat bzw. -nitrat sowie mit Magnesiamixtur vorauszugehen, um eine arsen-, phosphor- und zinnfreie Wolframsäure zur Auswage zu bringen.

Eisen- und tonerdefreie, im übrigen aber mehr oder weniger verunreinigte WO_3 kann man auch mit Ammoniak behandeln und dann das Filtrat, wenn es frei von Cu, As, P und Sn ist, eindampfen, den Rückstand glühen und als WO_3 wägen; damit verunreinigte ammoniakalische Lösungen dagegen fällt man in der Wärme erst mit Ammonnitrat, das kalte Filtrat mit Magnesiamixtur und nach abermaliger Filtration die WO_3 nach der Merkuronitratmethode. Die Bisulfatmethode ist zuletzt auch hier wieder anzuwenden.

Für den Fall der Gegenwart von Cu vergleiche die späteren Angaben.

b) Endlich kann der Aufschluß unreiner WO_3 auch direkt durch Schmelzen von 2 g der Substanz, deren Wassergehalt zuvor ermittelt wurde, mit Bisulfat und Lösen in Ammonkarbonat erfolgen. Das Filtrat wird auf 500 ccm aufgefüllt. In der einen Hälfte bestimmt man Arsen- und Phosphorsäure, in der anderen den in Lösung gegangenen Anteil Zinn sowie Kupfer. Im unlöslichen Rückstand ermittelt man den Gehalt an SiO_2, Al_2O_3, Fe_2O_3 und den Hauptteil Sn. Aus der Differenz ergibt sich dann der Wert für WO_3. Umrechnen auf ursprüngliche feuchte Substanz. Zur Nachprüfung kann diese auch im Filtrat des arsen-phosphorsäurehaltigen Niederschlags direkt bestimmt werden.

γ. Bestimmung von Eisen und Mangan:

Diese geschieht am einfachsten und schnellsten im wasserunlöslichem Rückstand, den man durch Schmelzen der WO_3 mit Soda und Auflösen in Wasser, Oxydieren mit etwas Wasserstoffsuperoxyd, Filtrieren und Auswaschen mit Wasser oder verdünnter Sodalauge erhält.

δ. Besondere Bestimmung von Phosphor und Arsen:

Hierzu wird das Präparat wiederum mit Soda aufgeschlossen, die Schmelze in Wasser gelöst, die oxydierte Flüssigkeit filtriert und das alkalische Filtrat nun genau wie u. a. unter „Ferrowolfram" (S. 203, bei δ. und ε.) angegeben, weiter behandelt.

ε. Besondere Bestimmung von Kieselsäure, Zinn und Molybdän:

a) 2 g werden bis zur Gewichtskonstanz geglüht und gewogen. Man schmilzt mit Bisulfat, löst in Ammonkarbonat und ermittelt im unlöslichen, abfiltrierten, ausgewaschenen Rückstand in bekannter Weise die SiO_2 [vergl. auch oben unter β. b)]. Bildet diese die einzige Verunreinigung, so braucht der unlösliche Teil nur verascht, geglüht und gewogen zu werden, um aus der Differenz zugleich den Gehalt an WO_3 zu finden. Umrechnen auf ursprüngliche feuchte Substanz.

b) 3 g werden mit Ätznatron geschmolzen. In die abfiltrierte wässrige Auflösung wird bei etwa 70 Grad C. eine Stunde lang lebhaft Kohlensäure eingeleitet, der Zinnsäurenniederschlag abfiltriert, mit Ammoniumnitrat ausgewaschen und im mit überschüssiger Weinsäure versetzten Filtrat das Molybdän durch Sättigen mit Schwefelwasserstoff ausgefällt (vergleiche u. a. auch die Angaben im Kapitel „Trennung des W von Mo und Sn“ auf S. 126 ff. und S. 129 ff.).

ζ. Bestimmung von Kupfer:

3 g Substanz werden im Porzellantiegel mit 12 g eines Gemischs gleicher Teile K_2CO_3 und Schwefel in bekannter Weise geschmolzen; man löst in Wasser, dem einige Tropfen Chlorammonium zugesetzt sind, konzentriert die Lösung durch Eindampfen, läßt erkalten, filtriert, wäscht den Rückstand mit verdünnter Schwefelkaliumlösung aus, löst ihn in verdünnter heißer HNO_3, stumpft mit NH_3 ab, doch muß die Lösung klar und sauer bleiben und leitet dann Schwefelwasserstoff ein. Der Niederschlag wird schließlich in bekannter Weise als Schwefelkupfer gewogen oder in ihm nach erfolgter Auflösung das Kupfer volumetrisch bestimmt. Andere in NaS_2 unlösliche, mit H_2S fällbare Metalle kommen als Verunreinigungen der WO_3 selten in Frage.

η. Bestimmung von Kalk und Alkalien:

3 g Wolframsäure werden wiederholt mit konzentrierter HNO_3 eingedampft; den Rückstand nimmt man mit verdünnter HCl auf, filtriert ab und wäscht aus. Das Filtrat wird ammoniakalisch gemacht, mit Essigsäure angesäuert, Kalk als Oxalat gefällt, der Niederschlag abfiltriert und im Filtrat nach Zerstörung der Oxalsäure und Ammonsalze durch Eindampfen und Abrauchen mit konzentrierter H_2SO_4 das Alkali in bekannter Weise als Sulfat bestimmt.

f. Wolframhaltige Hüttenprodukte.

1. Wolframschlacken.

A) BESTIMMUNG VON NUR WO_3:

Eine genaue Ermittelung des Wolframgehalts, insbesondere in wolframarmen Schlacken, ist mit gewissen Schwierigkeiten verbunden. Kieselsäure und Tonerde, die stets in mehr oder weniger großen Mengen zugegen sind, bilden die Hauptursache des ziemlich umständlichen Arbeitsganges, zumal wenn eine Gesamtanalyse vorgenommen werden soll. Handelt es sich nur um die Bestimmung von Wolfram, so ist der Analysengang verhältnismäßig einfach und hat, solange es sich um reine Schlacken handelt, mit dem von Wolframerzen große Ähnlichkeit (Merkuronitratmethode). Die Abscheidung der WO_3 aus der Auflösung der Schlackenalkalischmelze [Ausführung derselben vergl. unten bei a) und b)] mit Säuren führt zu keinem brauchbaren Resultat, und das Merkuronitratverfahren gibt nur dann richtige Werte, wenn man die Wolframatlösung möglichst weit, d. h. solange sie klar bleibt, konzentriert und in dieser erst die WO_3 bei ganz schwacher Alkalinität mit möglichst neutraler konz. Quecksilbersalzlösung niederschlägt. Nach dieser Fällung muß die Lösung immer noch eben schwach alkalisch reagieren . Nun wird tüchtig umgerührt, zum Sieden erhitzt und jetzt erst soviel HNO_3 zugesetzt, daß die Lösung eben sauer reagiert, worauf man nochmals kurz aufkocht, dann erkalten und absetzen läßt.[1]) Der sorgfältig ausgewaschene Niederschlag wird in üblicher Weise verascht; geglüht und gewogen; er enthält hier noch viel SiO_2 und Al_2O_3, deren Wert nach der bereits wiederholt erwähnten Bisulfatschmelzmethode bestimmt und in Abzug gebracht wird.

Es ist nötig, bei der Ausführung dieses Verfahrens bei Schlacken, wo auf die Gegenwart von besonders viel SiO_2 und Al_2O_3 Rücksicht zu nehmen ist, folgende Punkte zu berücksichtigen, zumal wenn neben WO_3 auch SiO_2 und Al_2O_3 quantitativ bestimmt werden sollen.

α. Schließt man die Schlackenprobe durch Schmelzen mit Soda auf, so bleibt ein Teil der SiO_2 und Al_2O_3 wasserunlöslich zurück.

β. Schickt man der WO_3-Fällung durch Merkuronitrat eine Behandlung der alkalischen Flüssigkeit mit Ammonkarbonat und Ammonnitrat voraus, so ist in dem dadurch entstandenen Niederschlag ein weiterer Anteil von Al_2O_3 und SiO_2 zu suchen.

---

[1]) Je weniger angesäuert wird, umsomehr fallen die Verunreinigungen mit aus. Bei zu großer Azidität können zwar u. U. As_2O_5 und P_2O_5 gelöst bleiben, aber die Fällung der WO_3 ist dann meist nicht quantitativ (Gibbs, Amer. Chem. Journ. 1880, II, S. 217). Sind As und P in der Schlacke überhaupt vorhanden, scheidet man sie erst nach Bullnheimer (S. 157) in der Aufschlußlösung ab. Das Filtrat von der WO_3-Fällung mit Merkuronitrat ist mit KOH oder NH_3 alkalisch zu machen und die Fällung nach jedesmaliger Abfiltration der Niederschläge noch so oft zu wiederholen, bis diese nachweislich völlig frei von WO_3 sind. Diese Arbeitsweise empfiehlt sich allgemein bei allen wolframarmen Lösungen.

γ. Der Rest derselben findet sich im unreinen WO_3-Niederschlag.

δ. Die ammoniakalische Auflösung der Bisulfatschmelze darf nicht zum Kochen erhitzt werden, weil dann etwas SiO_2 gelöst bleibt und die Berechnung des WO_3-Wertes aus der Differenz zu hoch ausfällt. Ferner muß die Lösung anhaltend schwach ammoniakalisch reagieren.

ε. Die Fällung von Al_2O_3 und SiO_2 aus der ammoniakalischen Auflösung der Bisulfatschmelze ist absolut quantitativ, wenn die Flüssigkeit längere Zeit auf dem Wasserbad erhitzt, völlig erkalten und hierauf noch mehrere Stunden absetzen gelassen wird. Die Filtration geht dann auch schneller vor sich und das Filtrat ist völlig klar, zumal wenn zum Auswaschen eine verdünnte Ammoniumnitratlösung verwendet wird.

ζ. Die Bisulfatschmelze muß ruhig und klar fließen; es darf aber auch nicht solange und so heftig erhitzt werden, daß sich die sämtliche freie H_2SO_4 verflüchtigt.

a) Alkalischmelzmethode:

1 g feinst gepulverte Schlacke wird mit etwa 3 g kalzinierter Soda gemischt und in etwa 7 g im Nickeltiegel ruhig schmelzendes Ätznatron eingetragen. Man erhitzt dann bis zur beendeten Zersetzung der Schlacke stärker. Bei einmaliger Schmelze wird WO_3, SnO_2 und SiO_2 ganz, Al_2O_3 meist nur unvollkommen aufgeschlossen. Beim Behandeln der Schmelze mit heißem Wasser bleiben die unaufgeschlossene Al_2O_3 sowie Fe, Mn, Ca und Mg ungelöst zurück; nach Zugabe einiger Tropfen H_2O_2 zum Filtrat kocht man dieses auf und filtriert. Filtrat nebst Waschwasser werden wie oben angegeben heiß mit Ammonkarbonat und Ammonnitrat behandelt, filtriert, im vereinten Filtrat und Waschwasser die WO_3 nach der Merkuronitratmethode bestimmt und der gewogene Glührückstand nach obigen und früheren Angaben (vergl. insbes. S. 119 und 132) nochmals durch Schmelzen mit Bisulfat gereinigt.

b) Bisulfataufschlußmethode:

1 g Schlackenmehl wird im Platintiegel mit überschüssigem Bisulfat geschmolzen. Die erhaltene Masse digeriert man mit einer Lösung von Ammonkarbonat und -nitrat, läßt erkalten, mehrere Stunden absetzen, filtriert dann ab und fällt im Filtrat das Wolfram mit Merkuronitrat nach Bullnheimer (S. 157).

Dieses Verfahren eignet sich insbesondere für technische und schnell auszuführende Analysen, wie auch zur Bestimmung von nur W. Ist jedoch Sn zugegen, und handelt es sich um eine genaue Untersuchung oder um eine Gesamtanalyse der Schlacke, so ist die Methode a) vorzuziehen.

B) BESTIMMUNG VON Sn, Fe, Mn, SiO_2, Ca, Mg und Al:

Man kann so verfahren, daß der nach a) erhaltene wasserunlösliche Rückstand sowie die durch Ammonkarbonat bzw. -nitrat hervorgerufenen Niederschläge einzeln analysiert werden; einfacher ist es jedoch, diese vereint im Becherglas mit verdünnter Salzsäure zu kochen, in eine Porzellanschale überzuspülen, einzudampfen, den Rückstand mit HCl aufzunehmen und in dieser Lösung nach Abfiltration der SiO_2 die anderen Bestandteile wie Fe, Mn, Ca, Mg, Al und Sn in bekannter Weise zu trennen, indem letzteres zunächst durch Schwefelwasserstoff gefällt wird.

Will man jedoch außer Sn, SiO_2 und Al_2O_3 nur die eine oder andere Base quantitativ bestimmen, können sämtliche mit Ammonnitrat und -karbonat erhaltenen Niederschläge — auch bei der Auflösung der Bisulfatschmelze der unreinen WO_3 — unberücksichtigt bleiben. Für die Bestimmung von Sn kommt ferner nur der zuerst mit Ammonkarbonatnitrat erhaltene Niederschlag in Frage. Bei der Ermittelung von nur Al_2O_3 sind die drei auf S. 216 bis 217 unter α. bis γ. erwähnten Niederschläge heranzuziehen. Dasselbe gilt für die Bestimmung der SiO_2; doch kann in diesem Falle insofern eine Änderung vorgenommen werden, als man die Bisulfatschmelze des unreinen SiO_2 nicht mit Ammonkarbonat, sondern nur mit Wasser auslaugt, indem hierbei die SiO_2 allein direkt unlöslich zurückbleibt. Zur Bestimmung von nur Fe und Mn dient der in Wasser unlösliche, ausgewaschene, nach a) erhaltene Aufschlußrückstand.

2. Skandiumhaltige Wolfram- bzw. Wolframzinnschlacken.

Bestimmung von Skandium:

Die feinst gemahlene Schlacke wird im Platin- oder Eisentiegel mit Soda aufgeschlossen, ausgekocht, die Lösung filtriert, der Rückstand ausgewaschen, das Filtrat mit HCl mehrmals eingedampft, der Rückstand 3 Stunden bei 120 Grad getrocknet, dann mit NH_3 befeuchtet, wieder getrocknet, hierauf mit überschüssiger HCl aufgenommen, mit verdünnter kalter HCl ausgewaschen, das Filtrat mit Ammoniak abgestumpft, filtriert und der Ablauf mit Oxalsäure gefällt: Ca, Sc, Th, Yttererden. Man filtriert ab, wäscht aus, löst den Rückstand in HCl, fällt im Nitrat mit Na_2SiFl_6, filtriert wiederum, wäscht aus, löst den Niederschlag in HCl, behandelt die Lösung mit H_2S, fällt das Skandiumoxyd mit Natriumthiosulfat, filtriert ab und wägt es, verunreinigt durch etwas ThO_2, nach dem Glühen bis zur Konstanz. Beide Oxyde werden dann durch Erhitzen im Glasrohr bei 500 Grad durch mit Schwefelchlorürdampf beladenen Chlorstrom in wasserfreie Chlorüre oder durch Lösen in HCl in Chloride übergeführt, diese auf dem Wasserbad eingedampft und dann in wenig H_2O gelöst. Diese konz. Lösung gießt man in eine 20-prozentige Sodalösung, indem auf 1 g Roh-Sc_2O_3 100 ccm dieser Lauge verwendet werden. Unter öfterem Rühren wird ½ Stunde gekocht und die verdampfte Wassermenge stetig ergänzt; dann läßt man absetzen, gießt ab, kocht den Niederschlag dreimal je ¼ Stunde mit 20-prozentiger Sodalösung aus und gießt jedesmal von den am Boden sitzenden schweren Kristallen ab. Dieses Skandiumnatriumkarbonat $Sc_2(CO_3)_3 \cdot 4\,Na_2Co_3 \cdot 6\,H_2O$ wird in viel kaltem H_2O durch vierstündiges Rühren gelöst, und zwar bedarf 1 g Skandiumoxyd als Doppelkarbonat etwa 200 ccm. Auf diese Weise gehen die Verunreinigungen der Soda in Lösung. Der unlösliche Rückstand wird abfiltriert. Man wäscht gut aus, säuert das Filtrat mit HCl an, fällt in Siedehitze mit NH_3 und wäscht das $Sc_2(OH)_6$ mit kochendem Wasser völlig alkalifrei aus. Diese Ammoniakfällung wird nach dem Lösen des Niederschlags in HCl wiederholt. Schließlich löst man das Hydroxyd in möglichst wenig kochender verdünnter HCl, filtriert, wäscht nach und fällt endgültig mit reiner sublimierter Oxalsäure; nach dem Filtrieren, Waschen und Trocknen glüht man das Oxalat konstant und erhält reinstes Sc_2O_3 (vergl. auch Eng. and Min. Journ. 1912, Bd. 94, S. 1029).

3. Wolframhaltige Zinnschlacken.

Zur Bestimmung von W und Sn können folgende Methoden angewendet werden:

α. 2 g feinst gemahlene Schlacken werden mit einigen Tropfen Wasser angerührt, dann mit 20 ccm konz. HCl gekocht und wiederholt trocken eingedampft; man nimmt den Rückstand mit 200 ccm konz. HCl auf, setzt 5 ccm konz. HNO_3 zu, läßt 15 Min. stehen, verdünnt mit 20 ccm Wasser, filtriert, wäscht mit heißer verdünnter HCl aus, und fällt im Filtrat mit H_2S das Zinn. Den aus SiO_2 und WO_3 bestehenden Rückstand dagegen digeriert man in der Wärme noch frisch mit 5 bis 10 ccm kalt gesättigter Ammonkarbonatlösung, filtriert von der Kieselsäure ab, wäscht diese aus, dampft das Filtrat in tarierter Platinschale ein, glüht den Rückstand und wägt als Wolframsäure. Oder man glüht $SiO_2 + WO_3$, wägt und schmilzt wie üblich mit Bisulfat zur Feststellung von reiner WO_3.

β. Man schmilzt die Schlackenprobe mit einem Gemisch von Ätznatron und Natriumsuperoxyd oder Ätznatron allein, füllt die wässrige filtrierte Lösung der Schmelze auf ein bestimmtes Volumen auf und bestimmt in der einen Hälfte wie vorstehend nach 3. α. das Zinn, in der anderen nach 1. A) a) auf S. 217 das Wolfram.

Es ist nicht zu empfehlen, bei einer Gesamtanalyse der Schlacke als Schmelzaufschlußmittel Sodasalpeter oder gar nur Soda zu verwenden.

γ. Methode Bailey (vergl. Chem. News, LXXIII, S. 88; J. B. 1896, S. 2121).

4. Wolframhaltige Zinnhärtlinge.

Vergl. R. Fresenius und Hintz (Ztschr. analyt. Chem., XXIV, S. 412; J. B. 1885, S. 1940).

5. Wolframhaltiges (Roh-) Zinn.

α. Die fein geraspelte Metallprobe (10 g) wird mit konz. HNO_3 in bedecktem Becherglas bei mäßiger Wärme aufgeschlossen, dann mit etwas Wasser versetzt und aufgekocht. Man spült die Lösung in eine Porzellanschale über, dampft zur Trockne ein, nimmt den Rückstand mit wenig verdünnter heißer HNO_3 auf, filtriert ab, wäscht aus und trennt im rückständigen frischen oder geglühten Gemisch aus WO_3 und SnO_2 neben anderen Verunreinigungen das Wolfram vom Zinn am besten dadurch, daß das Gemenge durch Schmelzen mit Soda oder Ätznatron bzw. Natriumsuperoxyd und Filtration der wässrigen Schlackenauflösung zunächst von Fe, Cu, Pb, Bi usw. befreit und im Filtrat, das jetzt außer Sn und W höchstens noch As und Sb enthält, ersteres sowie Sb nach Bullnheimer (S. 157) mit Ammonnitrat, dann As mit Magnesiamixtur gefällt und im Filtrat hiervon das W nach der Merkuronitratmethode bestimmt wird.

Zur Trennung W von Sn können zwar auch andere, jedoch nur solche Methoden angewandt werden, die darauf Rücksicht nehmen, daß es sich hier stets um viel Zinn und nur sehr wenig Wolfram handelt.

β. Verfahren Campredon: Vergl. Ann. chim. analyt. appl. IX, S. 41; C.-B. 1904, I, S. 1032.).

E. Anhang.

In diesem Kapitel sollen noch weitere Legierungen und Verbindungen erwähnt werden, deren Analyse sich aus den bisher erwähnten Methoden von selbst ergibt. Da ein quantitativer Aufschluß das Wichtigste der Untersuchung ist, seien in folgendem bei jeder Substanz die Metalle, auf deren Bestimmung — solange dies nicht bereits der Name selbst sagt — es im wesentlichen ankommt, sowie jeweils die zweckmäßigsten Aufschlußmittel angegeben.

Aluminiummolybdän: Heiße konz. HCl.

Bleimolybdän: Heiße konz. HNO_3.

Chrommolybdän: Cu, Si, C, P; Sodasalpeter- oder Ätznatronnatriumsuperoxydschmelze.

Wolframmolybdän: Cu, Si, C, P; Sodasalpeter- oder Ätznatronnatriumsuperoxydschmelze; vergl. auch S. 209.

Molybdänsilicid: Sodasalpeter- oder Ätznatronschmelze; zur Bestimmung von nur Mo: Lösen in einem Gemisch aus HNO_3 und HF oder Königswasser und HF.

Aluminiumvanadin: Heiße konz. HCl oder Königswasser.

Kuprovanadium: Konz. HNO_3.

Kupferzinkvanadium: Konz. HNO_3.

Manganvanadium: Konz. H_2SO_4, HCl oder HNO_3.

Nickelvanadium: Konz. HNO_3.

Vanadiumbronzen: Sodasalpeterschmelze oder konz. HNO_3, HCl.

Aluminiumwolfram: Ätznatron bzw. Ätzkalischmelze oder konz. HNO_3 + HF.

Bleiwolfram: Sodasalpeterschmelze oder konz. HNO_3.

Chromwolfram: Sodasalpeter- oder Bisulfatschmelze; konz. H_2SO_4; vergl. S. 210.

Minargent: Cu, Ni, W; Sodasalpeterschmelze oder konz. HNO_3.

Backfond: Cu, Sn, W; Sodasalpeterschmelze oder erst heiße konz. HNO_3, mit Eindampfrückstand nochmals Sodaschmelze.

Borwolfram: Königswasser.

Kupferwolfram: Sodasalpeterschmelze oder heiße konz. HNO_3.

Kupferzinnwolframbronzen: Cu, Sn, Zn, Al, P, W; Salpetersodaschmelze oder heiße konz. HNO_3 bzw. Königswasser.

Kupferaluminiumwolframbronze: Cu, Sn, Zn, Al, V, W; Salpetersodaschmelze oder heiße konz. HNO_3 bzw. Königshasser.

Nickelwolfram: Ni, W, C, P, Si, Cr; Sodasalpeterschmelze, oder HCl nach S. 197.

Manganwolfram: Konz. H_2SO_4, Königswasser oder Bisulfat- bzw. Sodasalpeterschmelze.

Phosphorwolfram: Sodasalpeterschmelze oder konz. HNO_3, HF bzw. Königswasser.

Partinium: Al, Cu, As, Sb, Mg, Sn, W; Sodasalpeterschmelze oder Königswasser.

Platinoid: Cu, Zn, Ni, P, W; Salpetersodaschmelze oder Königswasser.

Selenwolfram: Alkali- und Schwefelalkalischmelzen.

Sideraphit: Fe, Ni, Al, Cu, W; Ätznatron- bzw. Sodasalpeterschmelze oder heiße konz. HNO_3, Königswasser.

Titanwolfram: Sodasalpeterschmelze.

Wolframinium: Al, Cu, Sb, Sn, W; Sodasalpeter- bzw. Na_2O_2-NaOH-Schmelze oder Königswasser.

Wolframsilicid: Schmelzen mit Ätzkali oder Sodasalpeter; Gemisch aus konz. HNO_3 und HF.

Bariumwolframbronzen Natriumbariumwolframbronzen Kalziumstrontiumwolframbronzen Kaliumkalziumwolframbronzen Natriumkalziumwolframbronzen	Soda- bzw. Ätznatronnatriumsuperoxyd-, bzw. Sodasalpeterschmelzen.

F. Literatur.

Beárd: Die Bestimmungsmethoden des Vanadiums; Ztschr. angew. Chem. 1905, S. 1777; Ann. Chim. anal. appl. X, S. 41.

A. A. Blair: The Chemical Analysis of Iron; Lippingcott, Philadelphia.

O. Bauer und C. Deiß: Probenahme und Analyse von Eisen und Stahl; Verlag J. Springer, 1912.

J. R. Cain: Bestimmung von Vanadin in Vanadin- und Chromvanadinstählen; J. Ind. Eng. Chem. 1911, III, S. 467 bis 481; Ztschr. angew. Chem. 1912, Heft 15 vom 12. 4. 12.

H. Behrens: Anleitung zur mikrochem. Analyse, 1895.

Bärwald: Beiträge zur Kenntnis des Molybdäus; Dissertation, Berlin 1885.

E. Campagne: Bestimmungsmethoden des Vanadiums; Ber. Deutsch. Chem. Ges. XXXVI, S. 3164.

Ad. Carnot: Méthodes d'analyse des fontes, des fers et des aciers; Verlag Durod, Paris 1895.

A. Classen: Quantitative Analyse durch Electrolyse.

A. Classen: Handbuch der analyt. Chemie; VI. Auflage, 1906.

Ehrenfeld: Chem. Verhalten von Molybdän, Wolfram und ihrer Trioxyde; Dissert., Pennsylvanien 1894.

Fr. Ephraim: Das Vanadin und seine Verbindungen; 1904, Verlag F. Enke.

J. Escard: Les Métaux Spéciaux; Verlag Durod et Pinat, Paris 1909.

Th. Fischer: Bestimmung der Vanadinsäure in Gegenwart anderer Substanzen; Dissert., Rostock 1894.

C. R. Fresenius: Anleitung zur quantit. Chem. Analyse.

C. M. Johnson: Rapid Methods for the Chemical Analysis of Sepcial Steels, Steelmaking Alloys and Graphite.

Gmelin-Kraut: Handbuch der analytischen Chemie; VII. Aufl.

C. Hensen: Dissert., Aachen 1909.

Holverscheidt: Dissert., Berlin 1890.

Hollard und Bertiaux: Metallanalyse auf elektroschemischem Wege.

H. W. Hutchin: Die Untersuchungsmethoden des Wolframs; Analyst 1911, Bd. 36, S. 398.

v. Klecki: Analyt. Chemie des Vanadins; Verlag Leop. Voß, 1891.

König: Untersuchung von Molybdänpräparaten des Handels; Rep. f. analyt. Chem. 1884, S. 161.

Krauch: Prüfung der chem. Reagentien auf Reinheit.

K. Krug: Leitfaden der Praxis des Eisenhüttenchemikers, Berlin 1912.

Lindemann: Quantitative Bestimmung des Vanadins in Eisenerzen; Dissert., Goslar 1878.

A. Ledebur-W. Heike: Leitfaden für Eisenhüttenlaboratorien; IX. Auflage, 1911.

Ephr. Lederer: Darstellung und Untersuchung geschmolzenen Molybdäns; Dissert., Erlangen.

Liebert: Beiträge zur Kenntnis der sogenannten Vanadiummolybdänsäure; Dissert., Halle 1891.

G. Lunge-Fr. Bökmann: Chem.-techn. Untersuchungsmethoden; V. Auflage, 1905.

H. Mennicke: Metallurgie des Wolframs; 1911, Verlag M. Krayn.

J. Meyer-O. Hauser: Die Analyse der seltenen Erden und der Erdsäuren; Verlag Enke.

F. Mohr: Titriermethoden; VII. Aufl., 1897.

Münzing: Dissert., Berlin 1889.

Muspratts Chemie 1905, IV. Aufl., Bd. V und VIII.

B. Neumann: Neuere Methoden zur Vanadinbestimmung; Stahl und Eisen 1911, Bd. XXXI, S. 1681.

Fr. Peters: Handbuch der analyt. Chemie 1912, Verlag C. Winter.

J. Post: Chem.-techn. Analyse; III. Aufl.

Rose-Finkener: Handbuch der analyt. Chemie; VI. Aufl., II. Bd.

F. P. Treadwell: Kurzes Lehrbuch der analytischen Chemie, VII. Aufl., 1911.

P. Truchot: Les Petits Métaux; Verlag Gauthiers-Villars, Paris 1904.

H. Weber: Neuere Bestimmungsmethoden des Vanadins in Erzen, Eisen und Stahl; Ztschr. analyt. Chemie 1912, S. 236 bis 261.

E. Wegelin: Dissert., Zürich 1906.

Zeitschriften:

Ber. d. Deutsch. Chem. Ges.
Chemiker-Ztg.
Elektrochem. Ztschr.
Metallurgie.
Stahl und Eisen.
Ztschr. f. analyt. Chemie.
Ztschr. f. angew. Chemie.
Ztschr. f. anorg. Chemie.
Ausl. Zeitschriften.

} 1900—1913.

G. Namenverzeichnis.

H. Sachverzeichnis.

N.

O. P.

R. S.

T. U.

V.

W.

Z.

J. Faktorentabelle.

(Internat. Atomgewichtstabelle 1913).

Gefunden	Gesucht	Faktor
Molybdänoxyd MoO_2	Mo	0.7500
Molybdänsäure MoO_3	Mo	0.6667
Molybdänsulfid MoS_2	Mo	0.59947
Bleimolybdat $PbMoO_4$	Mo	0.2615
Bariummolybdat $BaMoO_4$	Mo	0.32283
Ammoniumphosphormolybdat 24 MoO_3, P_2O_5	P_2O_5	0.03949
Magnesiumpyrophosphat $Mg_2P_2O_7$ . .	MgO	0.36205
	P	0.27874
Magnesiumpyroarsenat $Mg_2As_2O_7$ . . .	As	0.48277
Kieselsäure SiO_2	Si	0.4703
Titansäure TiO_2	Ti	0.6012
Vanadinsäure V_2O_5	V	0.56044
Wolframsäure WO_3	W	0.7931
Kalziumwolframat $CaWO_4$	W	0.6388
Bleiwolframat $PbWO_4$	W	0.4043
Tonerde Al_2O_3	Al	0.5303
Arsentrisulfid As_2S_3	As	0.60910
Wismuttrioxyd Bi_2O_3	Bi	0.9134
Kalziumoxyd CaO	Ca	0.71464
Chromoxyd Cr_2O_3	Cr	0.68421
Kupferoxyd CuO	Cu	0.7990
Eisenoxyd Fe_2O_3	Fe	0.6994
Manganoxyduloxyd Mn_3O_4	Mn	0.72027
Nickeloxydul NiO	Ni	0.7858
Bleisulfat $PbSO_4$	Pb	0.68313
Zinnoxyd SnO_2	Sn	0.7880
Bariumsulfat $BaSO_4$	S	0.13743
Kohlensäure CO_2	C	0.27273

MIX
Papier | Fördert gute Waldnutzung
FSC® C083411

Zeitfracht Medien GmbH
Ferdinand-Jühlke-Straße 7
99095 Erfurt, Deutschland
produktsicherheit@kolibri360.de